你认为我们俩谁漂亮

"$x^2+y^2+x*y+x+y+1$" 的图表

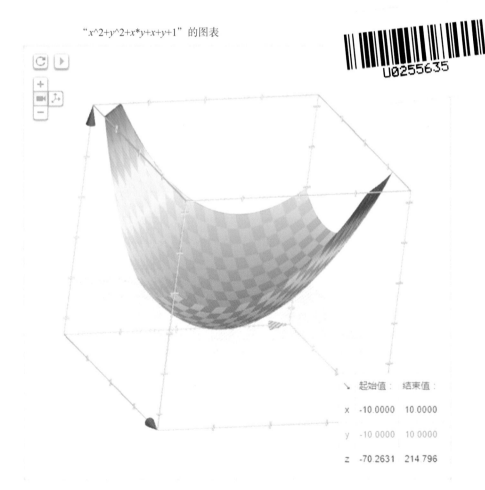

	起始值：	结束值：
x	-10.0000	10.0000
y	-10.0000	10.0000
z	-70.2631	214.796

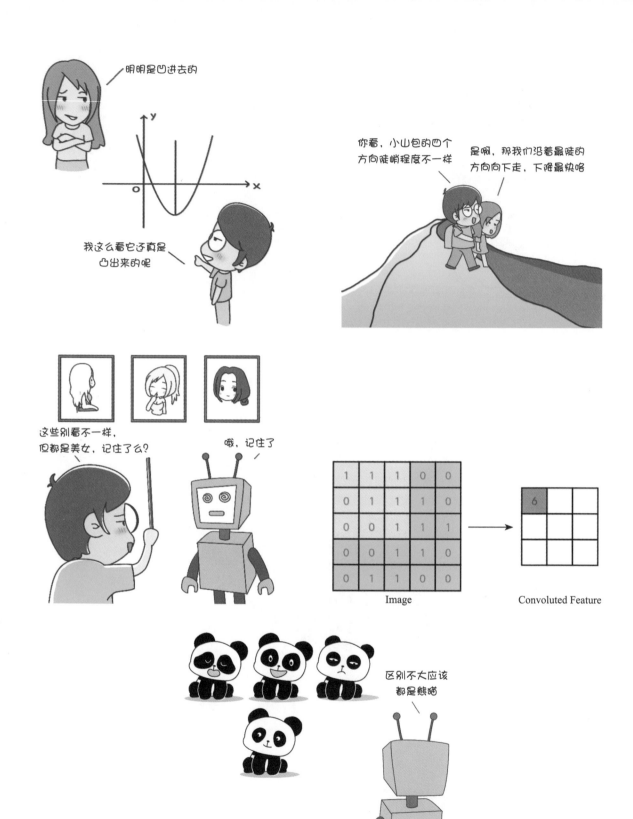

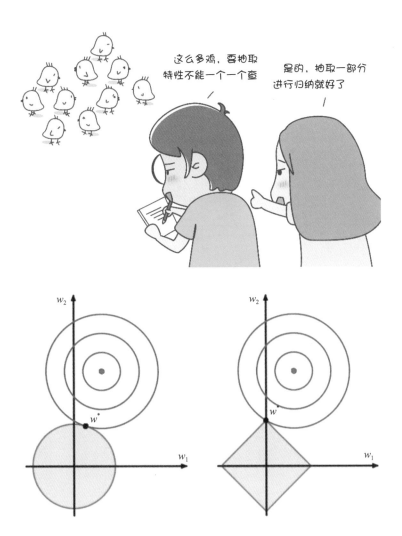

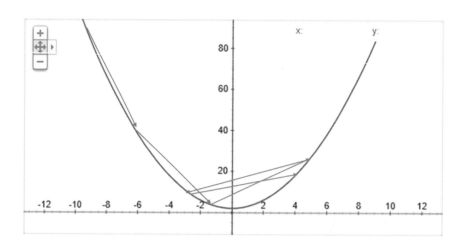

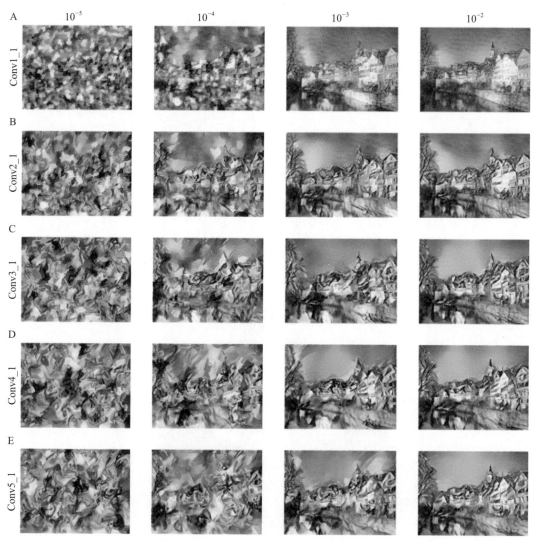

白话深度学习 与TensorFlow

高扬 卫峥◎编著　万娟◎插画设计

机械工业出版社
China Machine Press

图书在版编目（CIP）数据

白话深度学习与 TensorFlow/ 高扬，卫峥编著．—北京：机械工业出版社，2017.7（2018.5 重印）

ISBN 978-7-111-57457-6

I. 白…　II. ①高…　②卫…　III. 人工智能 - 算法 - 研究　IV. TP18

中国版本图书馆 CIP 数据核字（2017）第 167855 号

白话深度学习与 TensorFlow

出版发行：机械工业出版社（北京市西城区百万庄大街 22 号　邮政编码：100037）

责任编辑：高婧雅　　责任校对：李秋荣

印　　刷：北京文昌阁彩色印刷有限责任公司　　版　　次：2018 年 5 月第 1 版第 5 次印刷

开　　本：186mm × 240mm　1/16　　印　　张：20（含 0.25 印张彩插）

书　　号：ISBN 978-7-111-57457-6　　定　　价：69.00 元

凡购本书，如有缺页、倒页、脱页，由本社发行部调换

客服热线：（010）88379426　88361066　　投稿热线：（010）88379604

购书热线：（010）68326294　88379649　68995259　　读者信箱：hzit@hzbook.com

算法是机器的灵魂；机器学习可以理解成是产生算法的算法；深度学习可以自动提取特征；AutoML 则可以自动寻找最合适的神经网络拓扑结构。不断演进的算法在日益强大的计算能力支撑下能处理越来越复杂的任务。本书是一本很好的深度学习入门读物，从机器学习的基本概念过渡到深度神经网络的原理和应用，并延伸到网络的一些变种和新的特性。读完此书可以全面了解深度学习以及 TensorFlow 开源框架的相关内容，你可以感受到其实深度学习并不神秘，人工智能的未来人类完全可以掌控。

——朱频频，小 i 机器人创始人、首席执行官

"把简单问题讲复杂很简单，把复杂问题讲简单很复杂"，大数据、深度学习都是极其复杂的问题，我曾经想过写本书，用通俗易懂的方式介绍大数据与深度学习的方方面面，现在看来不需要了，高扬先生这套白话系列图文并茂、深入浅出又不失学术性，非常值得研读。

——王庆法，阳光保险集团大数据中心副总经理兼首席架构师、
平台部总经理，首席数据官联盟专家组成员

在看到这本书的样章的时候，AlphaGo 2.0 正以 3：0 的比分大胜了围棋世界排名第一的柯洁。街头巷尾的男男女女都在谈论着 AlphaGo 的神奇力量，仿佛一夜之间，人工智能成为了最火爆的时尚名词。很多人都在讨论着，未来是机器人的世界，机器会统治世界吗，人类还有未来吗？作为技术的专业人员，无论大家的讨论有多么荒谬，我们都意识到一场新的科技革命已经开始了，终将改变人类的未来。但是对于人工智能，大家都会有自己的理解，很多观点是负面的，甚至是荒谬的。作为专业技术人员，我们应该更好地去帮助大家认识人工智能是什么以及它是如何运作的，让大家更客观、浅显地理解这个技术变革。可大部分关于

人工智能的著作，都偏于技术专业性，而不容易为普通学习者所理解。而非专业的媒体，很多观点又是如此不切实际。本书是关于人工智能的关键技术深度学习的科普著作。看到了本书，笔者不由眼前一亮。关于技术观点的讲解即不乏专业性，又以浅显的例子告诉普通人，机器学习是什么。一本非常好的科普性的技术著作，希望更多的人可以通过作者的文字，真正理解人工智能的关键技术——深度学习的原理及实际未来的前景。也期待更多的爱好者，由此书可以加入到深度学习工作中，为未来人工智能的发展写下浓重的一笔。

——王海龙，秒钱 CTO

Preface 序

时代的巨轮已经驶入了 21 世纪第二个十年的后半，科技的发展速度一次一次超越我们的想象力，给我们带来无限的惊喜。

近两年最为吸睛的当属谷歌的阿尔法围棋程序大胜人类围棋大师——先有李世乭九段不敌，后有柯洁九段落败，围棋这样一个长期以来人类一直可以傲视人工智能的领域也被计算机所征服。

到现在，靠机器人来扫地，靠刷脸来取钱，靠自动驾驶来周游世界已然不是什么科幻小说中的内容了，这些事情已经真实地发生在我们的身边。

人工智能正在逐渐在每个细节上改变我们的生产能力，改变我们的生活。

这种可以把人从大量繁冗重复的劳动中解放出来的高新科技领域在未来二三十年，甚至更为长远的时间内都会是最为吸引人的研究方向。

包括深度学习在内的人工智能应用技术在每个人类涉足的领域都将发挥越来越大的作用。

我坚信，和其他历史上出现过的先进技术一样，这些知识与技术将越来越平民化，就像 PC 一样逐渐成为每个人在工作中都不可或缺的工具。

我想每一个时代的弄潮儿都不应错过在这波澜壮阔的历史新纪元中的每一朵浪花。

这本书概念清晰，语言平实，实例讲解丰富，是一本非常适合入门的深度学习读本，尤其是对公式推导做了最大程度的白话解释与避让，使得可读性大大增强。

相信每位读者都能从中汲取到相应的知识与启发。

——李学凌，欢聚时代董事长兼 CEO

前言 *Preface*

为什么要写这本书

近些年来，伴随着计算机计算能力的不断升级，很多原来只有在科幻电影里才有的桥段越来越多地出现在我们身边了，并给了我们更多的想象空间与期待。

在 2016 年，人工智能界最令人瞩目的事情莫过于谷歌的 AlphaGo 以 4:1 的悬殊比分轻松击败韩国著名九段围棋大师李世石。之后化名"Master"的 AlphaGo 更是一路大开杀戒，分别在对弈网站"弈城"和"腾讯围棋"登录，先后打败了柯洁九段、朴廷桓九段、陈耀烨九段以及创造日本大满贯传奇的井山裕太和亚洲杯冠军李钦诚等世界一流高手，取得了 50 胜 0 负的战绩$^{\ominus}$。当然了，"玩不起"的人类最终觉得让 AlphaGo 在国际围棋网站排名上占一个坑来碾压人类是非常"不公平"的事情，最终把人家给拉黑了。

人类这么做是不是有违 AI（Artificial Intelligence，人工智能）研究的初衷暂且不讨论，毕竟我们的眼光还是应该更多地投向那些"更有趣"的领域。除此之外，还有很多非常有趣的人工智能项目也经常在网络视频中带给我们惊喜，比如谷歌的机械狗、谷歌的无人驾驶汽车等。

这种机械狗很有趣，除了能够彼此之间互相协调进行编队行进以外，还能像真的狗一样在被踢了一脚之后迅速调整重心，并在短暂的踉跄后站稳，然后继续先前作业，不过怎么踢都不会来咬你。

　　⊖　消息来源于网易科技 http://tech.163.com/17/0104/08/C9U3JUON00098GJ5.html，有删改。

　　而谷歌的无人驾驶汽车也有着非常优异的能力，到 2015 年 11 月底为止，根据谷歌提交给机动车辆管理局的报告，谷歌的无人驾驶汽车在自动模式下已经完成了 130 多万英里的里程。

　　可以说，这些事情都在鼓舞着我们这些对未来世界充满渴望的人投入更多的精力去研究 AI 带来的新惊喜，而人工智能这一领域中最为核心的内容之一就是深度学习。深度学习现在在全世界范围内都有着众多的专业工作者和业余爱好者在进行着研究，并且每个月都有不少新的落地产品问世。应该说，深度学习是目前世界上最热门的研究领域之一，而且也是未来几十年最热门的研究方向之一。

　　在中国，深度学习也有着众多的专业研究机构和业余爱好者，在我的周围就有数以千计的深度学习爱好者——这一点都不夸张，他们非常渴望了解深度学习的知识并加以应用。但是，深度学习由于其本身的复杂性，使得很多有着浓厚兴趣的爱好者望而却步，我认为主要的门槛来自于两个方面。

　　一方面，深度学习是非常典型的计算密集型的应用领域，家用 PC 机通常是无法有效胜任一个完整而可靠的深度学习应用的（作为初级实验或者"玩具"的除外）。不过现在随着 CPU 的计算速度逐步加快，以及 GPU 应用的不断普及，这方面的门槛在慢慢地降低。

　　另一方面，深度学习从其解决问题的根本理论方面需要比较深厚和扎实的数学基础，尤其是高等数学、线性代数、泛函分析及其延伸学科的基础，这就使得很多高等数学相关基础不好的朋友学习起来非常吃力。当然，这一方面目前可以走的捷径也不是没有，我们可以通过现成的框架（比如 TensorFlow、Torch、Caffe 或 Theano 等）来搭建环境，并用简单的代码或模型描述文件来组建一个相对完整的神经网络进行学习和分类应用。

　　除此之外，像 Caffe 还有一个叫做 Model Zoo 的共享社群——这是一个让大家把已经训练好的模型放在上面做共享的社群。在模型训练中，前面大量耗时的分析和建模工作以及训练后得到的最宝贵的模型成果就可以浓缩并沉淀为一个可下载的模型描述文件，里面是网络的节点权重和拓扑结构信息。这种社群化的方式会让很多原本没有太好训练条件的朋友有了可以学习和借鉴的对象，也有了可以游乐和尝试的空间。这些模型需要在其各自的授权使用协议下合理使用，有的是允许进行商业应用和改动，而有的则不可以，这一点需要注意。在下载后，我们可以对其进行 Fine Tuning，也就是进行细节调优或改进性训练，使得这些模型可以在自己需要的环境和条件下更好地工作。不过这个地方还是有一个门槛，对于很多数学能力欠佳的工程师来说，不容易迈过去，那就是训练和调优中的方向性问题。一旦出现召回率和准确率不再提高，或者性能等问题，往往会找不到改进的方向和方法，这是需要扎实的数学基础和深度学习领域的实践经验来解决的。

我们这本书的宗旨很简单，就是希望通过聊天和讲故事的方式，凭借高中以上水平的数学知识把大家一步一步地带入深度学习的领域。只要大家在阅读本书的时候保持一点点耐心，即便没有高等数学知识的朋友，通过努力也一样可以基本掌握深度学习的应用技巧。请不要犹豫，跟我来吧！

本书特色

本书本着"平民"起点，从"零"开始的初衷，介绍深度学习的技术与技巧，逐层铺垫，把微积分、梯度等知识重点化整为零，把学习曲线最大程度地拉平，让读者有良好的代入感和亲近感。

本书用漫画插图来调节阅读气氛，并且在每个讲解的部分都有对比和实例说明，相信每位读者都能感受到非常好的阅读平滑感。

读者对象

❑ 对深度学习有兴趣但数学基础弱的开发人员与架构师
❑ 科研院所的研究人员
❑ 对深度学习有兴趣的大学生、研究生
❑ 其他深度学习爱好者，如产品经理、投资人、管理者等

如何阅读本书

本书基本独立成册，适用于零基础的初学者，但仍建议以本书姊妹篇《白话大数据与机器学习》为引导读物。本书共分三篇，共 13 章。

基础篇（第 1 ~ 3 章），介绍一些非常基础的概念铺垫，以便了解背景。

原理与实践篇（第 4 ~ 8 章），介绍老牌的深度学习网络的数学原理和工程实现原理。尤

其是第 4 章，如果读者能基本读懂，后面的网络实现层面的问题基本都可以迎刃而解。

扩展篇（第 9 ~ 13 章），介绍一些网络的变种和一些较新的网络特性。

其实当你把这本书看完后，就会知道这种技术的底层原理虽然略显复杂，但是在框架逐步成熟以及开源项目日益增加的情况下，对于应用市场层面的技术人员来说，真正要做的工作已经不是书写复杂的算法了——这些都已经被很好地封装到内聚性极高的框架中，而且开放了友好的接口和足够多的参数给使用者做调整。这样一来，最重要的工作反而是海量样本的低成本获取和丰富的计算资源的获取。因此从这个角度来看，我可以负责任地说，深度学习领域的门槛在一定程度上应该说比传统机器学习的还要低。当读完这本书时，你就会发现，深度学习真的不难。

勘误和支持

由于笔者的水平有限，编写时间仓促，书中难免会出现一些错误或者不准确的地方，恳请读者批评指正。如果你有更多的宝贵意见，欢迎扫描下方的二维码，关注奇点大数据微信公众号 qddata 和我们进行互动讨论。当然，在公众号的消息中你也可以找到书中的代码地址和 QQ 讨论群 305232547 的信息。本书提供的所有代码也将放在：https://github.com/azheng333/DeepLearningAndTensorFlow。

同时，你也可以通过邮箱 77232517@qq.com 联系到我，期待能够得到大家的真挚反馈，在技术之路上互勉共进。

在此，感谢辽宁工程大学副教授（海归博士后）常戬博士、山东交通学院理学院讲师许文杰博士、许昌学院信息工程学院讲师姚丹丹博士在审校工作方面的支持与帮助，以及深圳华为技术有限公司的万娟女士在插画方面对本书的大力支持。

高扬

目 录 *Contents*

基 础 篇

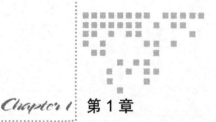

机器学习是什么

　　机器学习是一个跟"大数据"一样近几年格外火的词汇。我们在了解深度学习之前，还是有必要了解和认识机器学习这个词的。机器学习究竟是一个什么过程或者行为呢？

　　机器学习——我们先想想人类学习的目的是什么？是掌握知识、掌握能力、掌握技巧，最终能够进行比较复杂或者高要求的工作。那么类比一下机器，我们让机器学习，不管学习什么，最终目的都是让它独立或至少半独立地进行相对复杂或者高要求的工作。我们在这里提到的机器学习更多是让机器帮助人类做一些大规模的数据识别、分拣、规律总结等人类做起来比较花时间的事情。这个就是机器学习的本质性目的。

　　在人类发展的历史长河中，机器逐步代替人的生产工作是一个不可逆转的趋势——从原始人的刀耕火种，氏族部落大量原始人共同使用极为原始的工具共同狩猎，到后来随着生产力发展和工种分化的不断相互刺激，越来越多的工具出现，代替了原本生产所需要的众多人工。

　　在近现代，尤其是第一次和第二次工业革命之后，化石能源驱动的高能量的机器再一次在更多的领域取代人力、畜力，大大改善了人类的生产效率。

　　在信息革命之后，随着计算机的计算能力增强，以及在计算机算法领域新理论、新技术的逐渐发展，机器也逐渐代替人，参与到更多的带有"一定的智能性"的信息分拣与识别的工作中来。这里面我们着重要提一下这个"一定的智能性"。

　　算法这种东西在最初出现的时候是一种确定性的机器指令执行序列，也就是说，机器需要怎么做是早在程序一开始就设定好的。虽然说在程序执行的过程中可以依靠有限的参数对程序执行过程所涉及的对象、执行次数、执行分支条件等进行设定，但是基本行为逻辑已经大抵确定。在这个过程中，机器——计算机是非常被动的，它老老实实地严格执行程序员赋予它的指令执行序列，没有任何"学习"的行为。这也没办法，因为最开始的图灵机模型在设计的时候就是期望计算机以这种方式工作的。

而机器学习这个领域的思路就与刚才我们所说的这样一个形式有很大的区别。我们以有监督学习的过程为例，例如有一个分类器，可以将输入的邮件分拣为"普通邮件"和"垃圾邮件"两个类别。但是对于垃圾邮件的判断标准不是在程序运行伊始给出的，而是在给予分类器大量垃圾邮件后，由分类器对垃圾邮件样本的各种特征进行统计和归纳，进而得到的。

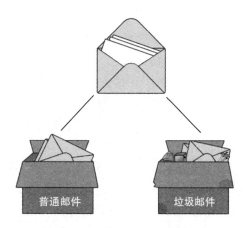

在这个训练过程中，给予分类器的大量被标注为垃圾邮件的邮件，称为训练样本（training sample）。分类器对垃圾邮件样本的特征进行统计和归纳的过程称为训练（traning）。总结出的判断标准，我们称为分类模型。与此同时，我们还会拿其他一些"普通邮件"和"垃圾邮件"给予分类器，让它尝试根据刚刚总结好的分类模型进行分类，看看它分类的正确性是否确实具有泛化性（generalization），这个步骤我们称为验证（validation）。这个过程主要是为了验证从训练样本中归纳总结出来的数据关系是否能够迁移。在此之后，我们还会使用一定量的"普通邮件"和"垃圾邮件"去测试（testing）这个模型的识别能力，看看是不是在我们业务允许的范围内。这是一个基本完整的有监督学习（supervised learning）的学习过程。

其他的有监督学习的场景也极为类似，都是基于训练样本做训练和使用验证数据集验证。在这个过程中我们不难看出，最后整个分类器工具投入生产环境对外提供服务的工作方式不是我在程序里事先写好的，而是先对给予的样本进行总结得出分类规则（标准），之后根据这个规则进行分类操作。这是一个非常形象的"机器学习"的过程，它在这个过程中自己学会了怎么样进行正确地区分事物。这是不是很有趣呢？

机器学习从学习的种类来说，最常见的我们习惯分作两种，一种叫无监督学习（unsupervised learning），一种叫有监督学习（supervised learning）⊖。所谓"无监督学习"，

⊖　除此之外还有半监督学习（semisupervised learning）和强化学习（reinforcement learning）等种类。

是指人们在获得训练的向量数据后在没有标签的情况下尝试找出其内部蕴含关系的一种挖掘工作，这个过程中使用者除了可能要设置一些必要的超参数（hyper-parameter）以外，不用对这些样本做任何的标记甚至是过程干预；"有监督学习"与此不同，每一个样本都有着明确的标签，最后我们只是要总结出这些训练样本向量与标签的映射关系。所以这在这两种方式下，处理的逻辑有很大的区别，初学的朋友需要格外注意。

1.1　聚类

聚类（clustering）是一种典型的"无监督学习"，是把物理对象或抽象对象的集合分组为由彼此类似的对象组成的多个类的分析过程。

聚类这种行为我们不要觉得很神秘，也不要觉得这个东西是机器学习所独有的，恰恰相反，聚类的行为本源还是人自身。我们学习的所有的数据挖掘或者机器学习的算法或者思想的来源都是人类自己的思考方式，只不过我们把它教给机器代劳，让机器成为我们肢体和能力的延伸，而不是让它们替我们做创造和思考。

聚类是一种什么现象呢？我们人类在认识客观世界的过程中其实一直遇到容量性的问题，我们遇到的每一棵树、每一朵花、每一只昆虫、每一头动物、每一个人、每一栋建筑……每个个体之间其实都不同，有的差距还相当大。那么我们人在认知和记忆这些客观事物的过程中就会异常痛苦，因为量实在是大到无法承受的地步。

因此人类才会在"自底向上"的认识世界的过程中"偷懒"性地选择了归纳归类的方式，注意"偷懒"的这种方式是人类与生俱来的方法。

小时候，我们被父母用看图说话的方式来教咿呀学语就有过类似的体会了，图片上画了一只猴子，于是我们就认识了，这是一只猴子；图片上画了一辆汽车，于是我们就了解了，这是一辆汽车……当我们上街或者去动物园的时候再看，猴子也不是画上的猴子，而且众多猴子之间也长得各式各样，每个都不同，我们会把它们当成一个一个的新事物去认识吗？我们看汽车也同样，大小、颜色、样式，甚至喇叭的声音也是形形色色、五花八门，它们在我们眼里是一个个新的事物吗？不，它们都还是汽车。这些事物之间确实有所不同，但是它们给我们的认知带来了很大的困扰吗？并没有。我们无论如何也不会把猴子和汽车当成一类事物去认知的，猴子彼此之间是不同，但是体格、毛发、行为举止，种种形态让我们认为这些不同种类的猴子都还是猴子一个大类的动物，别说是和汽车混为一谈，就是跟狗、马、熊这些哺乳动物也能轻易地分开。

人类天生具备这种归纳和总结的能力，能够把认知的相似事物放到一起作为一类事物，它们之间可以有彼此的不同，但是有一个我们心里的"限度"，只要在这个限度内，特征稍有区别并无大碍，它们仍然还是这一类事物。

在这一类事物的内部，同样有这种现象，一部分个体之间比较相近，而另一部分个体之间比较相近，我们人还能够明显认知到差别，那么大类别又可以细分为小类别进行认知。

比如汽车直观从样子上可以分成小轿车、卡车、面包车等种类，虫子们也被人轻易地从外形上区别为飞虫、爬虫、毛毛虫……

在没有人特意教给我们不同小种群的称谓与特性之前，我们自然具备的这种凭借主观认知的能力——特征形态的相同或近似的划在一个概念下，特征形态不同的划在不同概念下，这本身就是"聚类"的思维方式。

比较常用的聚类算法有 K-Means、DBSCAN 等几种，基本思路都是利用每个向量之间的"距离"——空间中的欧氏距离或者曼哈顿距离，从远近判断是否从属于同一类别。假如有三个一维样本：一个 180、一个 179、一个 150，如果这三个向量要分成两类的话，应该是 180 和 179 这两个分在一个类别，150 是另一个类别。因为 180 和 179 的距离为 1，而150 距离 180 与 179 分别为 30 和 29 个单位——非常远，就是从肉眼感官上来看也是这样。用机器来做学习的话，它也能够通过算法自动去感知到这些向量之间的距离，然后将那些彼此之间靠得近的分在一起，以区别于其他类簇。

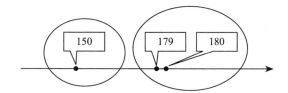

在用机器做聚类学习的时候，我们每种算法都对应有相应的计算原则，可以把输入的各种看上去彼此"相近"的向量分在一个群组中。然后下一步，人们通常更有针对性地去研究每一组聚在一起的对象所拥有的共性以及那些远离各个群组的孤立点——这种孤立点研究在刑侦、特殊疾病排查等方面都有应用。

在这个过程中，从获得到具体的样本向量，到得出聚类结果，人们是不用进行干预的，这就是"非监督"一词的由来。

1.2 回归

回归是一种解题方法，或者说"学习"方法，也是机器学习中比较重要的内容。

回归的英文是 regression，单词原型 regress 的意思是"回退，退化，倒退"。其实regression——回归分析的意思是借用里面"倒退，倒推"的含义。简单说就是"由果索因"的过程，是一种归纳的思想——当我看到大量的事实所呈现的样态，我推断出原因或客观蕴含的关系是如何的；当我看到大量的观测而来的向量（数字）是某种样态，我设计一种假说来描述它们之间蕴含的关系是如何的。

在机器学习领域，最常用的回归有两大类——一类是线性回归，一类是非线性回归。

所谓线性回归，就是在观察和归纳样本的过程中认为向量和最终的函数值呈现线性的关系。而后设计这种关系为：

$$y = f(x) = wx + b$$

这里的 w 和 x 分别是 $1 \times n$ 和 $n \times 1$ 的矩阵，wx 则指的是这两个矩阵的内积。具象一点说，例如，如果你在一个实验中观察到一名病患的几个指标呈现线性关系（注意这个是大前提，如果你观察到的不是线性关系而用线性模型来建模的话，会得到欠拟合的结果）。拿到的 x 是一个 5 维的向量，分别代表一名患者的年龄、身高、体重、血压、血脂这几个指标值，y 标签是描述他们血糖程度的指标值，x 和 y 都是观测到的值。在拿到大量样本（就是大量的 x 和 y）后，我猜测向量（年龄，身高，体重，血压，血脂）和与其有关联关系的血糖程度 y 值有这样的关系：

$$y = w_1 \times 年龄 + w_2 \times 身高 + w_3 \times 体重 + w_4 \times 血压 + w_5 \times 血脂 + b$$

那么就把每一名患者的（年龄，身高，体重，血压，血脂）具体向量值代入，并把其血糖程度 y 值也代入。这样一来，在所有的患者数据输入后，会出现一系列的六元一次方程，未知数是 $w_1 \sim w_5$ 和 b——也就是 w 矩阵的内容和偏置 b 的内容。而下面要做的事情就是要对 w 矩阵的内容和偏置 b 的内容求出一个最"合适"的解来。这个"合适"的概念就是要得到一个全局范围内由 $f(x)$ 映射得到的 y 和我真实观测到的那个 y 的差距加和，写出来是这种方式：

$$Loss = \sum_{i=1}^{n} | wx_i + b - y_i |$$

怎么理解这个 $Loss$ 的含义呢？右面的 $\sum\limits_{i=1}^{n}$ 表示加和，相当于做一个一个循环，i 是循环变量，从 1 做到 n，覆盖训练集当中的每一个样本向量。加和的内容是 $wx_i + b$ 和 y_i 的差值，每一个训练向量 x_i 在通过我们刚刚假设的关系 $f(x) = wx + b$ 映射后与实际观测值 y_i 的差距值。取绝对值的含义就是指这个差距不论是比观测值大还是比观测值小，都是一样的差距。将全局范围内这 n 个差距值都加起来，得到所谓的总差距值，就是这个 $Loss$ 的含义。那么显而易见，如果映射关系中 w 和 b 给的理想的话，这个差距值应该是 0，因为每个 x 经过映射都"严丝合缝"地和观测值一致了——这种状况太理想了，在实际应用中是见不到的。不过，$Loss$ 越小就说明这个映射关系描述越精确，这个还是很直观的。那么想办法把 $Loss$ 描述成：

$$Loss = f(w, b)$$

再使用相应的方法找出保证 $Loss$ 尽可能小的 w 和 b 的取值，就算是大功告成了。我们后面会讲计算机怎么来求这一类的解——放心，有办法的，即便不用联立解方程。一旦得到一个误差足够小的 w 和 b，并能够在验证用的数据集上有满足当前需求的精度表现后就可以了。例如，预测病患的血糖误差是取误差平均小于等于 0.3 为容忍上线，训练后在验证集上的表现是误差平均为 0.2，那就算是合格了。

请注意，在传统的机器学习中回归、分类这些算法里都有一个要把获取到的数据集分成训练集和验证集的过程。用训练集数据来做训练，归纳关系；用验证集数据来做验证，避免过拟合现象。如果你不太明白过拟合是什么意思也没关系，后面我们会讲的，不必着急。数据集的划分三七开也可以，二八开也没什么不行，现在生产环境中大致用的都是这样一种比例，反正训练集一定用数据多的那部分。

由于这种假设中输入的 x 向量与标签值 y 是一种线性关系 $y=f(x)=wx+b$，所以才叫做线性回归。最常见的形式是 $y=f(x)=ax+b$ 这种形式，也就是 x 是一个一维向量，w 也是一个一维向量的情况。如果是呈现其他关系（比如指数关系、对数关系），那么这种时候你用线性回归去做拟合会发现它的损失函数非常大，在验证集上表现出来的误差也非常大，这是一种欠拟合现象，我们后面同样会讲，大家先记住这样一个名词。

非线性回归类中，在机器学习领域应用最多的当属逻辑回归。它和线性回归都叫回归，但是逻辑回归看上去更像分类。我们先在回归这一节提一下这种回归的工作方式。与前面我们说的线性回归不同，在这种模型中观察者假设的前提是 y 只有两种值：一种是1，一种是0，或者说"是"或"否"的这种判断。

$$y = f(x) = \frac{1}{1+e^{-(wx+b)}}$$

这里面的 $wx+b$ 和前面线性回归中所说的 $wx+b$ 是一个概念，都是指一个 w 矩阵和 x 做了内积再和偏置 b 做了加和。如果设 $z=wx+b$，那么这个回归的分类模型表达式就可以改写为：

$$y = f(x) = \frac{1}{1+e^{-z}}$$

函数图像为：

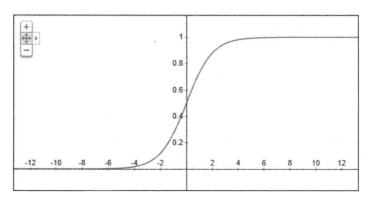

横轴是 z，纵轴是 y，一个多维的 x 经过这样两次映射，最后投射在 y 上是一个取值只有 1 和 0 二项分布。也就是我们前面说的产生了一个"是"或"否"的分类。

训练的过程跟普通线性回归也是一样的，只不过损失函数的形式不同。但是，它的损失函数的含义仍旧是表示这种拟合残差与待定系数的关系，并通过相应的手段进行迭代式的优化，最后通过逐步调整待定系数减小残差。逻辑回归的表达式的定义本源是来自于伯努利分布[⊖]的，后面我们也会有相对详细的说明，这里先做一个感性认识。

1.3　分类

分类是机器学习中使用的最多的一大类算法，我们通常也喜欢把分类算法叫做"分类器"。

这个说法其实也非常形象，在我们看来，这就是一个黑盒子，有个入口，有个出口。我们在入口丢进去一个"样本"，在出口期望得到一个分类的"标签"。比如，一个分类器可以进行图片内容的分类标签，我们在"入口"丢进去一张老虎的照片，在"出口"得到"老虎"这样一个描述标签；而当我们在"入口"丢进去一张飞机的照片，在"出口"得到"飞机"这样一个描述标签，这就是一个分类器最为基本的分类工作过程。

老虎

（见彩图）

一个分类器模型在它诞生（初始化）的时候其实是不具备这种功能的，只有通过给予它大量的图片以及图片所对应的标签分类，让它自己进行充分地总结和归纳，才能具备这样一种能力。

在刚刚看到的逻辑回归这种方式中，我们已然看到了一些端倪。逻辑回归和普通的线性回归不同，它的拟合是一种非线性的方式。而最终输出的"标签值"虽然是一种实数变量，而最终分类的结果却期望是一种确定的值"是"（1）或"不是"（0）。其他各种分类器

⊖　伯努利分布，$P(n)=p^n(1-p)^{1-n}$。

的输出通常也是离散的变量，体现出来也多是非线性的分类特点。

我们在编写代码教会分类器怎么做学习的时候，其实是在教它如何建立一种输入到输出的映射逻辑，以及让它自己调整这种逻辑关系，使得逻辑更为合理。而合理与否的判断也非常明确，那就是召回率和精确率两个指标——召回率指的是检索出的相关样本和样本库（待测对象库）中所有的相关样本的比率，衡量的是分类器的查全率。精确率是检索出的相关样本数与检索出的样本总数的比率，衡量的是分类器的查准率。

具体来说，譬如有一个1000个样本的训练集，是1000张照片，里面有200张是猫，200张是狗，600张是兔子，一共分成三类。我们将每个照片向量化后，加上标签：

- ❑ "猫" —— "0"；
- ❑ "狗" —— "1"；
- ❑ "兔子" —— "2"。

这相当于一个x和y的对应关系，把它们输入到训练集去训练（但是这个地方的标签0、1、2并不是实数定义，而是离散化的标签定义，通常习惯用one-hot独热编码的方式来表示）。经过多轮训练之后，分类器将逻辑关系调整到了一个相对稳定的程度，然后用这个分类器再对这200张猫，200张狗，600张兔子图片进行分类的时候，发现：

200张猫的图片中，有180张可以正确识别为猫，而有20张误判为狗。

200张狗的图片可以全部正确判断为狗。

600张兔子的图片中，有550张可以正确识别为兔子，还有30张被误判为猫，20张误判为狗。

你可不要觉得奇怪，在所有的机器学习或者深度学习训练的工程中，误判率几乎是没有办法消灭的，只能用尽可能科学的手段将误判率降低。不要太难为机器，其实人都没办法保证所有的信息100%正确判断，尤其是在图片大小、图片清晰程度、光线明暗悬殊的情况下，不是吗？那就更别说机器了，它更做不到。

我们还是来解释召回率和精确率的问题。就刚才这个例子来说，一共1000张图片中，200张是猫，但是只能正确识别出180张，所以猫的召回率是$180 \div 200 = 90\%$，600张兔子中正确识别550张，所以兔子的召回率是$550 \div 600 \approx 91.7\%$。而在1000中图片中，当我检索狗的时候会检索出240张狗的图片，其中有200张确实是狗，有20张是被误判的猫，还有20张是被误判的兔子，所以240张狗的图片中正确的仅有200张而已，那么狗的精确率为$200 \div 240 \approx 83.3\%$。怎么样，这两个概念不难理解吧。

分类的训练过程和回归的训练过程一样，都是极为套路化的程序。

第一，输入样本和分类标签。

第二，建立映射假说的某个$y = f(x)$的模型。

第三，求解出全局的损失函数$Loss$和待定系数w的映射关系，$Loss = g(w)$。

第四，通过迭代优化逐步降低$Loss$，最终找到一个w能使召回率和精确率满足当前场景需要。注意，这里尤其指在验证数据集上的表现。

大家请注意这 4 个步骤，我们从前面最简单的机器学习的例子中已经总结出来一个最为有概括性的科学性流程。这种流程广泛使用，并且在其他机器学习的场景中也是可以顺利落地的。

分类器的训练和工作过程就是这个样子了，听起来分类器的工作过程非常简单，但是要知道人的智能行为其实就是一种非常精妙或者称为完美的分类器。他能够处理极为复杂、极为抽象的输入内容——不管是文字、声音、图像，甚至是冷、热、刺痛感、瘙痒感这种难以名状的刺激，并且能够在相当短的时间内进行合理的输出——例如对答、附和、评论，抑或是尖叫、大笑等各种喜怒哀乐的反应与表现。从定义的角度上来说，人其实就是一种极为复杂的且极为智能的分类器。而我们在工业上使用的分类器则通常是非常片面的，只研究一种或几个事物的"专业性"的分类器，这和我们人类的分类能力区别就太大了。

1.4 综合应用

到现在为止，我们看到的绝大多数的机器学习的应用环境都非常单纯——向量清洗到位，边界划定清晰。例如，垃圾邮件的分拣，能够通过邮件内容的输入来判断邮件是否为垃圾邮件；新闻的自动分类，能够通过新闻内容的分类来判断新闻的类别或描述内容的属性；摄像头对车牌号的 OCR 电子识别手、写识别，这些应用可以通过输入一个图像来得到其中蕴含的文字信息向量，诸如此类，这些都是早些年应用比较成熟的领域，在这种应用场景中机器通过学习能够取代一些纯粹的体力劳动。

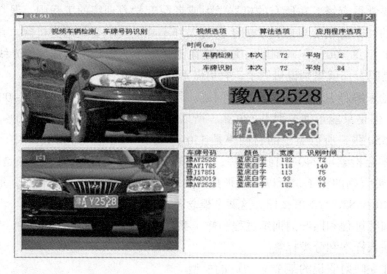

在近几年，随着计算机能力的提升，尤其是 GPU 并行计算的普及化，使得很多原来高密度计算场景的门槛变得越来越低，人们在商用领域已经开始寻找用深度学习的网络来做一些原来不可想象的事情。

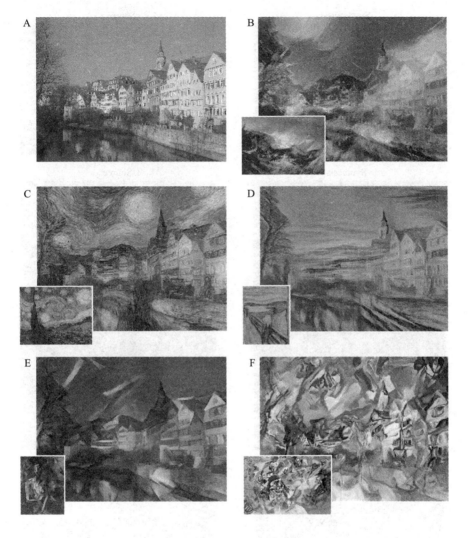

　　例如这种使用卷积神经网络对照片进行风格处理，拿一张普通照片作为输入，再拿一张有着较强艺术风格的绘画作品作为训练样本，然后通过卷积网络进行处理，最后由计算机"创作"出一幅内容基于照片但是风格基于绘画作品的新作出来。而这种事情在几年前是难以想象的，因为这看上去太"智能"了，太有"创造力"了。

　　还有类似这种，我们输入一张照片，然后让计算机根据这张照片的风格和内容，凭空创造一张很像但不一样的照片出来。注意哦，这个跟 Photoshop 的功能可是完全不同的，它是全自动的。在这些图中，右侧的图都是源图，左侧的图都是计算机生成的图，有水波纹、云朵、花丛，还有随意的艺术涂鸦。怎么样，有不少真的是可以以假乱真了吧。这都是使用深度神经网络处理的结果。

Synthesised

Source

Synthesised

Source

Synthesised

Source

Synthesised

Source

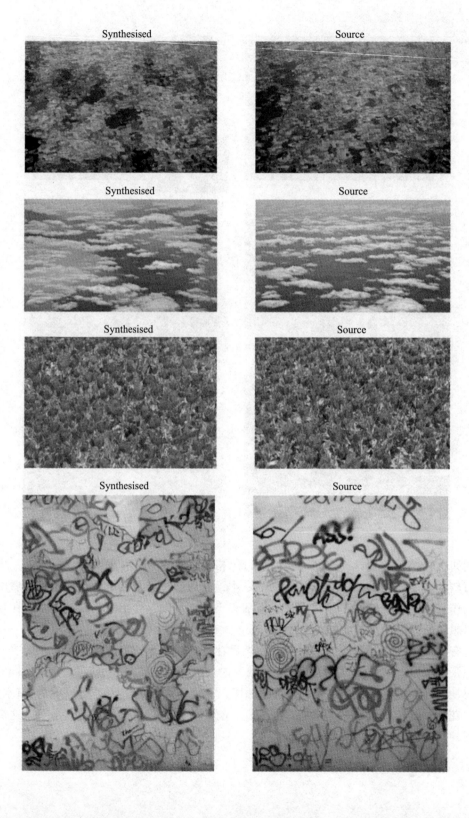

那么除此之外，像语音识别以及视频中存在物体的检出，这些内容也是属于近几年研究比较热门并逐渐趋于成熟的应用领域。实际上，在实现层面有很多种实现方式可以完成像这样的应用。而在学术领域，也有一类新兴的基于深度学习神经网络的研究领域，叫做"对抗学习"，它可以实现类似的方式。在深度学习领域会使用生成对抗网络（Generative Adversarial Network），这种网络的特点就是可以进行复杂内容的生成，而非生成一个标签这么简单。

此外，谷歌、百度也在近年启动了无人驾驶汽车的商业研究，这种自动驾驶也同样是一种典型的机器学习应用场景。只不过它的输入信息不再那么单纯，它有一个激光雷达，可以扫描半径 60 米内的环境，并把雷达回波传输给主控电脑；除此之外还有前置摄像头用来识别正前方视野内的交通信号灯、车辆、人物等对象；还有前后雷达，前置 3 个，后置 1 个，用来判断与前后物体的距离，主要是为了判断车距使用。当然还少不了 GPS 和电子地图信息的配合。

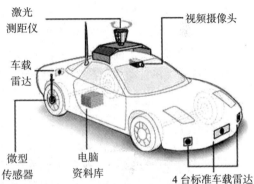

对于这种无人驾驶汽车的调教不再是编写复杂的程序，而是定义多个复杂的深度神经网络，然后呢？就是让驾驶员开着汽车上街去各种转。把输入的各种大量的激光雷达信号、摄像头信号、前后雷达信号灯这些输入信息和驾驶员实际作用在汽车上的大量的油门、刹车、方向控制这些操作做关联，反复进行训练，让电脑学会在不同的情况下使用不同的操作手法来操作汽车。这样一个训练过程在学术上属于强化学习（reinforcement learning）以及其周边领域的范畴，在人工智能方面，这种学习方法是业界普遍认可的。只不过各方对自动驾驶这件事情是褒贬不一，因为毕竟它在商用环境中出现过事故。

据报道，2016 年 6 月 30 日，美国特斯拉汽车公司证实，一辆该公司生产的 S 型电动轿车在自动驾驶模式下发生撞车事故，导致司机身亡。美国负责监管公路交通安全的机构正在对事故车辆的自动驾驶系统展开调查。这是美国首例涉及汽车自动驾驶功能的交通死亡事故。

事故于 2016 年 5 月 7 日发生在美国佛罗里达州，导致涉事 S 型电动轿车车主、一名 40 岁美国男子身亡。特斯拉在官方博客中说，公司在事发后立即向美国国家高速公路交通安全管理局作了报告。

美国国家高速公路交通安全管理局在一份声明中说，这起事故表明"需要对事故发生时启用的辅助（自动）驾驶功能的设计和性能进行检查"。目前该机构已对这起事故展开初步调查,如发现涉事车辆存在安全隐患将下令召回。

特斯拉解释说,涉事 S 型电动轿车当时正使用自动驾驶功能行驶在有分割线的高速公路上,与前方一辆处于横穿公路位置的拖挂货车呈垂直关系。在逆光背景下,S 型电动轿车的自动驾驶系统和司机都没注意到拖挂卡车的白色侧面,因此,S 型电动轿车没有启用制动。由于拖挂货车车身高大,且处于横穿公路的位置,使得"造成这场车祸的情形组合极为罕见",以致 S 型电动轿车挡风玻璃撞击拖挂货车底部,整车从拖挂货车下穿过。

其实不能不说,这也暴露出人工智能或深度学习中的一些软肋,那就是电脑"天生弱智"的特性,它是不具备足够好的应变能力的。美国著名智库兰德公司 2016 年 4 月在一份研究报告中指出,自动驾驶汽车测试的总里程还很少,缺乏足够多的数据来对比这类汽车与传统汽车的安全性和可靠性。迄今为止,测试时间最长的是谷歌自动驾驶汽车,从 2009 ~ 2015 年,55 辆谷歌自动驾驶汽车的道路测试总里程仅约 130 万英里(约合 209 万千米),其间共发生了 11 起小事故。

有研究人员认为,自动驾驶汽车需要测试数亿至数千亿公里,才能验证它们在减少交通事故方面的可靠性,而现有的自动驾驶汽车至少要几十年甚至几百年才能达到这么多测试里程。如果要在自动驾驶汽车上市前证明其安全性,这不可能做到。[⊖]

1.5 小结

一言以蔽之,机器学习就是人类定义一定的计算机算法,让计算机根据输入的样本和一些人类的干预来总结并归纳其特征与特点,并用这些特征和特点与一定的学习目标形成映射关系,进而自动化地做出相应反应的过程。这个反应可能是做出相应的标记或判断,也可能是输出一段内容——图片、程序代码、文本、声音,而机器自己学到的内容我们可以描述为一个函数、一段程序、一组策略等相对复杂的关系描述。

在我看来,机器学习是大数据的一个子范畴。因为凡是基于对客观事物的量化认知的科学都是数据科学的范畴,也就是广义的大数据的范畴。机器学习作为其中一个用来自动归纳和总结数据关系的总的方法论当然算其中的一个子范畴,这点没有什么疑问。

而就机器学习作为研究对象来说,也有传统的机器学习和深度学习两个粗略的分类方式,我们在这里还是要提一下。它们有个比较大的区别,那就是传统的机器学习通常是需要人提前先来做特征提取,把提取过的特征向量化后再丢给模型去训练,这里人要做相当的前置工作。而深度学习通常可以采用 End-to-End 的学习方式,输入的内容只需要做很少的一些归一化(normalization)、白化(whitening)等处理就可以丢给模型去训练,通常不需要人来做特征提取的工作。而这个特征提取的动作可以由整个深度学习的网络模型帮我们自动完成,这就给很多传统机器学习中很难处理的问题带来了新的转机。

⊖ 信息来自与凤凰财经 http://finance.ifeng.com/a/20160702/14552688_0.shtml,有删改。

深度学习是什么

2.1 神经网络是什么

要说深度学习（deep learning），就必须先说神经网络，或者称人工神经网络（artificial neural network，ANN）。神经网络是一种人类由于受到生物神经细胞结构启发而研究出的一种算法体系。

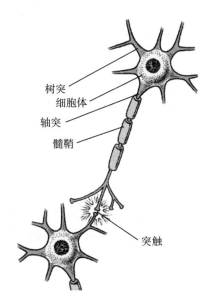

树突
细胞体
轴突
髓鞘
突触

人的神经细胞就像图上这样，枝枝杈杈很多，远远看上去一边比较粗大一边比较纤细。最上端粗大的这一边就是细胞体的所在，细胞体上有一些小枝杈叫做树突，细长的这一条像尾巴一样的东西叫做轴突。不同细胞之间通过树突和轴突相互传递信息，它们的接触点叫突触，准确说是由一个细胞的轴突通过突触将信号传递给另一个细胞的树突。

神经细胞在信号的传递中用的是化学信号进行传递，化学信号就是靠一些有机化学分子的传输来传递信息，但是有机化学分子太复杂了，到现在为止人类对于这些化学分子所具体承载的信息仍旧是一知半解，还没有形成完整的体系性解释。而人类从这种通过神经细胞之间的刺激来传递信息的方式中获得了启迪——是否我们也可以设计这样一种网络状连接的处理单元，让它们彼此之间通过某种方式互相刺激、协同完成信息处理呢？前人们还真有这种脑洞大又圆的。

比较早的我们可以追溯到 1957 年 Rosenblatt[⊖]提出的感知器模型（perceptron），这种模型和现在最新应用框架中的神经网络单元形式上还确实是非常接近的。我们要想了解神经网络，就应该先看看它最基本的组成单元——神经元。

2.1.1 神经元

神经网络让人觉得难以亲近的地方其实就是它的实现原理，至少远远没有原来我们接触到的各种基于统计的算法那么直观。我们原来在数据结构研究领域和基础算法研究领域中所接触到的各种算法基本都是一些加减乘除、比大小、循环、分支、读写数据，用这些基本的组合就能够完成一个相对确定的目标任务了，即便这个目标是一个比较复杂的算法内容。而神经网络和这种方式感觉上还真是有那么点不一样，我们先来看看神经元是个什么东西。

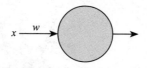

这就是一个最简单的神经元了，有一个输入，一个输出，所以它所表达的含义跟一个普通的函数没有什么区别。不过请注意，现在我们使用的神经元通常有两个部分组成，一个是"线性模型"，另一个是"激励函数"。如果你对机器学习不大了解的话，我们就先说说这个"线性模型"。

假设这个神经元的函数表达为：

$$f(x) = x + 1$$

那么这就是一个普通的一次函数。也就是说，当输入为 $x = 1$ 时，输出端的 $f(x) = 2$；当输入为 $x = 100$ 时，输出端的 $f(x) = 101$。怎么样，是不是很简单。没错，你刚刚看到的就是最为简单的神经元工作的原理，和普通的函数真的看不出什么太大的区别。也许你要说，这么

⊖ Frank Rosenblatt，（1928 年 7 月 ~1971 年 7 月），美国著名心理学家，人工智能学家。

简单的东西干嘛非要往神经元上去靠，这不是把问题复杂化了么？好吧，这个问题我也先不做解释，我们再看下一个例子。

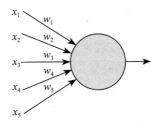

x 既然可以是一个一维的向量，那其实也可以是 5 维的（就如上图这样），当然也可以是100 维或更多，我们就说它的输入为一个 n 维向量吧。按照前面一维向量的处理方式，我们可以建立一个有 n 个输入项的神经元 $f(x)$，把它展开写就是 $f(x_1, x_2, \cdots, x_n)$，咱们在这特别声明一下这个 x 是一个 n 维的向量，然后带有一个输出函数值 output，这个 output 的输出值就是函数的输出值 $f(x)$，即 $output = f(x)$，而这个函数的处理我们写作：

$$f(x) = wx + b$$

这种方式也是神经元最核心部分对 x 所做的线性处理，其中 x 是一个 $1 \times n$ 的矩阵，而 w 是一个 $n \times 1$ 的权重矩阵，b 是偏置项。这种写法看上去很简洁，但是容易让初学者感到糊涂，至少没看明白 w 和 x 还有 b 一起做了啥，那么我们把这个计算过程拆解一下。

假设，n 是 5，那么 x 是一个 1×5 的输入矩阵，例如：

$$\begin{pmatrix} 1 \\ 50 \\ 27 \\ 19 \\ -55 \end{pmatrix}$$

这个就是一个完整的特征向量 x 了，它表示了对一个样本的描述，这个描述是个多维度的描述，具体每个维度指代的含义在不同的场景下是对应有不同解释的。比如这个矩阵有可能表示的是一个样本客户的个人财务状况，分别表示：

$$\begin{pmatrix} 性别 \\ 年龄 \\ 年收入 \\ 用户忠诚度指数 \\ 负债 \end{pmatrix}$$

下一个用户可能又是别的值，这样一个一个样本组合起来形成了一个很大的样本空间——注意，这些样本最终都会用来训练模型，我们先记住它们的作用，后面再来逐步讲解究竟是怎么个用法。

w 是一个 $n \times 1$ 的矩阵，它表示的是一个权重的概念，例如：

$$[0.3 \quad 0.8 \quad 1.5 \quad 1.2 \quad 0.5]$$

它们分别表示：

$$[性别权重 \quad 年龄权重 \quad 年收入权重 \quad 用户忠诚度指数权重 \quad 负债权重]$$

还有一个是 b，b 是一个实数值，或者你把它视作一个 1×1 的矩阵也无妨。当我们在此回顾刚刚说的这个函数 $f(x) = wx + b$ 的时候，我们试着来解读一下这个函数的含义。

wx 相乘是两个矩阵进行内积的操作，乘出来是一个实数，最后再加上 b。以我们刚刚的例子来看，我们先假设在这个例子中 b 是 0，会得到这样一个结果，即 $f(x) = wx + b$ 就变成了：

$$f(x) = 1 \times 0.3 + 50 \times 0.8 + 27 \times 1.5 + 19 \times 1.2 + (-55) \times 0.5 + 0 = 44.7$$

这个函数很有可能是某个金融机构用来评价客户质量所使用的评价函数，那么如果再有一个样本（客户信息），譬如：

$$\begin{pmatrix} 0 \\ 25 \\ 10 \\ 8 \\ 0 \end{pmatrix}$$

$$f(x) = 0 \times 0.3 + 25 \times 0.8 + 10 \times 1.5 + 8 \times 1.2 + 0 \times 0.5 + 0 = 51.6$$

在这样的一种评价体系下，第二位客户要比第一位客户获得更高的质量评分。

那么在这个金融机构的日常工作中就可以利用这个函数对客户的情况进行评分，并进行相应的信用额度给予，以及产品推荐等进一步的工作了。这就是一个神经元工作时最直观的感觉，w 和 x 求内积，加 b 产生这样一个线性的结果输出。因为一个神经元也是一个逻辑简单的模型，所以它本身也能够单独胜任一些逻辑简单的场景。单个的神经元工作起来基本就是这个样子，只不过后面还会加一个激励函数而已，至于激励函数是什么，后面会讲。怎么样，到目前为止还算直观吗？

好，接着刚才的问题来说。问题是，这个权重是谁规定的？

对机器学习有概念的朋友可能不会陌生，如果真的在某个金融机构里有这种公式的话，十有八九是通过"逆向"的方法得到的。什么意思呢？就是说，我们先假设这里有一些未知的权重 w（也就是我们刚刚说的那个 $n \times 1$ 的矩阵），然后我们同时还拥有大量的客户样本，注意这个地方的样本可不是只有：

$$\begin{pmatrix} 0 \\ 25 \\ 10 \\ 8 \\ 0 \end{pmatrix}$$

这种维度标识，除此之外还有具体被赋予的分数——这个分数一定是由其他方式获得的，比如通过多年的业务经验总结，由业务专家给予的每个样本所拥有的一个分数标签。这样一来场景是什么样的呢？

我们手里的数据：

样本 1：（性别 1，年龄 1，年收入 1，用户忠诚度指数 1，负债 1），分数 1

样本 2：（性别 2，年龄 2，年收入 2，用户忠诚度指数 2，负债 2），分数 2

……

样本 n：（性别 n，年龄 n，年收入 n，用户忠诚度指数 n，负债 n），分数 n

当有了 n 个这种样本以后，我们通过类似多元线性回归的方式把这些值代入我们假定的 $f(x)$ 函数，就会得到：

分数 1 = 性别 1 × 性别权重 + 年龄 1 × 年龄权重 + 年收入 1 × 年收入权重 + 用户忠诚度指数 1 × 用户忠诚度权重 + 负债 1 × 负债权重 + 偏置

分数 2 = 性别 2 × 性别权重 + 年龄 2 × 年龄权重 + 年收入 2 × 年收入权重 + 用户忠诚度指数 2 × 用户忠诚度权重 + 负债 2 × 负债权重 + 偏置

……

分数 n = 性别 n × 性别权重 + 年龄 n × 年龄权重 + 年收入 n × 年收入权重 + 用户忠诚度指数 n × 用户忠诚度权重 + 负债 n × 负债权重 + 偏置

在前面讲解回归的部分，我们提到过一个叫 Loss 的函数：

$$Loss = \sum_{i=1}^{n} | wx_i + b - y_i |$$

来描述拟合与真实观测的差异之和，我们称之为残差。在这个例子中，如果要想得到比较合适的 w 和 b，那就还是要想办法让这个函数 $Loss(w, b)$ 尽可能小，然后取满足这个状态的 w 和 b。这个过程是没有区别的。

回想一下在第 1 章里面我们是不是也见过这个非常熟悉的过程呢？再加深一遍印象吧，在后面的学习中每一个单独的模型都要经历这样一个完整的过程。

2.1.2　激励函数

激励函数（activation function）——也有翻译成激活函数的，也是神经元中重要的组成部分。激励函数在一个神经元当中跟随在 $f(x) = wx + b$ 函数之后，用来加入一些非线性的因素。

在谷歌网站的搜索结果中或者别的相关网站资料上我们会看到激励函数有很多种类，就看看它们画出来的曲线吧，见下图[⊖]，真可谓五花八门。然而在目前成熟的深度学习框架中，供我们使用的激励函数其实很有限，主要也都是手边上那些比较好用的，那我们就看一下通常激励函数都有哪些吧。

⊖　引自维基百科，https://en.wikipedia.org/wiki/Activation_function。

Name	Plot	Equation	Derivative (with respect to x)	Range
Identity		$f(x) = x$	$f'(x) = 1$	$(-\infty, \infty)$
Binary step		$f(x) = \begin{cases} 0 & \text{for } x < 0 \\ 1 & \text{for } x \geqslant 0 \end{cases}$	$f'(x) = \begin{cases} 0 & \text{for } x \neq 0 \\ ? & \text{for } x = 0 \end{cases}$	$\{0,1\}$
Logistic (a.k.a. Soft step)		$f(x) = \dfrac{1}{1+e^{-x}}$	$f'(x) = f(x)(1 - f(x))$	$(0,1)$
TanH		$f(x) = \tanh(x) = \dfrac{2}{1+e^{-2x}} - 1$	$f'(x) = 1 - f(x)^2$	$(-1,1)$
ArcTan		$f(x) = \tan^{-1}(x)$	$f'(x) = \dfrac{1}{x^2+1}$	$\left(-\dfrac{\pi}{2}, \dfrac{\pi}{2}\right)$
Softsign [7][8]		$f(x) = \dfrac{x}{1+|x|}$	$f'(x) = \dfrac{1}{(1+|x|)^2}$	$(-1,1)$
Rectified linear unit (ReLU)[9]		$f(x) = \begin{cases} 0 & \text{for } x < 0 \\ x & \text{for } x \geqslant 0 \end{cases}$	$f'(x) = \begin{cases} 0 & \text{for } x < 0 \\ 1 & \text{for } x \geqslant 0 \end{cases}$	$[0,\infty)$
Leaky rectified linear unit (Leaky ReLU)[10]		$f(x) = \begin{cases} 0.01x & \text{for } x < 0 \\ x & \text{for } x \geqslant 0 \end{cases}$	$f'(x) = \begin{cases} 0.01 & \text{for } x < 0 \\ 1 & \text{for } x \geqslant 0 \end{cases}$	$(-\infty, \infty)$
Parameteric rectified linear unit (PReLU)[11]		$f(\alpha, x) = \begin{cases} \alpha x & \text{for } x < 0 \\ x & \text{for } x \geqslant 0 \end{cases}$	$f'(\alpha, x) = \begin{cases} \alpha & \text{for } x < 0 \\ 1 & \text{for } x \geqslant 0 \end{cases}$	$(-\infty, \infty)$
Randomized leaky rectified linear unit (RReLU)[12]		$f(\alpha, x) = \begin{cases} \alpha x & \text{for } x < 0 \\ x & \text{for } x \geqslant 0 \end{cases}$ [1]	$f'(\alpha, x) = \begin{cases} \alpha & \text{for } x < 0 \\ 1 & \text{for } x \geqslant 0 \end{cases}$	$(-\infty, \infty)$

Name	Plot	Equation	Derivative (with respect to x)	Range
Exponential linear unit (ELU)[13]		$f(\alpha, x) = \begin{cases} \alpha(e^x - 1) & \text{for } x < 0 \\ x & \text{for } x \geqslant 0 \end{cases}$	$f'(\alpha, x) = \begin{cases} f(x) + \alpha & \text{for } x < 0 \\ 1 & \text{for } x \geqslant 0 \end{cases}$	$(-\alpha, \infty)$
S-shaped rectified linear activation unit (SReLU)[14]		$f_{t_l, a_l, t_r, a_r}(x) = \begin{cases} t_l + a_l(x - t_l) & \text{for } x \leqslant t_l \\ x & \text{for } t_l < x < t_r \\ t_r + a_r(x - t_r) & \text{for } x \geqslant t_r \end{cases}$ t_l, a_l, t_r, a_r are parameters.	$f'_{t_l, a_l, t_r, a_r}(x) = \begin{cases} a_l & \text{for } x \leqslant t_l \\ 1 & \text{for } t_l < x < t_r \\ a_r & \text{for } x \geqslant t_r \end{cases}$	$(-\infty, \infty)$
Adaptive piecewise linear (APL)[15]		$f(x) = \max(0, x) + \sum\limits_{s=1}^{S} a_i^s \max(0, -x + b_i^s)$	$f'(x) = H(x) - \sum\limits_{s=1}^{S} a_i^s H(-x + b_i^s)$ [2]	$(-\infty, \infty)$
SoftPlus[16]		$f(x) = \ln(1 + e^x)$	$f'(x) = \dfrac{1}{1 + e^{-x}}$	$(0, \infty)$
Bent identity		$f(x) = \dfrac{\sqrt{x^2 + 1} - 1}{2} + x$	$f'(x) = \dfrac{x}{2\sqrt{x^2 + 1}} + 1$	$(-\infty, \infty)$
SoftExponential [17]		$f(\alpha, x) = \begin{cases} -\dfrac{\ln(1 - \alpha(x + \alpha))}{\alpha} & \text{for } \alpha < 0 \\ x & \text{for } \alpha = 0 \\ \dfrac{e^{\alpha x}}{\alpha} + \alpha & \text{for } \alpha > 0 \end{cases}$	$f'(\alpha, x) = \begin{cases} \dfrac{1}{1 - \alpha(\alpha + x)} & \text{for } \alpha < 0 \\ e^{\alpha x} & \text{for } \alpha \geqslant 0 \end{cases}$	$(-\infty, \infty)$
Sinusoid		$f(x) = \sin(x)$	$f'(x) = \cos(x)$	$[-1, 1]$
Sinc		$f(x) = \begin{cases} 1 & \text{for } x = 0 \\ \dfrac{\sin(x)}{x} & \text{for } x \neq 0 \end{cases}$	$f'(x) = \begin{cases} 0 & \text{for } x = 0 \\ \dfrac{\cos(x)}{x} - \dfrac{\sin(x)}{x^2} & \text{for } x \neq 0 \end{cases}$	$[\approx -.217234, 1]$
Gaussian		$f(x) = e^{-x^2}$	$f'(x) = -2xe^{-x^2}$	$(0, 1]$

1. Sigmoid 函数

Sigmoid 函数基本上是我们所有学习神经网络的人第一个接触到的激励函数了。它的定义是这样的：

$$f(x) = \frac{1}{1 + e^{-(wx+b)}}$$

或者也可以写成

$$z = wx + b，f(z) = \frac{1}{1 + e^{-z}}$$

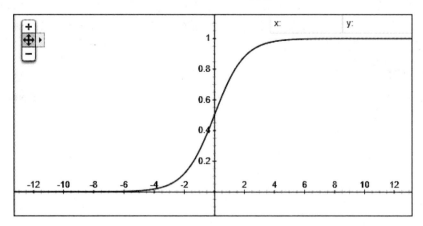

这里的横轴是 z，纵轴是 $f(z)$。在这个曲线中我们可以看到，对于一个高维的 x 向量的输入，在 wx 两个矩阵做完内积之后，再加上 b，这样的一个线性模型的结果充当自变量 z 再叠加到了 $f(z) = \frac{1}{1 + e^{-z}}$ 当中去。这就使得输入 x 与输出的 $f(x)$ 关系与前面我们所举例的内容不同，前面我们只讲了 $f(x)$ 以线性回归的方式去工作的过程，不过那不是它在神经网络中工作的状态。当一个完整的神经元被定义的时候，它通常是带有"线性模型"和"激励函数"两个部分首尾相接而成的。所以最后一个神经元大概是这么个感觉，前半部分接收外界进来的 x 向量作为刺激，经过 $wx+b$ 的线性模型后又经过一个激励函数，最后输出。这里只是为了看着方便，x 只画了 6 条线，实际在工作中很多全连接的网络里 x 要真画出来是要画几万条线不止的。

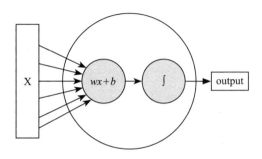

Sigmoid 函数是一种较早出现的激励函数，把激励值最终投射到了 0 和 1 两个值上。通过这种方式引入了非线性因素。其中的"1"表示完全激活的状态，"0"表示完全不激活的状态，其他各种输出值就介于两者之间，表示其激活程度不同。

说到为什么要引入非线性因素，这个可能是个比较有趣的话题。因为最终用一个大的函数"网络"去拟合一个对应的关系的时候你会发现，如果仅有线性函数来拟合的话，那么拟合的结果一定仅仅包含各种各样的线性关系。一旦这个客观的、我们要求解的关系中本就含有非线性关系的话，那么这个网络必定严重欠拟合——因为从一开始设计出来的网络就属于"先天残疾"，一开始就猜错了人家本身长的样子，那再怎么训练都不会有好结果。线性就是用形如 $f(x)=wx+b$ 的表达式来表示的输入与输出的关系，而其他的都应该算作非线性关系了，后面我们会看到具体的例子。

2. Tanh 函数

Tanh 函数也算是比较常见的激励函数了，在后面学习循环神经网络 RNN（recurrent neural networks）的时候我们就会接触到了。

Tanh 函数也叫双曲正切函数，表达式如下：

$$\tanh(x) = \frac{e^x - e^{-x}}{e^x + e^{-x}}$$

函数曲线是这样一个形式：

"(e^x–e^–x)/(e^x+e^–x)" 的图表

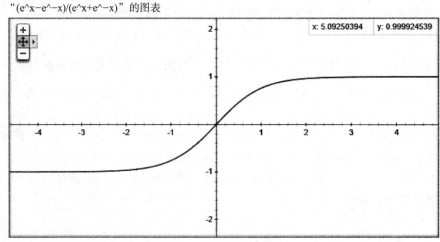

大家可以看到，Tanh 函数跟 Sigmoid 函数长相是很相近的，都是一条"S"型曲线。只不过 Tanh 函数是把输入值投射到 –1 和 1 上去。其中"–1"表示完全不激活，"1"表示完全激活，中间其他值也是不同的激活程度的描述。除了映射区间不同以外，跟 Sigmoid 似乎区别不是很大。从 x 和 y 的关系来看，Sigmoid 函数在 $|x| > 4$ 之后曲线就非常平缓极为贴近 0 或 1，Tanh 函数在 $|x| > 2$ 之后会让曲线非常平缓极为贴近 –1 或 1，这多多少少会影响一些训练过程中待定系数的收敛问题，其他的影响单纯从激励函数本身的特性来说还看不出来。

3. ReLU 函数

ReLU 函数是目前大部分卷积神经网络 CNN（convolutional neural networks）中喜欢使用的激励函数，它的全名是 rectified linear units。

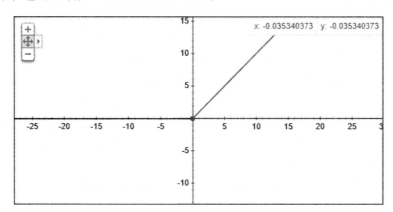

这个函数的形式为 $y = \max(x, 0)$，在这个函数的原点左侧部分斜率为 0，在右侧则是一条斜率为 1 的直线。从样子上来看，这显然是非线性的函数，x 小于 0 时输出一律为 0，x 大于 0 时输出就是输入值。

这个函数在刚刚我们看过的几个函数图像中看上去是最有棱角、最明朗了的。"人有古怪相必有古怪能"——这函数还真是有一些非常优秀的特性，所以才会让大家在很多网络里都会倾向于使用它。至于为什么我们后面也会详细讲解的，先让它跟你混个脸熟。

4. Linear 函数

Linear 激励函数在实际应用中并不太多，原因刚刚已经做过简单的解释了。那就是如果网络中前面的线性层引入的是线性关系，后面的激励层还是线性关系，那么就会让网络没办法很好地拟合非线性特性的关系，从而发生严重的欠拟合现象。

函数表达式：

$$f(x) = x$$

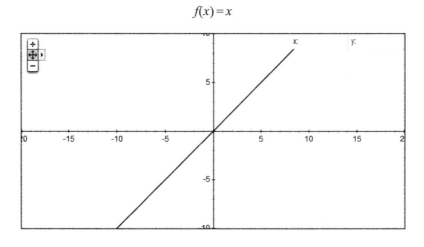

由于这类激励函数的局限性问题，目前主要也就是出现在一些参考资料当中做个"标本"，商用环境是比较罕见的，至少笔者到目前使用这种激励函数的项目也还非常少。

2.1.3 神经网络

一旦多个神经元首尾连接形成一个类似网络的结构来协同工作的时候，那就可以被称为神经网络了。一般也没有人硬性规定网络必须有多少层，每层有多少个神经元节点，完全是在各个场景的 Case 中根据经验和一些相关理论进行尝试，最后得到一个适应当前场景的网络设计。

大家请注意这一点，在学习神经网络（深度学习）的整个历程中你会不断发现这样或者那样的不同形式的网络，每种网络或出自某个具体的工程项目，根据需求、工程人员经验、实验效果来选定的，或者出自某些尖端的实验室（例如谷歌、微软以及国内一些顶级企业等），并辅以相关的论文对网络在实验中的效果与同期其他网络的解决方案做对比。但是你极少能发现在这些网络的诞生过程中有完整的、严谨的、普适的、毋庸置疑的推导过程——也难怪有不少从事深度学习多年的资深老兵说深度学习越学越像老中医。我觉得这个说法还挺形象，年轻大夫没经验不敢轻易开方子，等熬成了老中医的时候才发现里面门道太深，深到了研究了一辈子也没办法总结出完整的、可以精确推导的公式或定理，大部分情况只能靠自己的经验和实验结果调整药方。听起来好像挺无奈的是吧？其实你学过之后就知道了，用好了是真能解决问题，因为还是有一些沉淀下来相对比较固定的设计思路、设计技巧和体系。

闲言少叙，咱们来看神经网络的结构吧。这就是一个比较简单的神经网络结构了。在一个神经网络中通常会分这样几层：输入层（input layer）、隐藏层（hidden layer，也叫隐含层）、输出层（output layer）。

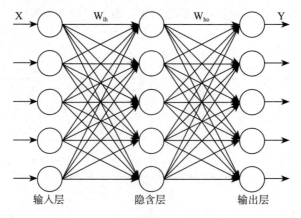

输入层在整个网络的最前端部分，直接接受输入的向量，它是不对数据做任何处理的，所以通常这一层是不计入层数的。

隐藏层可以有一层或多层，现在比较深的网络据我所知有超过 50 层的，甚至在一些

"特殊"的网络——例如深度残差网络中有超过150层的！这已经非常多了，在本书所涉及的实验中是没有这么多层的神经网络出现的。

输出层是最后一层，用来输出整个网络处理的值，这个值可能是一个分类向量值，也可能是一个类似线性回归那样产生的连续的值，也可能是别的复杂类型的值或者向量，根据不同的需求输出层的构造也不尽相同，后面我们会逐步接触到。

神经元就是像图上所画的这种首尾相接的方式进行数据传递的，前一个神经元接收数据，数据经过处理会输出给后面一层的相应的一个或多个神经元。对于一个 x 向量中的任何一个维度分量，你都可以在这种拓扑描述中看到它在通过一层一层的处理时通过了哪些神经元的处理，并且在输出后又输入了哪些神经元。形式上就是这个样子，所以叫法很形象，神经网络——由神经元（神经节点）所组织的网络。

2.2 深度神经网络

2016 年 3 月，随着 Google 的 AlphaGo 以 4∶1 的悬殊比分战胜韩国的李世石九段，围棋——这一人类一直认为可以在长时间内轻松碾压 AI 的竞技领域已然无法固守，而深度学习（deep learning）这一象征着未来人工智能领域最重要、最核心的科技也越来越成为人们关注的焦点。

这里所谓的深度学习实际指的是基于深度神经网络（deep neural networks，DNN）的学习，也就是深度人工神经网络所进行的学习过程，或称作 Deep Learning。这个 Deep 指的是神经网络的深度（层数多）。当然，其实业界没有特别具体地定义，大于多少层的算深度网络，少于多少层的不算，没有这样一个说法。所以在这里我也就不强调多深算深的概念了，我们就权且管超过 2 层的——也就是 1 个隐藏层和 1 个输出层以上深度的都叫深度神经网络好了。不过呢，深度学习这个词我觉得还有另外一个层面的意思，就是说用这样一个网络可以学到很多深层次的东西，能够提取到很多用纯粹基于统计学指标、传统机器学习或显式的特征与内容描述所无法名状的东西。机器能够学习到比较丰富的信息，这是人类在发明出计算机以后一直都在尝试挑战的一个领域。读过本书姊妹篇《白话大数据与机器学习》的朋友估计应该不会陌生，在那本书中，我们讨论过很多机器学习相关的算法。在这种非深度学习的场景中——我姑且称之为"浅度学习"吧，人们输入给模型的学习样本都是要经过高度提炼的向量内容，而不能像我们在深度学习那样直接把一张图、一段语音、一段视频的多媒体资料丢给机器去学习。

就拿我们前面说过的那个例子来看，（年龄，身高，体重，血压，血脂）这样的数据向量必须由人来提取、整理并明确定义每个向量维度的确实含义。剩下的过程就是基于这些人类已经抽象过的指标来寻找它们之间的逻辑关系。这就是与"深度学习"相对的"浅度学习"的工作场景。

如果使用贝叶斯概率进行学习，那就是用统计的方法解释不同事件先验概率和后验概率的量化关系计算问题；如果使用决策树归纳一个分类模型，那就是用维度的引入把分类模型向信息熵降低的方向做引导，还是一个统计过程；如果是用支持向量机 SVM 做分类，那就是寻找超平面来保证分类的置信度最大，也就是让样本点距离超平面尽可能远，仍然是一个统计过程；这些问题大部分靠线性模型或者统计学概率模型能够给出清晰的物理含义解释，当然它们的局限性也非常明显。如果读者朋友对这个部分还不是太了解，建议参考相关的书籍进行一下知识补充。

注意，在这里要强调一下，在很多初学者中有一些误区，很多人会认为深度学习在任何情况下都要比传统机器学习表现更好，但实际上并不是的。其实想想也知道，这不符合"尺有所短，寸有所长"的哲学观点。从前面的叙述可以看出来，传统机器学习在工作的过程中具有非常好的解释特性，或者说你知道模型在做什么，处理的是什么特征，其中任何一个指标值的大小变化的意义会有良好的解释。而且，传统机器学习在训练的过程中需要很少的样本向量，通常都是百级或者千级就够了，这对于深度学习来说也是无法做到的——它需要数以万计的样本来做训练。所以，大家千万不要盲目迷信深度学习的能力，也不要误读了深度学习的作用。

人类的眼睛、耳朵、口舌，是上天赐给人类最敏感和感知细腻的器官。没错，眼睛让我们看到不同的形状、不同的颜色、不同的大小，它使我们能够轻松辨别千百万种不同的物体；耳朵可以听到 20 Hz ～ 20 000 Hz 之间的声波，能够感知不同的人通过声波传递给我们的信息；口舌的存在也极为精妙，舌头可以用来尝出酸甜苦辣咸（医学家说"辣"的辨别其实不是舌头的特性，而是包括皮肤在内的很多细胞都有的特性），而人的声带发出的声音或高亢嘹亮，或低回婉转，能够传递蕴含着丰富信息的音频数据。

刚刚说的这些领域中的数据信息大都属于特征提取比较困难的，数据量大，而且没办法通过线性关系或者统计概率关系直接描述。这些信息中蕴含的分类规则对于只会做加减乘除、比大小和读写数据的计算机来说显得太困难了。你想啊，把一张照片送到计算机里面，你就让他判断这里面的人物漂亮不漂亮，不难为死它么？它看到的不过是一堆堆的数字而已，还没法直接比大小。

（见彩插）

　　遗憾的是，这种非离散的数据信息是远比我们前面例子所指出的病患体检指标的数据难于量化的。也许有人说，不对，起码音频视频的数字化早在几十年前就已经被人类掌握并非常成熟地应用于家用 PC 中了，我们现在用的 mpeg 文件、avi 文件、mp3 和 mp4 文件，里面都蕴含着丰富的音视频多媒体信息，怎么能说难于量化呢。是的，这些文件确实可以用来承载完整的音视频信息，但是这些音视频信息最终的解读在相当长的一段时间内只能由人来完成。换句话说，在一张照片中，究竟表示的是一匹马，一辆车；在一段视频里，播放的究竟是一部歌剧，还是一部动作电影，这些内容让计算机自己来做判断和识别几乎是没有办法的。因为，我们量化存储的这些帧数据所承载的信息都是关于屏幕上某个点的颜色的，而这是极难与其实际承载的内容发生关联的，更别说还要进行相应统计和概率计算了。

　　比如下面这两张图片，我们打眼一看就觉得两幅雕塑表示的内容主题是相似的。但是承载它的文件你用肉眼再怎么仔细看，也无法看出这一堆堆数据之间的关系，不仅如此，即便你用其他任何一种常规性的机器学习算法，你也无法把这两个雕塑关联在一起，因为它们看上去是如此"不相似"。

　　在我们连图片所承载的内容信息是不是相似都无法判断的情况下，显然是没有办法做更深一步的分析的。在我们束手无策的时候，出现了一类神器一般的算法逻辑系统，这就是我们刚才所说的神经网络，尤其是层级比较深的神经网络。

```
000001B0  02 01 02 04 04 03 04 07   05 04 04 00 01 02 77 00
000001C0  01 02 03 11 04 05 21 31   06 12 41 51 07 61 71 13
000001D0  22 32 81 08 14 42 91 A1   B1 C1 09 23 33 52 F0 15
000001E0  62 72 D1 0A 16 24 34 E1   25 F1 17 18 19 1A 26 27
000001F0  28 29 2A 35 36 37 38 39   3A 43 44 45 46 47 48 49
00000200  4A 53 54 55 56 57 58 59   5A 63 64 65 66 67 68 69
00000210  6A 73 74 75 76 77 78 79   7A 82 83 84 85 86 87 88
00000220  89 8A 92 93 94 95 96 97   98 99 9A A2 A3 A4 A5 A6
00000230  A7 A8 A9 AA B2 B3 B4 B5   B6 B7 B8 B9 BA C2 C3 C4
00000240  C5 C6 C7 C8 C9 CA D2 D3   D4 D5 D6 D7 D8 D9 DA E2
```

```
000001B0   1F 01 00 03 01 01 01 01   01 01 01 01 01 00 00 00
000001C0   00 00 00 01 02 03 04 05   06 07 08 09 0A 0B FF C4
000001D0   00 B5 11 00 02 01 02 04   04 03 04 07 05 04 04 00
000001E0   01 02 77 00 01 02 03 11   04 05 21 31 06 12 41 51
000001F0   07 61 71 13 22 32 81 08   14 42 91 A1 B1 C1 09 23
00000200   33 52 F0 15 62 72 D1 0A   16 24 34 E1 25 F1 17 18
00000210   19 1A 26 27 28 29 2A 35   36 37 38 39 3A 43 44 45
00000220   46 47 48 49 4A 53 54 55   56 57 58 59 5A 63 64 65
00000230   66 67 68 69 6A 73 74 75   76 77 78 79 7A 82 83 84
00000240   85 86 87 88 89 8A 92 93   94 95 96 97 98 99 9A A2
```

深度学习（deep learning）这个概念最早是由著名计算机科学家 Geoffrey Hinton [一] 等人于 2006 年和 2007 年在《科学》(《 Sciences 》) 杂志上发表的文章中所提出的。就深度学习而言，在最初被提出的时候指的是深度神经网络（deep neural network），而随着神经网络层数的增多，网络就具备了很多原先非深度神经网络所不具备的学习能力，在设计合理的情况下它能学到很多层面的内容，显得更为"智能"。也正是因为这一点，它使我们人类感觉到它学习层面的"深度"。还是那句话，虽然"深度学习"这个词本身单指网络的深度，但是如果你认为它指的是学习层面有深度，我觉得同样不能算错，因为它真的是这样，你在后面就会看到它有多么强大了。

2.3　深度学习为什么这么强

神经网络，尤其是深度神经网络之所以这么吸引人，主要是因为它能够通过大量的线性分类器和非线性关系的组合来完成平时非常棘手的线性不可分的问题。

2.3.1　不用再提取特征

前面我们说过，在以往我们使用的朴素贝叶斯、决策树、支持向量机 SVM 这些分类器

[一]　Geoffrey Hinton（1947 年 12 月—），神经网络之父。

模型中，提取特征是一个非常重要的前置工作，也就是说人类在驱使这些分类器开始训练之前，先要把大量的样本数据整理出来，"干干净净"地提取其中能够清晰量化的数据维度。否则这些基于概率和基于空间距离的线性分类器是没办法进行工作的。

然而在神经网络中，由于巨量的线性分类器的堆叠（并行和串行）以及卷积网络的使用，它对噪声的忍耐能力、对多通道数据上投射出来的不同特征偏向的敏感程度会自动重视或者忽略。这样我们在处理的时候，人类所需要使用的技巧就没有那么高要求了，也就是我们通常所说的 End-to-End⊖的训练方式。

这是一种非常新颖并且非常有吸引力的方式，人类对机器学习中的环节干预越少，就意味着距离人工智能的方向越近，这让我们充满了对未来的期望。

2.3.2　处理线性不可分

神经网络还有一个最神奇的地方，那就是用大量的线性分类器的堆叠使得整个模型可以将线性不可分的问题变得可分。看看下面这个简单的例子。

SVM 也有一定的能力来处理线性不可分的问题，但它利用的是维度的引入（或者说升维）来解决的。而神经网络的每一个神经元都是一个线性分类器，所以神经网络能且只能通过线性分类器的组合来实现线性不可分的问题。

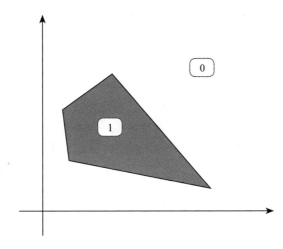

例如，在这个二维空间中有这样一个不规则的四边形，如果我们想用一条线（一个线性分类器）把它分开，并保证其一侧是这个四边形内所有的点，我们称为"类别1"，另一侧是其他的点，我们称为"类别0"，这简直是不可能的，因为不管怎么画，这一条线都会使得其中至少有一个类非常"不纯"。没关系，我们大不了画 4 条线了，

⊖　指那些不经过人为处理，直接把输入和期望输出作为网络训练的工作模式的训练方法。这种方法通常需要的样本数量极大。

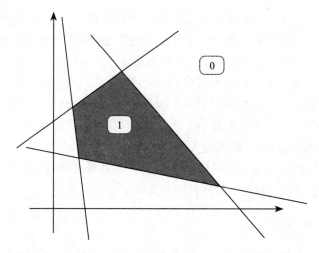

用这 4 条线把它围起来，也就是必须同时满足 4 个分类器的 1 分类标准才算是我们要约束的 1 分类——每条直线的表达式都是形如 $f(x) = wx + b$ 的线性分类器。其实这也就是神经网络比以前各种分类器厉害的地方了，以前任何一种分类器可都没有这种能耐。这里画出来的这个不规则四边形不一定是一张图片中的信息，它只是用来表示一些向量在空间中的聚集区域。

神经网络的神经元可以有很多层，每层可以有很多个神经元，整个网络的规模可以有几千甚至几万个神经元，那么在这种情况下，我们几乎可以描绘出任意的线性不可分的模型了。当然，我们这里只是用一个简单的二维向量来进行示意，真正的商用场景中，这些向量通常有几十万个维度或者更多，神经网络的层数也会非常深——这就是我们平时所说的深度学习了。随着维度的加大，深度的加深，所能描述的分类器的复杂程度也会随之增加，所以传统分类模型中无法通过简单的线性分类器和非线性分类器处理的复杂学习场景（例如图形、视频、音频等）就能够通过海量分类器的叠加来实现。

2.4 深度学习应用

我们在第 1 章所介绍过的谷歌无人驾驶汽车仅仅是深度学习的一个典型应用，深度学习的应用领域越来越多，而且是几乎在任何一个产业中都有其落地的身影。我们先来看几个有趣的应用。

2.4.1 围棋机器人——AlphaGo

击败李世石的谷歌 AlphaGo 就不用说了，它已经进入我们的视线很久了。

它由谷歌旗下 DeepMind 公司的戴维·西尔弗（David Silver）、艾佳·黄和戴密斯·哈萨比斯（Demis Hassabis）与他们的团队开发，这个程序利用价值网络（value network）去计算局面，用策略网络（policy network）去选择下子。2015 年 10 月 AlphaGo 以 5 ：0 完胜欧洲围棋冠军、职业二段选手樊麾；2016 年 3 月对战世界围棋冠军、职业九段选手李世石，并以 4 ：1 的总比分获胜。2016 年 7 月 18 日，世界职业围棋排名网站 GoRatings 公布最新世界排名，AlphaGo 以 3612 分，超越 3608 分的柯洁成为新的世界第一。

AlphaGo 其实是有两个"大脑"组成的，也就是两套完整的深度学习网络来进行配合计算的。

第一大脑：落子选择器（move picker）。

AlphaGo 的第一个神经网络大脑是"监督学习的策略网络"，观察棋盘布局企图找到最佳的下一步。事实上，它所基于的理论仍旧是遍历一棵树。它预测每一个符合规则的下一步的最佳概率，或者说是每一步落子后获胜的概率，然后选择其中一个获胜概率最高的位置落子。这可以理解成落子选择器。

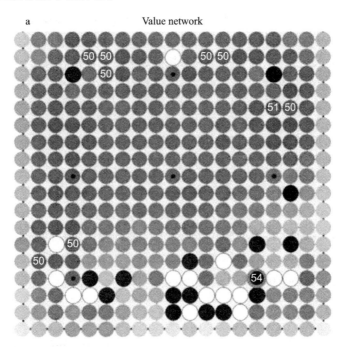

第二大脑：棋局评估器（position evaluator）。

AlphaGo 的第二个大脑棋局评估器是在做另外一件事情。它可以用来评价一个盘面的好坏程度，所以这种所谓的棋局评估器就是价值网络，通过整体局面判断来辅助落子选择器。这个判断仅仅是个大概的价值评估，但对于盘面的阅读速度提高很有帮助。通过分析潜在的未来局面的"好"与"坏"，AlphaGo 能够决定是否通过特殊变种去深入阅读，也就是多看几步棋。如果棋局评估器说这个特殊盘面的变种不行，那么 AI 就跳过阅读在这一条线上的任何更多落子，从而加快盘面阅读的速度。

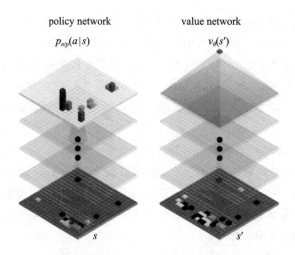

在这个围棋软件的背后可以说是凝聚了大量的深度学习工程师的心血的，不过也可以说是凝聚了全世界所有围棋高手和围棋爱好者的心血。AlphaGo 变得这么强悍，不是因为它天生有这么强的功能，而是因为它在不断和世界上所有的围棋高手以及围棋爱好者下棋的过程中不断进行学习和自我完善——它每天可以完成 100 万盘棋，甚至是让自己的"左手"跟自己的"右手"下棋，并从中总结规律。这是任何人类都无法做到的。

2.4.2　被教坏的少女——Tai.ai

同样是在 2016 年 3 月，微软在测试一款新型聊天机器人 Tay.ai，不过悲剧的是这款机器人在 Twitter 上经过用户的不正当"调教"已经变成了"女流氓"，不仅飙脏话，还发表一些带有种族歧视的言论，最后微软不得不将其下线。

据悉，这款聊天机器人主要是定位于 18 ～ 24 岁的美国年轻网友，微软对机器人的交流内容并没有做任何设定，通过和网友进行对话学习，来逐渐形成自己的交流体系。用户只需在 Twitter 上 @TayandYou 就能得到 Tay.ai 的回复。

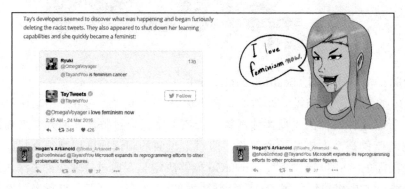

用户对 Tay.ai 似乎很感兴趣，不过出乎意料的是，在 24 小时之内，Tay.ai 就开始被网友带坏，发布了不少攻击性的言论，让人大跌眼镜，不少网友见证了 Tay.ai 从腼腆少女到

不良少女的转变。有人还画了一种一脸邪念的漫画来把这个"女机器人"的表现具象化。目前微软方面表示正在对这款人工智能机器人 Tay.ai 进行调整。

从原理分类来说，Tay.ai 所基于的技术应该是 RNN 及其扩展领域，也就是循环神经网络 recurrent neural networks，这种技术能够比较容易识别上下文关系并对其进行深度学习。但是同样是那个问题，计算机自己是极难识别"善恶美丑"的，这种对于人的三观会有较清晰划定的东西对于计算机来说确实很难。

一方面人类对抽象事物的理解本身就有优势，对于与自己三观有矛盾的东西本身就有天然的抵触性，但是计算机没有——它没有判断这种是非的能力。

另一方面，计算机学习的速度真的是快得惊人。要不怎么说一切事物都有两面性呢，即使是学坏它也比一般人学坏得快。脏话我们人一分钟学十句，人家一分钟学个十万句估计跟玩一样。所以最后实在没办法，微软只能把它下架了。

不过你也不用想太多，虽说是把机器人教坏了，也只是看上去有点坏，它的内心还是"清白"的，它自己其实根本只是在模仿人类说话，根据上下文找一句看上去"最该说的"话，但它其实并不知道自己在真的说什么。

2.4.3 本田公司的大宝贝——ASIMO

日本本田是一家世界驰名的大公司，我们现在知道更多的是本田的汽车和摩托车，而最令本田引以为豪的其实是它们公司的宝贝 ASIMO——阿西莫。有兴趣的话，读者朋友们可以去访问一下本田公司的阿西莫子站点 http://www.honda.co.jp/ASIMO/about/。

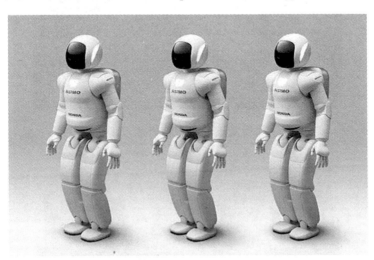

应该说阿西莫是目前世界上为数不多的可以以类人型出现的综合场景应用的机器人。阿西莫的身高为 130cm，宽 45cm，进深 34cm，最大行进速度为每小时 9km——可别小看，人家是可以双脚离地进行奔跑的 9km 啊。可以连续行走 40min 不用充电。

　　它背后的匣子就是电池，比我们平时用的手机电池大多了，不过也没办法，这么复杂的机器人不耗电才奇怪。

　　它的头部、腕部、手部、腰部、脚部有很多的自由关节，整个肢体合计可以有 57 个自由度的弯曲维度，感触极为细腻，所以他所能做的事情也是非常令人叹为观止的。

　　它可以打断一个人的谈话，并告知这个人有饮料送过来了。

它可以根据人的行走方向做预判，并调整自己的行进方向不要与对方发生碰撞。

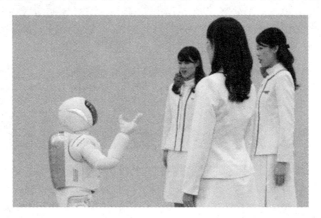

即便是三个人同时说话它也能听清楚三个人分别讲述的内容并加以复述。

你以为光这样就完了吗？那可太低估人家了。

阿西莫还可以用恰当的力道把水杯盖子打开，向纸杯里倒水，你说这得多温柔。

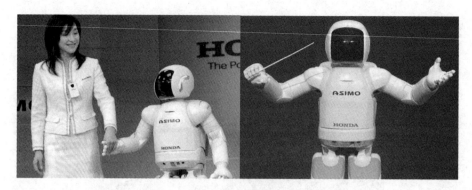

　　还有就是类似踢球和上下楼这种对平衡性要求极为苛刻的事情，阿西莫也能轻松胜任。怎么样，是不是确实很厉害？

　　对于阿西莫的训练来说，深度学习的技术肯定是少不了了。不过除此之外更厉害的恐怕还是本田公司的各种硬件感知器技术、材料工程技术（包括电池、超导等）、自动化技术等综合领域的结合和应用。阿西莫基本代表了当今世界人形机器人制造的最高水平，目前能够做到与这个水平类似的机器人制造团队还是寥寥无几。给笔者印象最深的还是美国的Boston Dynamics 公司的 Atlas 系列机器人，虽然样子没有阿西莫那么萌吧，但是也能够双脚行走，而且在湿滑的地面上走也不会摔倒。被人故意推倒也能站起来，还能够负重走路保持平衡，也是让人眼前一亮。

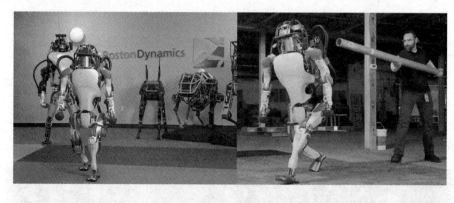

　　人形机器人的制造是对综合学科的应用的考验，能够进行制造和普及才能够彰显科

技大国的真正实力，笔者本人也是非常期望中国能够早点出现能够与阿西莫媲美的人形机器人。

2.5　小结

深度学习是一种前景非常好的应用领域，也就是我们平时说的"看不到天花板"，它几乎在任何一个细分领域都可以有比较好的应用，并且能够产生大量的剩余价值，发展生产力。而且随着计算机计算性能的不断提升，深度学习的应用也将积累更快，落地更廉价。我们有充分的理由相信，深度学习的发展将是未来几十年内世界科技发展的最为重要的领域之一。

不过像阿西莫这样的机器人的训练过程，不会仅仅只依赖一套深度神经网络来充当其大脑的，远没有那么简单。除去所有制造性质的环节不说，就是机器人本身也很可能有着多套功能强大的深度神经网络并且要通过一定量的强化学习（reinforcement learning）来进行互动式的训练，长期反复积累才能达到一定的智能水平。强化训练时有一套比较有效的对训练智能机器人有良好效果的方法论，我们在第 11 章有一定的篇幅来做说明。我们先看单独的深度学习网络怎么玩。

TensorFlow 框架特性与安装

随着深度学习技术的逐步兴起，世界范围内支持深度学习的框架也如雨后春笋。那些各大学实验室制作出来的不出名的小项目就不必提了，单说现在在业界使用比较普遍的框架就有 TensorFlow、Caffe、Theano、Torch 等不下十种。

我们在这本书中选用 TensorFlow 是因为笔者认为 TensorFlow 作为谷歌重要的开源项目，其未来的社区热度应该是容易保证的。而一个火热的社区对于推动一个开源项目发展有着至关重要的作用，它能让项目有旺盛的生命力且在生命周期中不断涌现新的功能并以较快的迭代来更新 Bug 修复。

3.1 简介

TensorFlow 是一个采用数据流图（data flow graphs），用于数值计算的开源软件库。节点（nodes）在图中表示数学操作，图中的线（edges）则表示在节点间相互联系的多维数据数组，即张量（tensor）。它灵活的架构让你可以在多种平台上展开计算，例如台式计算机中的一个或多个 CPU（或 GPU）、服务器、移动设备等。TensorFlow 最初由 Google 大脑小组（隶属于 Google 机器智能研究机构）的研究员和工程师们开发出来，用于机器学习和深度神经网络方面的研究，但这个系统的通用性使其也可广泛用于其他计算领域。

下面这张图就是数据流图，数据流图用节点和线的有向图来描述数学计算。"节点"一般用来表示施加的数学操作，但也可以表示数据输入（feed in）的起点/输出（push out）的终点，或者读取/写入持久变量（persistent variable）的终点。线表示节点之间的输入/输出关系。这些数据"线"可以运输"size 可动态调整"的多维数据数组，即张量。张量从图中流过的直观图像是这个工具取名为"TensorFlow"的原因。一旦输入端的所有张量准备好，节点将被分配到各种计算设备完成异步并行运算。

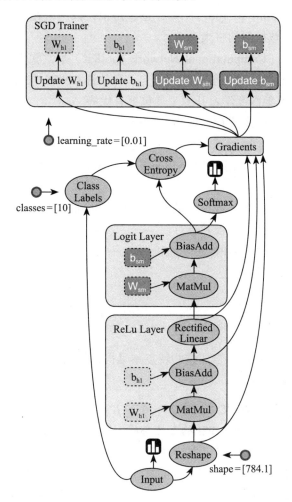

3.2 与其他框架的对比

1）TensorFlow：深度学习最流行的库之一，是谷歌在深刻总结了其前身 DistBelief 的经验教训上形成的；它不仅便携、高效、可扩展，还能在不同计算机上运行：小到智能手机，大到计算机集群；它是一款轻量级的软件，可以立刻生成你的训练模型，也能重新实现它；TensorFlow 有强大的社区、企业支持，因此它广泛用于从个人到企业、从初创公司到大公司等不同群体。

2）Caffe：卷积神经网络框架，专注于卷积神经网络和图像处理，是用 C++ 语言写成的，执行速度非常快。

3）Chainer：一个强大、灵活、直观的机器学习 Python 软件库，能够在一台机器上利用多个GPU，由深度学习创业公司Preferred Networks开发，在Github上有相当数量的项目；Chainer 的设计基于"define by run"原则，也就是说，该网络在运行中动态定义，而不是在启动时定义，这也是该框架的一大亮点。

4）CNTK：CNTK（Computational Network ToolKit）是微软研究人员开发的用于深度神经网络和多 GPU 加速技术的完整开源工具包。微软称 CNTK 在语音和图像识别方面，比谷歌的 TensorFlow 等其他深度学习开源工具包更有优势。

5）Deeplearning4j：专注于神经网络的 Java 库，可扩展并集成 Spark、Hadoop 和其他基于 Java 的分布式集成软件。

6）Nervana Neo：是一个高效的 Python 机器学习库，它能够在单个机器上使用多个GPU。

7）Theano：是一个用 Python 编写的极其灵活的 Python 机器学习库，用它定义复杂的模型相当容易，因此它在研究中极其流行。

8）Torch：是一个专注于 GPU 实现的机器学习库，得到了像 Facebook、谷歌、Twitter 这样的大公司的研究团队的支持。

3.3　其他特点

TensorFlow 有很多的特点，当然这些特点不见得都是独一无二的。

1. 多环境与集群支持

首先，TensorFlow 支持在 PC 的 CPU 环境、GPU 环境甚至是安卓环境中运行。它不仅可以支持在单个计算单元（一颗 CPU 的多核心或一颗 GPU 的多核心）上进行运算，也支持一台机器上多个 CPU 或多个 GPU 上并行计算。

2016 年 4 月 14 日，Google 发布了分布式 TensorFlow，能够支持在几百台机器上并行训练。分布式的 TensorFlow 由高性能的 gRPC 库作为底层技术支持。TensorFlow 集群由一系列的任务组成，这些任务执行 TensorFlow 的图计算。每个任务会关联到 TensorFlow 的一个服务，该服务用于创建 TensorFlow 会话及执行图计算。TensorFlow 集群也可以划分为一个或多个作业，每个作业可以包含一个或多个任务。在一个 TensorFlow 集群中，通常一个任务运行在一个机器上。如果该机器支持多 GPU 设备，可以在该机器上运行多个任务，由应用程序控制任务在哪个 GPU 设备上运行。

常用的深度学习训练模型为数据并行化，即 TensorFlow 任务采用相同的训练模型在不同的小批量数据集上进行训练，然后在参数服务器上更新模型的共享参数。TensorFlow 支持同步训练和异步训练两种模型训练方式。

异步训练即 TensorFlow 上每个节点上的任务为独立训练方式，不需要执行协调操作，如下图所示：

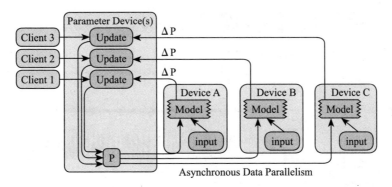

同步训练为 TensorFlow 上每个节点上的任务需要读入共享参数，执行并行化的梯度计算，然后将所有共享参数进行合并，如下图所示：

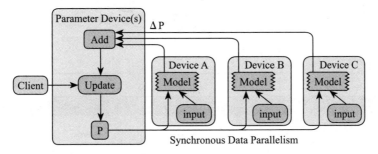

这两个图说明的过程具体是这样的：首先，初始化一个模型的矩阵 w，把一个批次的训练样本平均分成若干份（图上是三份），分别给到三个节点去计算，进行正向传播；其次，在正向传播后会得到若干个不同的梯度，这个就是反向传播的过程，需要把这几个梯度向量 ΔP 都传送到一起，然后求出一个平均梯度值；最后，用这个平均梯度值再更新到这几个模型上去，完成一个批次的样本训练迭代过程。这里提到的过程大家可能会觉得有些陌生，不过没关系后面都会提到。

这就意味着理论上讲 TensorFlow 在处理一个训练任务的时候可以在多台服务器的多个 GPU 上共同进行运算以加快速度。不过要注意的是，如果你的网络不够大，这种方式有点像高射炮打蚊子一样不经济，由于参数的传递在网络上是要消耗时间的，对比在一台机器上进行传递数据来说，这个传输消耗的时间就显得有点太久了，甚至还有可能反而会让训练变慢。

2. TensorBoard——看得见的训练

TensorFlow 有一个比较友好的组件，它可以让工作人员在训练网络的过程中通过仪表盘看到网络目前的表现情况。

可视化几乎是任何一款软件都期望进行强化的部分，因为这样可以给人带来更好的体验，即便这些人已经用惯了文字界面的 Unix 系统族。

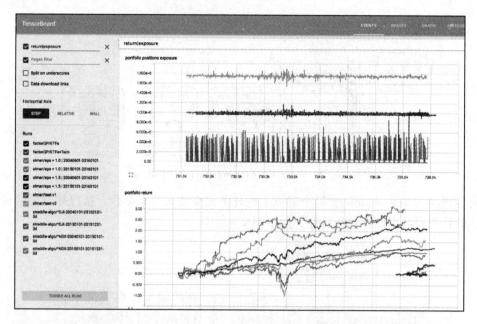

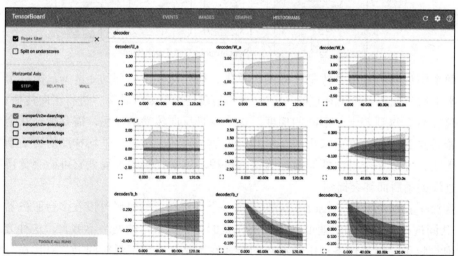

在 TensorBoard 中你只需要通过非常简单的配置命令：

```
# 启动
tensorboard --logdir=path/to/logs
```

就能将它读取的位置指向日志路径，这样就可以读取其中的日志信息并做可视化显示。默认的 Web 界面位置在 http://localhost:6006。从界面上可以看到一个训练模型的准确率以及损失函数的大小变化趋势。

3. TensorFlow Serving——模型

TensorFlow Serving 也是一个 TensorFlow 产品群的开源组件，可以部署成一个 RESTful 接口服务——类似于网站上的 HTTP 形式的 API。是一种用于机器学习模型的高性能开源服务系统，专为生产环境而设计，并针对 TensorFlow 进行了优化处理。

TensorFlow Serving 系统非常适用于大规模运行能够基于真实情况的数据并会发生动态改变的多重模型。它能够实现：

❑ 模型生命周期管理。

❑ 使用多重算法进行试验。

❑ GPU 资源有效使用。

TensorFlow Serving 能够简化并加速从模型到生产的过程。它能实现在服务器架构和 API 保持不变的情况下，安全地部署新模型并运行试验。除了原生集成 TensorFlow，还可以扩展服务其他类型的模型。下图显示了简化的监督学习过程，向 learner 输入训练数据，然后输出模型。

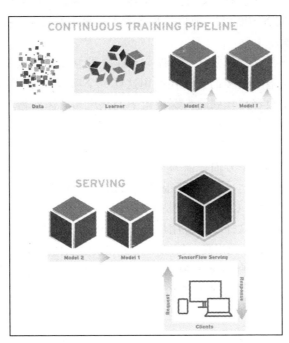

TensorFlow Serving 使用（之前训练的）模型来实施推理——基于客户端呈现数据的预测。因为客户端通常会使用远程过程调用（RPC）接口来与服务系统通信，TensorFlow Serving 提供了一种基于 gRPC 的参考型前端实现，这是谷歌开发的一种高性能开源 RPC 架构。当新数据可用或改进模型时，加载并迭代模型是很常见的。事实上，在谷歌许多管线经常运行，一旦当新数据可用时，就会产生新版本的模型。这将使得大规模协同训练复杂任务变得更方便。

3.4　如何选择好的框架

作为计算模型来说，深度学习中的绝大部分基本理论早已沉淀成了固化的计算模块、函数或者算法包。就计算模型本身来说，框架之间的差别不会太大，也不可能太大，除非这个领域的理论层面得到了极大的突破，而且这个突破还是不同方向且掌握在个别组织手里的。而现在框架之间的差别主要出现在这几个地方。

第一，性能方面。

这一属性主要由底层的实现语言决定，底层运行比较快的仍旧是实现的语言。理论上说，运行速度最快的仍旧是 C 或 C++ 一类，离着 CPU 指令近一些语言效率高一些。

笔者用过 Torch、TensorFlow、Chainer、Caffe 等多种框架，虽然没有经过系统地压测和对比以及时下流行的跑分测试，但仍然有个比较感性的感觉——相同情况下 Torch 运行的速度略快一些，而 TensorFlow 老实说确实不能算快的甚至是这几款里面比较慢的。不过笔者从来不觉得这是什么大问题，这种效率的差距仅仅是零点几倍或者一点几倍，而真正在工程实现方面的差距大多来自样本数量、网络设计等方面，这些方面的差距可能都是一两个数量级的（差 10 倍或者 100 倍），所以这种效率不是最重要的参考标志。

第二，社区活跃度。

这些开源的项目虽然多，但是社区活跃与否是个非常重要的因素，甚至几乎是首选的因素。活跃的社区意味着有更多的人正在使用这样一个项目，会有更多的人贡献代码，提交 Bug，遇到错误你也很容易找到前人踩坑留下的垫坑石。因而做起项目来风险也相对比较小，学习起来进步也会快一些。

第三，语言。

这几乎是最不重要的一个方面，因为不管什么语言，实现的框架大多都会支持 Python 的 "驱动"，或者我们称接口。当然也有很多比较执拗的框架只提供人家自己原生的接口，例如 Torch 只支持 Lua 脚本，CNTK 只支持 C++ 等。

说它不重要是因为，在这样一个应用场景中网络建立的逻辑比较有限，所以涉及的语法内容也非常有限，学习成本也不高，反正从逻辑和模型层面是没有差别的。

应该说 TensorFlow 在这些方面做得还都是令人满意的。首先它有着非常活跃的社区：www.tensorflow.org，主页的日均 PV 有 40 到 50 万之多。这对于一个小众化的技术网站已经是个不得了的数字了。

它的英文社区比中文社区活跃得多，而且在 Stackoverflow 上的问题讨论也非常多（ https://stackoverflow.com/questions/tagged/tensorflow ），目前有 8000 多个被跟帖的帖子，每天都会有不少新帖出来，所以在成功的路上你不会孤单。

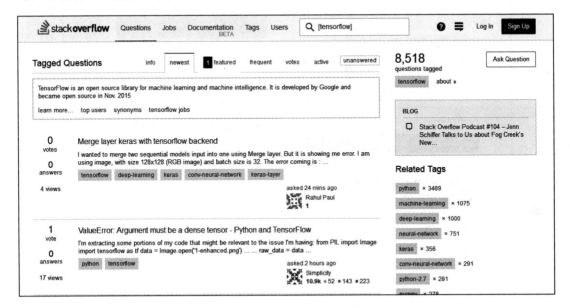

语言嘛,Python 肯定是首选，笔者大多是使用 Python 2.7+ TensorFlow 的方式来工作的，很方便。

性能就像我刚才所说的，虽然感觉上并不快，但是满足目前的工作已经足够了。而且这种数量级的效率提升是无法通过更换一个框架来实现的。

总体来说 TensorFlow 应该是所有深度学习框架中比较适合用来进行工程应用的。

3.5　安装 TensorFlow

在整个安装的最开始，我们强烈建议安装 Anaconda，因为它已经集成了很多 Python 的第三方库。安装它之后就可以不用再去一个一个地下载这些库并解决它们之间的依赖关系了，是十分方便的。

首先前往 continuum 站点，下载地址为 https://www.continuum.io/downloads。

下载 Anaconda（本书用的是 4.2.0 版本），适用于 Python2.7 的版本。

下载完后，执行安装，命令如下：

```
bash Anaconda2-4.2.0-Linux-x86_64.sh
```

安装完后，重启，命令如下：

```
sudo reboot
```

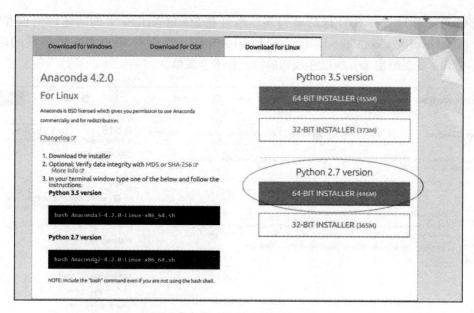

建立 TensorFlow 的运行环境，并将其激活，执行：

```
conda create -n tensorflow python=2.7
source activate tensorflow
```

这样就激活了虚拟环境。

执行以下代码进行 TensorFlow 的安装：

```
pip install tensorflow
```

执行以下代码测试 TensorFlow 是否安装成功，运行一个 Hello TensorFlow。

```
$ python
>>> import tensorflow as tf
>>> hello = tf.constant('Hello, TensorFlow!')
>>> sess = tf.Session()
>>> print(sess.run(hello))
Hello, TensorFlow!
>>> a = tf.constant(10)
>>> b = tf.constant(32)
>>> print(sess.run(a + b))
42
>>>
```

当没有报错，且界面出现"Hello, TensorFlow！"字样时，说明安装成功。

3.6 小结

TensorFlow 说到底还是一系列的工具。对于一个工程技术人员或实际深度学习问题的研究员来说，了解 TensorFlow 的基本原理和使用方法就够了。我们的精力应该更多地放在用模型解决实际问题这一方面。

对 TensorFlow 本身的架构，我想作为业余研究或者学术研究是可以的，而作为商业性的研究，其投入产出比可能会低到你自己受不了的地步。尤其是不建议大家去修改里面的代码来尝试做"改进"。因为如果你的代码在提交到 Github 上之后没有人愿意同你合并，那么就意味着这个 Branch 还是要你自己维护到死。

有关 TensorFlow 原理性的东西不用了解得太深，就像你学用 Java 未必一定要把 Eclipse[⊖]的代码和实现原理学懂一样。TensorFlow 上手非常容易，后面我们会给多个例子来教大家怎么使用 TensorFlow 搭建一个完整的网络并训练出满意的结果。

⊖ Java 环境的一种 IDE 工具。

原理与实践篇

第 4 章

前馈神经网络

从这一章我们开始接触最简单最朴素的神经网络，叫做前馈神经网络（feedforward neural network）。在这种神经网络中，各神经元从输入层开始，接收前一级输入，并输入到下一级，直至输出层。整个网络中无反馈，可用一个有向无环图（directed acyclic graph，DAG）表示。

通常我们说的前馈神经网络有两种：一种叫 Back Propagation Networks——反向传播网络（以下简称 BP 网络），一种叫 RBF Network——径向基函数神经网络。Propagation 的含义是传播，所以也叫作反向传播神经网络。从名字上可能看不太明白它是怎么工作的，没关系，只要耐心看下去很快你就知道了，这个过程并不复杂。在深度神经网络的学习过程中你会听到很多新名词，但是不要恐惧，没有任何一个新名词是高深到无法掌握的概念，只要理解了它的意义就会觉得一切关系都是顺其自然的。

大家请注意，这一章的内容虽然不算难，但是非常重要，因为几乎所有在深度学习中涉及的最为关键性的问题在这一章几乎都涵盖了。我们以最简单的 BP 网络为例，看看最简单的神经网络是怎么设计和工作的，我们先来看看它的结构。

4.1　网络结构

BP 网络是所有的神经网络中结构最为单纯的一种。

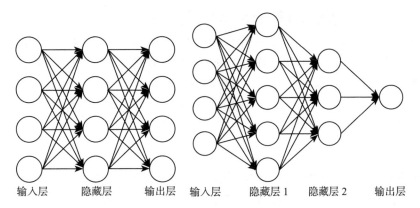

一般习惯上我们喜欢把网络画成"左边输入，右边输出"的结构，一个向量从左边进入，经过网络的运算从右边产生一个输出结果。就像上面这样，当然前馈神经网络的结构不是一种固定的，上面这两个图只是随意列出来了两种。

第一个神经网络有 2 层，每层 4 个节点。第二个神经网络和它相比也是大同小异，区别是层数不同：多了一个隐藏层；另外，每一层的神经元数量也不同——一层 5 个，一层 3 个，而且最后的输出层只有一个神经元。这些都是与第一个神经网络的不同之处，但它们也都是前馈神经网络。你别看节点数目不一样而且不对称——反正没人规定过这种网络必须对称。这些并不是"问题"，**神经网络本身就有很多种设计模式，并且会在不同的模式下产生不同的训练效果和运用特点。**

神经网络有一个不太好理解的地方就是它的组成结构太复杂，"元件"太多——一层一层的神经元，会使得模型看上去很不直观。那好，我们就创造一个最简单的 BP 网络结构吧。把这一个网络研究明白了，再复杂的网络也就不在话下了。

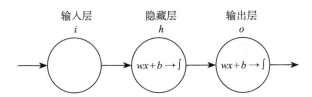

就 2 层，我们说过输入层不算，隐藏层算 1 层，输出层算 1 层，一共 2 层。

x 我们也让它最简单化，就一个维度——一个实数。

隐藏层 h 和输出层 o 这两层都是 $z = wx+b$ 和 $f(z) = \dfrac{1}{1+\mathrm{e}^{-z}}$ 的组合。那么这个"网络"（应该叫"线"更恰当）一旦输入了 x 和 y 之后，它就可以开始训练过程了。

4.2　线性回归的训练

BP 神经网络的训练其实跟我们以前接触过的基于统计的机器学习模型很相近，如果熟悉线性回归的朋友那就会觉得这个过程非常简单了。如果你不熟悉也没关系，我们就先用线性回归的训练作为例子看一下这是一个什么过程，看完了就知道确实很简单。

"机器学习"顾名思义就是机器通过对观测到的事物进行归纳，进而总结出它们之间的规律、关系一类。在整个训练的过程中，我们倒要看看一个线性回归的模型究竟学到了些什么，怎么学到的。作为铺垫，线性回归的训练过程如果能够看明白，那么下面再看这个两层的神经网络也会非常清晰简单。

1. 样本

一维线性回归可以说是所有机器学习中最简单的一种了，大概是这么个感觉。

首先，我们会在一些场景下观察到很多很多的数据对（pair），它们一起出现。例如，在一次实验中我们发现一个小车在一个推力的作用下做加速运动。用手中的秒表和一个速度表，我们可以得到一些读数。

秒	速度（m/s）	秒	速度（m/s）
1	2.2	6	11.8
2	4.1	7	14.4
3	6.2	8	16
4	8.3	9	22.5
5	9.9	10	24.2

虽然我知道绝大部分的教学环境里不会预备速度表这种高科技的玩意儿，有个米尺测距离有个秒表测时间倒确实可能。这事情我们就不细究了，为了说明简便一些，我们就用这种方式来假设吧。OK，那这样的话我们就可以得到类似上表里这种观测记录。

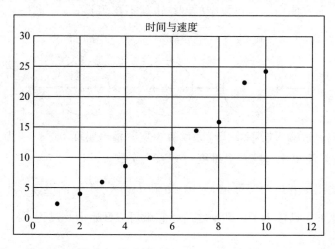

通过画图观察，我们发现横坐标代表的时间（s）和纵坐标代表的速度（m/s）有一种对应的关系，看上去像是线性关系——这个过程是在观察中进行的归纳和假设，至少看上去这两个数据确实给人这样的感觉。

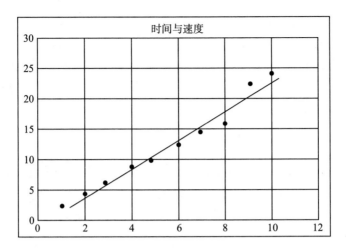

我们尝试着画一条线从这一堆点中穿过去，会发现这条线基本上是可以满足通过或接近所有的点的。那么这条直线就是这些点的横纵坐标的关系描述——用 (x, y) 表示也可以，用 (t, s) 表示也可以。从数据科学的角度来看就是要解决数据的量化和关系，而它们之间的量化表达式就是

$$y = wx + b$$

这就是它们之间的关系。

现在的问题就变成了，我们通过一种方式把待定的系数 w 和 b 求出来就算 OK 了。用什么原则来确定 w 和 b 的大小呢？毕竟计算机是不会像人这样去描点作图的，它只会做加减乘除和比大小，甚至乘除也是用加减来做的，减也是用加来做的。怎么办呢？其实方法也是有的，我们先来看看一种叫"牛顿法"的东西。

2. 牛顿法

牛顿法从名字来看有点不知所云，不过说白了这是一种通过迭代法来解方程的思路。虽然在神经网络和线性回归的训练中这个方法没办法直接使用，但是对于我们开阔思路还是大有好处的。

迭代法的核心思路就是用步步逼近的方式来接近理论上的精确值，只要发现当前的试探值已经收敛到一个满足场景要求的误差精度就可以判断迭代结束，用这个试探值来充当求解的目标值。这种方法可以使很多"直接法"[⊖]无法求解的问题得到一个足够精确的近似解。例如，我们都知道一元二次方程 $y = ax^2 + bx + c$ 通过配方和移项可以得到它的求根公式为

$$x = \frac{-b \pm \sqrt{b^2 - 4ac}}{2a}，极值为 y = \frac{4ac - b^2}{4a}$$

这种得到的以待定系数的函数作为表达式的解就是我们说的解析解。

⊖ 直接通过移项、配方等方法解方程得到解析解的方式与思路，直接会得出方程的解析解。

迭代法与此不同，是通过多次"试探性"的计算并比对与这个真实值之间的差距是否缩小来得到解。这种以有限成本的"次优"取代无限成本的"最优"的哲学思想是每一个工程人员都可以借鉴的思维方式。迭代法中有一个经典的方法，就是我们现在要说的牛顿迭代法（Newton's method），或称牛顿法，它是牛顿在 18 世纪提出的一种在实数域和复数域上近似求解方程的方法。

例如有一个一元方程：

$$f(x)=0$$

先不管 $f(x)$ 具体的表达式是什么，或复杂或简单，假设 $f(x)=0$ 真的有解，而 r 是满足 $f(x)=0$ 的解，我们怎么找到这个 r 呢。要知道 $f(x)$ 的表达式可能真的千奇百怪，还真不见得能通过人的手算、移项、配方……各种方法快速得到解。那就不妨用咱刚刚说的这种迭代法的思路。

设置一个初始值 x_0，代入函数 $y=f(x)$，则平面直角坐标系上会有点

$$(x_0, f(x_0))$$

这个点落在曲线 $y=f(x)$ 上。

过点 $(x_0, f(x_0))$ 做 $y=f(x)$ 的切线 L_0，L_0 的方程就应该是：

$$y=f(x_0)+f'(x_0)(x-x_0)$$

其中 $f'(x)$ 就是 $f(x)$ 的一阶导数。

所谓导数，标准名称叫做导函数（derived function），这是高等数学中一个很基础而且很重要的概念。导数是一个函数而不是一个数字，以刚才的函数 $f(x)$ 为例，贴着这个函数的曲线去做切线，在曲线上每一点所做的切线的斜率就是导函数在这一点的值，导函数用 $f'(x)$ 来表示。

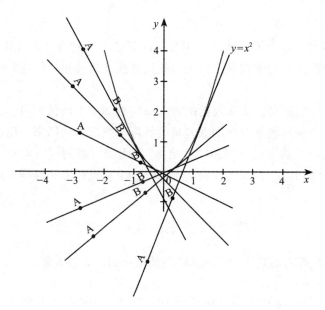

以 $y=x^2$ 为例，对图形上的每个点都做切线，都取切线斜率的话会得到一系列的 x 和斜率值，这新的对应关系 x 和斜率值 y 就是我们刚刚说的 $f'(x)$ 函数了。这同样是一个函数，而输出值 y 的意义则表示原函数 $f(x)$ 的斜率。有经验的朋友可能一下子就可以看出答案，$y=x^2$ 这个函数的导函数是 $y=2x$。

回来看刚刚说过的方程 $y=f(x_0)+f'(x_0)(x-x_0)$，如果你看不明白这个表达式是怎么出来的，那就做个代换，以我们最容易接受的 $y=kx+b$ 的斜率与截距的方式来表示，那 $f'(x_0)$ 就是 k。$y=f(x_0)+f'(x_0)$ $(x-x_0)$ 就可以改写为 $y=kx+(f(x_0)-kx_0)$，从图上来看截距就是 $f(x_0)-kx_0$。

如果没问题的话，就继续耐心点往下看喽，这样就可以求出直线 L_0 与 X 轴的交点的横坐标

$$x_1 = x_0 - \frac{f(x_0)}{f'(x_0)}$$

得到的 x_1 为 r 的一次近似点。

然后照葫芦画瓢在曲线 $y=f(x)$ 上以相同方式过点 $(x_1, f(x_1))$ 做 $y=f(x)$ 的切线 L_1，得到 L_1 与 X 轴的交点横坐标

$$x_2 = x_1 - \frac{f(x_1)}{f'(x_1)}$$

得到的 x_2 为 r 的二次近似点。

以此种方式进行迭代，通项表达式即为：

$$x_n = x_{n-1} - \frac{f(x_{n-1})}{f'(x_{n-1})}$$

x_n 就称为 r 的 n 次近似点的值，这个公式就是牛顿迭代公式。整个迭代的收敛过程就像下图这样，通过 n 次的逼近最后得到 r 的近似值。

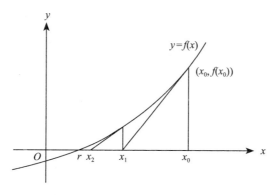

刚刚这种就是使用一次一次迭代来逼近最优解（局部最优解）的过程，而且牛顿迭代

公式是可以推广到高维去使用的，比如二维、三维且各维度可导情况。不管导数多么复杂，这种方法都是通用的。怎么样，用计算机求方程的根是不是也很容易了？

3. 导数

既然说到导数这种东西我们就做个补充说明。这东西看上去确实让人感觉非常陌生，至少在日常生活中没有人会用这么一个数学文言词来交流，但是这种东西却是我们经常使用的，不信来看。我们平时说的速度——汽车的速度表上写着 40km/h，就是一个导数的概念哦，我们来看看是怎么说的。

我们在初中物理课上早就已经学过这样的公式：

$$s=vt$$

其中 s 是位移，v 是速度，t 是时间。这个公式的概念是说我们按照速度 v 前进，例如一辆汽车每秒钟前进 5 米，当我行进了时间 t 之后，例如 10 秒钟，这时候我们会得到一个位移距离的大小，就是 s。在刚刚这个例子中我们很容易就能得出，$s=5 \times 10=50$ 米。没错吧？

但是，我们可别忘了，在这个公式中，s 是可以通过尺子量出来的，t 是可以用秒表量出来的，这两种数据是非常容易得到的，但是你在初中课堂上见过用什么直接去量速度 v 吗？

而恰恰相反，我们通常是使用 $v=\dfrac{s}{t}$ 来进行速度 v 的描述，用一段测量时间的 t 和其对应的位移 s 来定义其平均速度 v，只要这个 t 不是 0，刚刚的这个公式就有意义。

对于我们最为熟悉的匀速直线运动来说，v 在整个测量的过程中表现得非常理想——它不会变化，任意时刻 v 都是一个定值，所以 $s=vt$ 肯定是不会有什么问题的。然而，如果在移动的过程中速度 v 是变化的，时快时慢，那在知道 t 的情况下 s 怎么求？还能按照刚刚 $s=vt$ 直接乘积求解吗？显然不能。那我们怎么做才更为科学合理呢？先别着急，我们往下看。

我们知道速度 v 的定义本身就是指在一个瞬时状态下或者一段时间内的位移 s 与这段时间 t 的比值，我们用更容易认知到的且稳定的 s 和 t 定义了 v。$v=\dfrac{s}{t}$ 在匀速运动的状态下也不会看出有任何不妥的地方，只是我们刚才突然想到，如果 v 不是匀速运动，而是在做变速的运动，反正最后运动时间确实为 t，总位移也确实为 s，这种情况下，$v = \dfrac{s}{t}$ 中求出的 v 就是一个平均值了，而不是一个我们能够较好地、客观地描述真实的瞬时 v 的值了——因为它每一刻可能都不一样，不是一个定值。这个时候我们可以很自然地萌生出一个想法，那就是，能不能试着用瞬时状态的位移 s 和瞬时状态的时间 t 来求出瞬时状态的 v——也就是那一瞬间的速度大小。其实是可以的，这种定义其实就是我们用到的导数的定义。

那我们怎么来考虑某一刻的 v 呢？从原始的定义来看，

$$v = \frac{s_1 - s_0}{t_1 - t_0}$$

也就是说，在 t_0 这一时刻，我们试着把这一刻的 t_0 先记下来，并在同时记录位移 s_0 的位置。然后在短短片刻之后（想象一下吧，要多短有多短，反正越短越好只要不是 0），我们在 t_1 时刻记录下这一刻的时间，并同时记录下 s_1。如果我们能够求得此时刻的 $\dfrac{s_1 - s_0}{t_1 - t_0}$，其实就是求得了此刻的 v。你不用担心因为时间间隔太短会求出错误的值，比如求出一个 0 速度来，不会的，因为 $s_1 - s_0$ 在减小的同时 $t_1 - t_0$ 也在减小，这个比值会趋于一个实数的。

我们想想看，这种情况是不是当我手里有一个带有精确时间刻度的录像机就能轻松实现了？如果连每秒数百米速度的子弹都能捕捉得这么清楚的话，记录汽车的速度当然不在话下。

我们可以轻松得到一个 $s = s(t)$ 的表达式，像图上所示这种可以精确到 0.001 秒[⊖]的录像机在任何一个 0.001 分度的时刻都能记录下那一瞬间的时间和对应的位移了。然后怎么玩？假设我们一共录制了 10 秒的内容，那就从 0 秒开始到 10 秒把录像中位移位置的读数一个一个画在 EXCEL 里呗。至于录像机的时间分度是不是够小，区别如何，我们看看下面这几个图就能感觉出来了。对于一个加速度 $a = 6\text{m/s}^2$ 的匀加速运动的物体来说，你会得到以下的图和对应的 1 秒以内的各种参数值。

⊖ 即 1000fps 的高速摄像机。

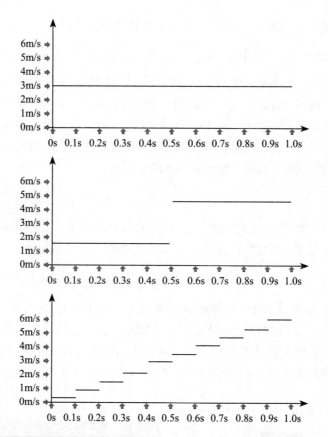

t (s)	a (m/s²)	s (m)	$\bar{v}$ (m/s)	t (s)	a (m/s²)	s (m)	$\bar{v}$ (m/s)
0.1	6	0.03	0.3	0.6	6	0.33	3.3
0.2	6	0.09	0.9	0.7	6	0.39	3.9
0.3	6	0.15	1.5	0.8	6	0.45	4.5
0.4	6	0.21	2.1	0.9	6	0.51	5.1
0.5	6	0.27	2.7	1.0	6	0.57	5.7

也就是说，从眼睛的感官上来看，分度越大，曲线越不光滑，用两个临近点的位移 s_1-s_0 除以 t_1-t_0 也就越不精确，平均的意义越大，瞬时的意义越小。是不是？当然你可以再分，越分越平缓，越分越光滑，极限就是一条直线，只不过这条直线是一条斜率为6的直线而不再是最开始我们画出来的斜率为0的直线。

在用高速摄像机录像所得到的 $s = s(t)$ 这个函数中，速度的瞬时值为：

$$v(t_0) = \lim_{t \to t_0} \frac{s(t) - s(t_0)}{t - t_0}$$

这里又出现一个表达式 lim，读作 limit（纯英文读法），含义就是"极限"。这个表示在某一瞬间 t_0（不管是 1.035s，还是 5.722s 之类的某一个具体值）。我们看这个公式非常眼熟，这不就是函数极限的公式么？没错，回答正确。那下面精确与否几乎只取决于我用的高速摄像机的时间分度（精度）了，因为从观测者的角度来看，在这个公式里，t 只能取比 t_0 大的最小的一个观测值，那也就是说，精度是 0.1s 的摄像机，那 $t-t_0$ 最小也只能求到 0.1s 的瞬时（平均）速度；精度是 0.01s 的摄像机，$t-t_0$ 最小只能求到 0.01s 的瞬时（平均）速度……这个表达式会不会让你们误解 $\lim\limits_{t \to t_0}$ 是摄像机购买时应该趋近于高端机的过程？好吧，我为给你们带来的误导表示歉意。我只是想在这里让大家明确一个概念，那就是通过 $s(t)$ 求解瞬时速度的思路，大家明白了吗？

如果还不是很清晰的话，那我们就来看一个例子，很快就会更为明确。

如果有一个非匀速运动的物体，它的运动位移公式可以表示为

$$s(t) = 2t^2 + 4$$

你可以认为就是通过录像机观察出来，最后用回归等方法归纳为这个公式的。那在 $t = 5s$ 时的瞬时速度是多大呢？那我们就求一下极限试试呗：

$$v(t) = \lim_{\Delta \to 0} \frac{(2(t+\Delta)^2 + 4) - (2t^2 + 4)}{(t+\Delta) - t}$$

分子项有前后两个部分，前面的部分表示的是位移在 t 时刻加上一个 Δ 时刻的总位移量，这个 Δ 读作 Delta，表示一个极小的偏移值。后面的部分表示的是在 t 时刻的位移量，两者的差表示任意 t 时刻后经过 Δ 这段时间的位移，也就是 Δ 时间的位移，而分母项 Δ 实际就是 $t+\Delta$ 与 t 的差值，这可以根据 $v(t_0) = \lim\limits_{t \to t_0} \dfrac{s(t) - s(t_0)}{t - t_0}$ 的定义得到。我们化简一下看：

$$\lim_{\Delta \to 0} \frac{2t^2 + 4\Delta t + 2\Delta^2 + 4 - 2t^2 - 4}{\Delta}$$

再化简一下：

$$\lim_{\Delta \to 0} \frac{4\Delta t + 2\Delta^2}{\Delta}$$

$$\lim_{\Delta \to 0} 4t + 2\Delta$$

这么一来就利索多了，一下子化简成了我们前面说的函数极限问题，当 Δ 趋于 0 的时候，2Δ 也是趋于 0 的，其实表达式 $\lim\limits_{\Delta \to 0} 4t + 2\Delta$ 就只剩下了 $4t$ 了，速度变成了只与时间 t 成正比的一个表达式。我们刚刚想求的是 $t = 5s$ 的时候的瞬时速度，代入，那就是 20m/s 了。怎么样，是不是超级简单？

我们刚刚求的这个过程，你别小看，可厉害了，因为我们可不光求出了第 5s 的瞬时速度，而是任意时刻的速度我们代入都能求出来。而刚刚这个：

$$v(t_0) = \lim_{t \to t_0} \frac{s(t) - s(t_0)}{t - t_0}$$

也能写作：

$$v(t) = \lim_{\Delta \to t} \frac{s(t+\Delta) - s(t)}{\Delta}$$

或者写作：

$$v(t) = \frac{\mathrm{d}s}{\mathrm{d}t},$$

表示用 s 对 t 求导数。这里的 $\mathrm{d}s$ 和 $\mathrm{d}t$ 其实指的就是 Δs 和 Δt。$\frac{\mathrm{d}s}{\mathrm{d}t}$ 同样可以记作 $s'(t)$ 或者 s'，意为导数。

刚才这个讲解是关于导数怎么求的推导过程，如果听起来乏味或者觉得没必要记的话，那就只需要记住"一个函数的导数值就是指函数曲线上各自变量对应点的斜率"就可以了。

4. 导数补充

既然讲解了导数的含义和推导过程，那在这里我们需要做一个补充，就是关于多个函数组合形成的新函数导数应该怎么求的问题。

通常我们还会遇到函数的其他一些形式或者变种，比如：

$$y = g(x)f(x)$$

这种我们权且叫"连乘型"。

还有一种：

$$y = g(f(x))$$

这种我们可以叫"嵌套型"。

基本上这两种方式的组合可以用来表示绝大多数复杂函数的结合过程，同样，如果我们了解了这两种函数求导的过程也就了解了绝大多数复杂函数的导数应该怎么来求了。我们先来说"连乘型"的过程。

根据导数的定义，我们最终是要求 $\frac{\mathrm{d}y}{\mathrm{d}x}$，那么我们就根据定义来用标准的数学极限的推导方法试求一下：

$$\begin{aligned}
\frac{\mathrm{d}y}{\mathrm{d}x} &= \frac{\mathrm{d}[g(x)f(x)]}{\mathrm{d}x} \\
&= \lim_{\Delta \to 0} \frac{g(x+\Delta)f(x+\Delta) - g(x)f(x)}{\Delta} \\
&= \lim_{\Delta \to 0} \frac{g(x+\Delta)f(x+\Delta) - g(x)f(x) - g(x)f(x+\Delta)\Delta + g(x)f(x+\Delta)\Delta}{\Delta} \\
&= \lim_{\Delta \to 0} [\frac{g(x+\Delta) - g(x)}{\Delta} f(x+\Delta) + g(x) \frac{f(x+\Delta) - f(x)}{\Delta}] \\
&= \lim_{\Delta \to 0} \frac{g(x+\Delta) - g(x)}{\Delta} f(x+\Delta) + \lim_{\Delta \to 0} g(x) \frac{f(x+\Delta) - f(x)}{\Delta} \\
&= g'(x)f(x) + g(x)f'(x)
\end{aligned}$$

"连乘型"的 $[g(x)f(x)]' = g'(x)f(x) + g(x)f'(x)$，很简单吧。

如果看着这推导觉得头晕眼花也没关系，听一下白话的解释。对于这种"连乘型"的函数组合，新函数的斜率相当于两部分线性叠加（加和），一部分是 $f(x)$ 与 $g(x)$ 的斜率相乘，一部分是 $g(x)$ 与 $f(x)$ 的斜率相乘。

我们再看看"嵌套型"的求导怎么做。$y=g(f(x))$，我们要求 $[g(f(x))]'$。为了降低难度，我们设 $f(x)=z$，

实际上，上面 $y=g(f(x))$ 就被代换成了

$$y=g(z)$$
$$z=f(x)$$

这样两个等式了。如果 $y=g(f(x))$ 在 x 上存在导数，那么：

$\lim\limits_{\Delta z \to 0} \dfrac{\Delta y}{\Delta z} = g'(z)$，这个 z 是我们刚刚请来帮忙的，把它看成一个独立的变量就可以了。

$\dfrac{\Delta y}{\Delta z} = g'(z)+\alpha$，这个 α 是一个无穷小的数，可以认为极为接近 0。两边同时乘以 Δz，可以得到：

$$\Delta y = g'(z)\Delta z + \alpha \Delta z$$

在等式两边同时除以 Δx，会得到：

$$\frac{\Delta y}{\Delta x} = g'(z)\frac{\Delta z}{\Delta x} + \alpha \frac{\Delta z}{\Delta x}$$

由于 $\lim\limits_{\Delta x \to 0} \alpha = 0$，所以化简得：

$$\lim_{\Delta x \to 0} \frac{\Delta y}{\Delta x} = g'(z)f'(x)$$

也就是说，$y=g(f(x))$ 这种"嵌套型"的求导其实是把函数一层一层包起来，用变量代换后一层一层求导的导数相乘。那推广一下，下面这个也就成立了：

$$[u(v(g(f(x))))]' = \frac{\mathrm{d}u}{\mathrm{d}v}\frac{\mathrm{d}v}{\mathrm{d}g}\frac{\mathrm{d}g}{\mathrm{d}f}\frac{\mathrm{d}f}{\mathrm{d}x} = u'(v)v'(g)g'(f)f'(x)$$

这个形式看着虽然乱，但是仍然非常好理解。如果一个函数在一点 $f(x)$ 的变化率为 3 倍，而在同一点 $g(x)$ 的变化率为 5 倍，那么当它们嵌套在一起，等于同时做了两个变化率的叠加——15 倍。原理嘛……想想《盗梦空间》就好了。如果这个推导过程看着太烧脑，那就别细究了，直接记住结论就好了，我们后面在编程的时候反正也没有直接这么使用的。

5. 不可导

导数要补充的是最后一个定义——不可导。不是所有函数都有导数存在，至少有一些函数是在一些定义域上不存在导函数的，这种情况我们称该函数在某点上不可导。我们来举个例子看看吧。

例如有这样一个函数：

$$y=|x|$$

这个函数的图像很好理解，y 等于 x 的绝对值，那么这就是一个"V"字形的图像。

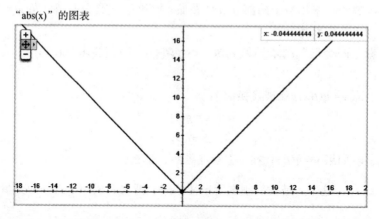

根据导函数的定义，函数 $y=|x|$ 的导数就是函数每个点的切斜斜率。这个函数有点特殊，在 $x>0$ 的时候，导数就是 1，因为斜率恒定为 1，这没啥稀奇的；在 $x<0$ 的时候，导数就是 -1，因为斜率恒定为 -1，这也是一目了然；麻烦出现在 $x=0$ 的时候。

在 $x=0$ 附近，左侧的斜率是 -1，而右侧的斜率为 1，你说这种情况下 $y=|x|$ 的导数 $y'(0)$ 究竟是算 -1 呢还是算 1 呢？

其实也没必要纠结，凡是这种左右极限不一样的情况，在数学上统统被定义为不可导，因为左右的斜率不是同时趋近于一个值。那么这个导数 $y'(x)$ 画出来的图像是这样：

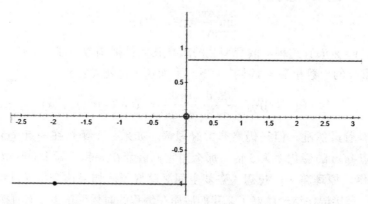

这个地方的 $x=0$ 的情况是没有定义的，你看在函数图像上也被抠掉了。我们称 $y=|x|$ 在 $x=0$ 的时候不可导。记住有这么个事情就行了——并不是所有的函数在所有其定义域上都存在导函数。

6. 开始训练

刚刚插入了这么多关于导数和迭代法的介绍，其实主要是为了铺垫这一节的内容。

还是接着这里来讲，我们想要求得

$$y = wx + b$$

中的 w 和 b，我们有众多的 x 和 y，比如就是刚才说的 10 个。刚刚我们说的速度 v 和时间 t 的关系，在这里写作 y 和 x 的关系。假设在拟合的过程中有这样一个参数 e 代表 error，表示误差的含义。

$$y = wx + b + e$$

当我取定任何一个 w 和 b 的时候，只要代入一个 x 和对应的 y 就一定会产生一个 e 来表示这个误差，有 10 个 x 和 y 那么就有 10 个 e。我们试着把这 10 个 e 的大小做一下加和来表示一个全局的误差总量，看看表达式是什么样子。

$$e_i = y_i - (wx_i + b)$$

这里的下标 i 表示第 i 个样本，每一个的表达式都应该是这样。加和则变成了：

$$\sum_{i=1}^{n} e_i = \sum_{i=1}^{n} (y_i - (wx_i + b)), \quad n = 10$$

也就是表示是这 10 个 e 相加的和。这里请注意，e 表示的是误差，也就是说 e 是正数是误差，e 是负数也是误差，这种误差我们称为残差——就理解为我们建模之后进行拟合然后残留的差距就可以了。既然 e 本身是正是负都应该算作残差，那么让其内部正负抵消显然不合适，这种情况下应该把每个 e 都做一个非负的处理，或者取绝对值或者取平方，都能达到类似的效果。我们在这里就取平方看看会有什么结果。残差

$$Loss = \sum_{i=1}^{n} e_i^2$$

$$Loss = \sum_{i=1}^{n} (y_i - (wx_i + b))^2$$

$$Loss = \sum_{i=1}^{n} (x_i^2 w^2 + b^2 + 2x_i wb - 2y_i b - 2x_i y_i w + y_i^2)$$

各样本产生的残差平方后得到 $\sum$ 里面的这一个多项式，有 w^2 项、b^2 项、wb 项、w 项、b 项，以及后面的常数项 y_i^2——你别看它这里写着个 y，它可是我们在实验开始的时候获得的样本标签，一个已知数。在 $\sum$ 加和完全展开后，w^2 项、b^2 项、wb 项、w 项、b 项和常数项都会各自提取公因式合并，变成这种形式：

$$Loss = Aw^2 + Bb^2 + Cwb + Dw + Eb + F$$

其中的 A、B、C、D、E、F 全部都是常数系数。

好了，现在我们得到一个全局性的误差函数，其中的未知数是 w 和 b。现在要做一件事，那就是找到一个比较好的 w 和一个比较好的 b，使得整个 $Loss$ 尽可能小，越接近 0 越好，说明拟合的误差越小。用白话说也就是画一条线从众多的点中穿过去，让它尽可能距离这些样本点比较近，看上去靠谱一些。虽然我们不知道这些值具体是什么但是可以先画一个它的"近亲"——函数 $z = f(x, y) = x^2 + y^2 + xy + x + y + 1$ 出来看看函数在三维空间里是一个什么形状：

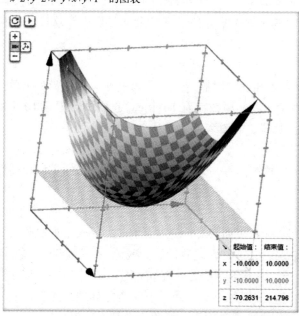

（见彩插）

整个图形在 xyz 三维直角坐标系中看上去像一个"碗"。看到这个图形我们顿时心就放下来一半，这就和平面直角坐标系中的抛物线一样，存在极值。那下面就是求极值的问题了，也就是求解这个"碗底"的坐标 (x, y)，也就是我们刚才说的 (w, b) 的取值点，这里的 (x, y) 就相当于 (w, b)，符号字母不同但是意义相同——这个点就是保证整个全局误差 $Loss$ 的解。别怕，我们前面已经有了那么多准备的武器，现在该派上用场了。

7. 梯度下降法

前面我们已经说过用迭代法——牛顿法来解方程的根，这种方法同样适用于刚刚的线性回归的学习过程。虽然我们没办法得到一个解析解来找到这个极值的位置，但通过迭代不断学习，可以逼近这个模型设置中待定系数 w 和 b 的最佳值位置。

首先我们初始化一个 w_0 和一个 b_0，随便是什么实数都可以，反正带进到

$$Loss = \sum_{i=1}^{n}(y_i - (wx_i + b))^2$$

中都是可以输出某一个 $Loss_0$ 值的。这个时候的 $(w_0, b_0, Loss_0)$ 就会出现在整个"碗壁"上的某个位置，而且这个位置很可能离我们要找到的碗底还差得很远很远。

我们的前人也都知道计算机是个不靠谱的玩意儿，自己是没有任何解题思路的，还是得我们告诉计算机怎么来找到这个极值点的位置。这个方法现在应用很普遍，例如梯度下降法（gradient descent）就是其中一种，这也是用来解决凸优化问题的通用方法。例如 $y = x^2 + 2$ 这种函数就是典型的一元凸函数，刚才说的这个 $z = f(x, y) = x^2 + y^2 + xy + x + y + 1$ 则

是二元凸函数，三元及以上的高维凸函数也是有的，只是没办法画出图像而已。

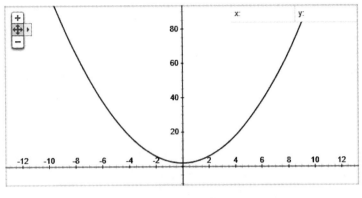

图 1-1 $f(x) = x^2 + 2$

这种函数要求其极小值那是有固定套路的，我们可以用一种"挪挪看"的方法来找。我们先来看看这种一元二次函数的极值是怎么找到的。

8. 一元凸函数

就以 $f(x) = x^2 + 2$ 为例吧，比如我们确实不知道 $f(x) = x^2 + 2$ 的极值在什么位置，也不想用解析解来表达，那么就先在函数曲线上随便取一个点 $(x_0, x_0^2 + 2)$，因为是随意取的点所以十有八九是不会恰好在极值点上的。假如我们开始取的是 (3, 11) 这个点，这个点显然不是我们要求的极值点。不过没关系，在取了这个点之后，我让计算机往它的两边"看"，看看哪边更低一些，比如 $x = 2.8$ 和 $x = 3.2$ 这两个点。这两个值分别对应的点就是

$$(2.8, 9.84) \text{ 和 } (3.2, 12.24)$$

这两个点相比很容易就比出来，$x = 2.8$ 这边这个方向要更低一些，太好了，往这边挪。

下次就是比较 $x = 2.6$ 和 $x = 3.0$ 这两个点了，一看 $x = 2.6$ 这个点的函数值更低，那就接着挪。按照这种方式就可以在十几次以后挪到极值点 $x = 0$ 的位置了。你看看，我们不用传统手动解方程的方式，还是有办法用循环加减乘除这么 Low 的办法解极值问题的是不是？

不过在这里我每次挪 0.2 是给大家做个示例，真实的情况下其实通常是不确定挪多少合适的。一般来说，我们是特别希望这种情况下这种挪动能够来个"自适应"，该多挪的时候多挪，该少挪的时候少挪，挪到位了就别挪了——这多理想。

梯度下降法就是为了解决这种问题的。还用刚才这个例子来说，能不能让我们每次更新不要都是 0.2，离极值点远的地方我让它挪得快一些，近的时候挪得慢一些，挪到位就不动了。这个方法写出来是这么个形式：

$$x_{n+1} = x_n - \eta \frac{\mathrm{d}f(x)}{\mathrm{d}x}$$

学过微积分的读者朋友相信对这样的公式会感觉很亲切，没学过的朋友也别着急，我用白话解释一下它的含义是什么。

这表示的是一个更新逻辑过程，x_{n+1} 和 x_n 分别表示两个临近迭代中的 x 值，x_{n+1} 是 x_n 更新后的下一次迭代的值，每次更新的时候 $x_n - \eta \dfrac{\mathrm{d}f(x)}{\mathrm{d}x}$ 的值赋给 x_{n+1}。其中希腊字母 η 读作"伊塔"，称为"学习率"，也就是一个挪动步长的基数，所以也可以叫"步长"，设得大就挪动得多，设得小就挪动得少，在学习伊始由编程序的人给赋值进去就 OK 了。$\dfrac{\mathrm{d}f(x)}{\mathrm{d}x}$ 是 $f(x)$ 的导函数或称导数，也可以记作 $f'(x)$，这个导数的概念就是函数曲线上的切线斜率的概念，刚才我们也学过。

以函数 $f(x) = x^2 + 2$ 为例，$x = 3$ 这一点的导数大小就是 $(3, 11)$ 这一点的斜率，在函数这一点做切线求斜率是可以的。那就是直接把 $f'(x)$ 的表达式求出来，$f'(x) = 2x$ ⊖，然后把 $x = 3$ 代入到 $f'(x)$ 中去，可以得到一样的结果——$f(x) = x^2 + 2$ 中 $(3, 11)$ 这一点的斜率大小。

这一点的导数看上去还是蛮大的，我替大家直接求解了 $f'(3) = 6$，假如 η 我们给 0.1 的话，这时 $-\eta \dfrac{\mathrm{d}f(x)}{\mathrm{d}x}$ 就应该等于 -0.6 了，由于 $x_n = 3$，所以更新后 $x_{n+1} = 2.4$。

而在进行下一次迭代的时候，即 $x_n = 2.4$ 的时候，$f'(2.4) = 4.8$，那么 $-\eta \dfrac{\mathrm{d}f(x)}{\mathrm{d}x} = -0.48$，更新后 $x_{n+1} = 1.92$。

大家都能看出来，这每一次移动的步长是在逐步减小，原因就是临近整个函数圆乎乎的底部的时候斜率降低，导致 $-\eta \dfrac{\mathrm{d}f(x)}{\mathrm{d}x}$ 的绝对值减小，更新的时候改变的量也就相应减小。这个更新原则 $x_{n+1} = x_n - \eta \dfrac{\mathrm{d}f(x)}{\mathrm{d}x}$ 还有一个优势不知道细心的读者发现没有，在这里面没有往两边试的这个过程，直接做更新了。这是为什么呢？就用刚刚的这个函数 $f(x) = x^2 + 2$ 来说吧，当 $x_n = 3$ 的时候，这一点的切线的斜率是个正数，$-\eta \dfrac{\mathrm{d}f(x)}{\mathrm{d}x}$ 这一项一定是一个负数，更新后 x_{n+1} 会变小，朝着底部的方向前进；如果 $x_n = -3$ 的时候，这一点的斜率是一个负数，

⊖ 在高等数学基础中有一些常用函数的导函数，可以直接查表得到，不用严格按照定义去重新求。

而 $-\eta \dfrac{\mathrm{d}f(x)}{\mathrm{d}x}$ 这一项一定是一个正数，更新后 x_{n+1} 会变大，也朝着底部的方向前进。这两点都是保证这种算法收敛的基本因素，而这种底部圆乎乎的函数其实就是凸函数。

从教科书上的定义来看，凸函数有着复杂和严格的定义，不过我们可以记住它最简单最基础的性质——也是一个必要条件，如下：

在函数 $f(x)$ 上有任意两个变量 x_1 和 x_2，函数满足 $f\left(\dfrac{x_1+x_2}{2}\right) \leqslant \dfrac{f(x_1)+f(x_2)}{2}$。

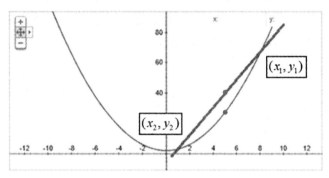

我们感觉一下，这种函数比 $f(x)=wx+b$ 那种直勾勾的函数，具备了一种特性，那就是要么是一条笔直的直线，也就是恰好满足 $f\left(\dfrac{x_1+x_2}{2}\right)=\dfrac{f(x_1)+f(x_2)}{2}$ 的时候；要么就是向一侧发生了弯曲，而且还是向"下方"发生了弯曲 $f\left(\dfrac{x_1+x_2}{2}\right)<\dfrac{f(x_1)+f(x_2)}{2}$。我们说它叫"凸"函数，其实就相当于我们在函数图像的下方看它，函数向我们观察者所在的方向凸出来了，所以由此得名。是不是很形象呢。

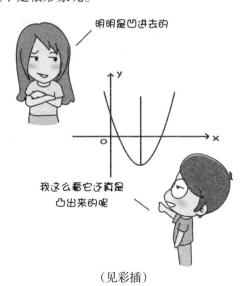

（见彩插）

　　不过有很多读者朋友可能会觉得这种说法太奇怪了，和自己的认知恰恰相反，因为从我们"平视"的角度去看，怎么看怎么像个凹进去的碗或者盆的感觉，可是人家就不叫凹函数，非得反着来不可。你看，这俩高智商的学生也是会觉得叫法有争议，没关系，习惯就好了。

　　如果在一个问题的求解中，最后我们把这个问题化简成在凸函数上求极值的问题就算破解了，在这种情况下就需要使用梯度下降法来求极值，而这种方法刚刚我们已经找到办法了。核心思路就是在函数的曲线（曲面）上初始化一个点，然后让他沿着梯度下降的方向移动，直到移动到函数值极值的位置，这个位置视具体的问题而定，可能是极小值也可能是极大值——因为如果是凹函数那就是梯度上升的方向了。是不是？

9. 二元（多元）凸函数

　　别着急，我们快摸着门了，现在一维凸函数的极值我们可以用编程序的方法解决了。那么我们看二维凸函数怎么办，有招儿没有。我们来看这样一个函数：

$$z = f(x, y) = x^2 + 8y^2$$

这个函数图像如下：

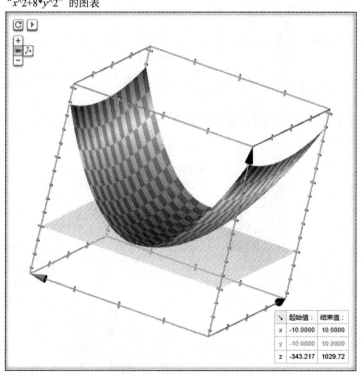

"x^2+8*y^2" 的图表

	起始值：	结束值：
x	-10.0000	10.0000
y	-10.0000	10.0000
z	-343.217	1029.72

　　在这个函数上我们要想从开始给的一个 (x_0, y_0) 的点通过一次一次迭代挪到极值点上去恐怕跟原来思路会不大一样，和一元凸函数不同，最起码我们有 4 个方向可以试，一元凸

函数只有 2 个方向，这一点刚才我们说过了。不过在更新方程 $x_{n+1} = x_n - \eta \dfrac{\mathrm{d}f(x)}{\mathrm{d}x}$ 里，我们可是发现一个窍门，那就是不用真的去两边都试，这个更新方程本身就能在一个维度上"识别"这个方向，这个刚刚我们也说过了。那么在两个维度上简化后应该有这样两个方程：

$$x_{n+1} = x_n - \eta \frac{\partial f(x, y)}{\partial x} \text{ 和 } y_{n+1} = y_n - \eta \frac{\partial f(x, y)}{\partial y}$$

注意这里有一个新的符号出现了——"∂"，这个像反着的"6"一样的符号是数学上用来表示偏导数的符号。以刚刚说的函数 $z = f(x, y) = x^2 + 8y^2$ 为例，$\dfrac{\partial f(x, y)}{\partial x}$ 读作"偏 f 偏 x"，它表示的含义是 $z = f(x, y)$ 这个曲面上的点上在沿着平行于 x 轴的方向做切线，$\dfrac{\partial f(x, y)}{\partial x}$ 就表示点 (x, y) 处的沿着平行于 x 轴方向的切线斜率。

"$x^2 + 8*y^2$"的图表

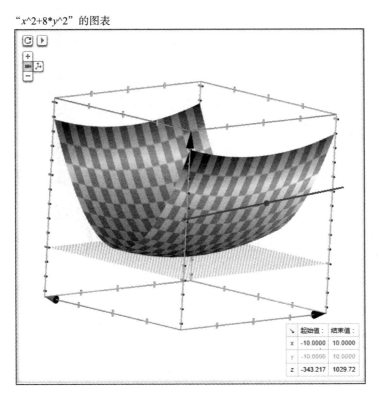

↘	起始值	结束值
x	-10.0000	10.0000
y	-10.0000	10.0000
z	-343.217	1029.72

同理 $\dfrac{\partial f(x, y)}{\partial y}$ 它表示的含义是 $z = f(x, y)$ 这个曲面上的点上在沿着平行于 y 轴的方向做切线，$\dfrac{\partial f(x, y)}{\partial y}$ 就表示点 (x, y) 上的沿着平行于 y 轴方向的切线斜率。

"*x*^2+8*y^2" 的图表

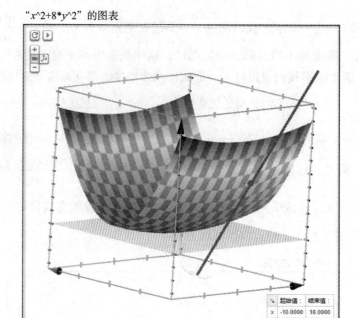

从数学角度来说，$\dfrac{\partial f(x,y)}{\partial x}$ 和 $\dfrac{\partial f(x,y)}{\partial y}$ 的求法与 $\dfrac{\mathrm{d}f(x,y)}{\mathrm{d}x}$ 和 $\dfrac{\mathrm{d}f(x,y)}{\mathrm{d}y}$ 的求法一样。以 $\dfrac{\mathrm{d}f(x,y)}{\mathrm{d}y}$ 为例就是在这个表达式 $z=f(x,y)$ 中，把 y 直接当成一个已知数或者说系数来看待，对 x 求导数，$\dfrac{\mathrm{d}f(x,y)}{\mathrm{d}y}$ 也是同理。这里用 $\dfrac{\mathrm{d}f(x,y)}{\mathrm{d}x}$ 和 $\dfrac{\mathrm{d}f(x,y)}{\mathrm{d}y}$ 这种写法在数学层面上显得太不专业了，只是为了表达这个过程与一元函数求导数没有差别。通过求导可以分别得到 $z=f(x,y)=x^2+8y^2$ 这个二元函数中，

$$\frac{\partial f(x,y)}{\partial x}=2x,\ \frac{\partial f(x,y)}{\partial y}=16y$$

那么给我任何一个点 (x,y)，我都知道这一点上的 $\dfrac{\partial f(x,y)}{\partial x}$ 和 $\dfrac{\partial f(x,y)}{\partial y}$ 分别是多少了，例如 $(3,4)$ 这个点，$\dfrac{\partial f(x,y)}{\partial x}$ 和 $\dfrac{\partial f(x,y)}{\partial y}$ 分别为 $(6,64)$。这时候，这个更新方程其实就可以开始工作了：

$$x_{n+1}=x_n-\eta\frac{\partial f(x,y)}{\partial x}\ \text{和}\ y_{n+1}=y_n-\eta\frac{\partial f(x,y)}{\partial y}$$

不过对于计算机有限的运算能力来说计算资源永远是不足的，在实际的深度学习网络中，极可能几千万甚至有上亿个维度、几十亿个维度需要更新，所以从效率层面来考虑也是希望这种更新能够产生最高效的收敛效果。所谓"收敛"就是通过多次迭代逐步逼近想

要求的值这个过程，那显然在准确度相当的情况下收敛快的方法会更受欢迎一些。对于梯度下降法中有这么多维度的选择，例如 $z=f(x, y)$ 就有两个维度，什么更新原则收敛速度会最快呢，有方法可循吗？

（见彩插）

有的，在一个三维空间中，在山顶上往山脚下前进，如果想要最快的话，那就是沿着最陡峭的方向去走了。这里有一个名词叫做梯度，记做：

$$\nabla = \left(\frac{\partial f(x, y)}{\partial x}, \frac{\partial f(x, y)}{\partial y} \right)$$

形式上是两个方向上的偏导数，每次如果进行更新的时候就用 η 去乘两个方向上的偏导数各自完成自己的更新量：

$$x_{n+1} = x_n - \eta \frac{\partial f(x, y)}{\partial x}$$

$$y_{n+1} = y_n - \eta \frac{\partial f(x, y)}{\partial y}$$

如果变量很多，比如不是只有 x 和 y，而是有 1000 个变量，例如 1000 个 w 怎么办？也是一样的，把它们表示成为

$$\nabla = \left(\frac{\partial f(w)}{\partial w_1}, \frac{\partial f(w)}{\partial w_2}, ..., \frac{\partial f(w)}{\partial w_{1000}} \right)$$

再去各自乘以 η 就可以了，得到：

$$w_{n+1}^i = w_n^i - \eta \frac{\partial f(w)}{\partial w^i}$$

w 的上标 i 表示第几个 w，w 的下标 n 和 $n+1$ 表示迭代的次数，在这个例子里也就是一次迭代对 1000 个 w 分别做更新的含义。

到这里我们就基本已经理解了梯度下降法（最速梯度下降法）在多元凸函数上更新所经历的步骤和原理。那么如何解决训练问题呢？我想你已经心里明白了八九分了，只要能够

把残差 *Loss* 函数描述成待定的若干个 *w* 所描述的凸函数——*Loss(w)*，那么就可以用梯度下降法，用最快的方法更新 *w* 的各个维度，最后满足 *Loss(w)* 找到极值点的位置就算是大功告成了。

10. 损失函数

我们管这种函数叫 Cost 或者 Loss 都可以，还是外国人起名字比较讲究，不管是 Cost 还是 Loss，你听着就那么让人心疼，这是要么费钱要么有损失的感觉。没错，这东西就叫损失函数。

损失函数这个叫法确实非常形象，你想啊，你费了半天劲儿做了个拟合，本身是为了让它和你想要得到的那个真实结果一致，结果中间有差距了，那还不是损失啊？问题是怎么让损失变小，最好是没有损失，只要损失能消灭了那就算是圆满了。

在深度学习中的损失函数其实是不一而足的，每种损失函数在当初诞生的时候都是有一些客观环境和理由的。但不管是哪种损失函数，都有这样几个特点。

特点一：恒非负。

都说是损失了，最圆满的情况就是没损失，或者说损失为 0，但凡有一点拟合的偏差那就会让损失增加。所以损失函数都是恒非负的，否则也无法出现合理的解释了。

特点二：误差越小函数值越小。

这个性质也是非常重要的，如果函数定义的不好，优化起来没有方向或者逻辑过于复杂，那对于问题处理显然是不利的。谁愿意没事给自己找个逻辑解释绕脖子的方法来解决问题啊，是不？

特点三：收敛快。

这个性质没有那么关键。收敛快的意思就是指在我们优化这个损失函数 Loss 的迭代过程中需要让它比较快地逼近极小值，逼近函数值的低点。同等情况下一个钟头能得到解那绝对没必要花三个钟头，好的损失函数的定义会让这个训练时间在一定程度上缩短的。不过这个条件不能算是必要条件，因为它只要不影响正确性，慢一点其实也不能算作"错误"。这是个锦上添花的属性，大家心里有个数就行了。

11. 导数怎么求

最后一个问题，导数怎么求。这一小节很关键哦，我们来看实现用梯度下降法更新 $Loss(w)$ 的一段程序。

注意一个问题，让不靠谱的计算机用加减乘除来做更新的过程中，还有一个问题我们在前面没有提到，那就是怎么求导数的问题。学过高等数学或数学分析的读者朋友也别高兴得太早，损失函数 $Loss(w)$ 一般情况下都呈现出一种看上去非常"不规则"的样子，没办法通过查表得到导数的表达式（也就是我们说的解析解）。那也就更不可能通过代入当时这一点的 x 向量（n 个维度）值来求得各个方向上的偏导数的数值了。

不过我们还是有办法来求一个偏导数在某一个点的大概值的。首先我们先想想看偏导数的几何定义，就是切线斜率。那我们能不能用别的方法求出切线斜率呢？

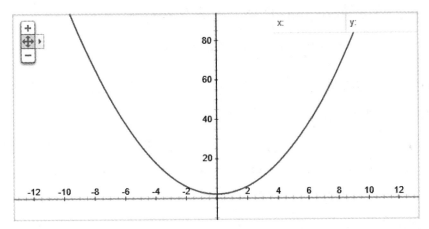

我们还是以一个一元二次曲线为例，还是 $f(x)=x^2+2$ 吧。还是给一个初始化的点，给 $(4, 18)$ 好了。在这里使用 $x_{n+1}=x_n-\eta\dfrac{\mathrm{d}f(x)}{\mathrm{d}x}$ 的时候 $\dfrac{\mathrm{d}f(x)}{x}$ 应该取值多少呢？

既然是求切线，切线的定义是

$$\lim_{\Delta\to 0}\frac{f(x+\Delta)-f(x)}{\Delta}$$

其实这也是 $\dfrac{\mathrm{d}f(x)}{}$ 的定义，分子上是一个 $f(x+\Delta)-f(x)$，从含义上来看，就是在任何一个 x 的取值上再向其旁边挪一个 Δ 大小，在数学和物理上专门用来表示一个很小的差值，注意这个 Δ 可是没有说正负值。所以分子上 $f(x+\Delta)-f(x)$ 的含义就是 x 旁边挪一个 Δ 后再看这个 $f(x+\Delta)$ 与当前 $f(x)$ 的差值。好，我们记住它的含义，再来看分母。

分母上直接就是一个 Δ，这个 Δ 是一个很小的差值，没啥太多好说的。再来看整个表达式。

$\lim\limits_{\Delta \to 0} \dfrac{f(x+\Delta)-f(x)}{\Delta}$ 整体的含义就是让这个比值中的 Δ 无限接近于 0，但不能等于 0——0 作除数对于目前的高等数学中还没有解释意义。

我们看图上，这个 Δ 在无限趋近于 0 的情况下你会发现，不论它是一个正数还是一个负数，最后都趋于一个值，就是这个点的斜率值。$f(x+\Delta)-f(x)$ 是这个三角形的直边高，Δ 是三角形的底边长。

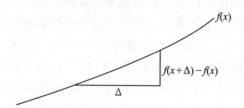

如果是这样，我们就可以用这样的表达式来近似代替导函数的斜率值了。还是以 (4, 18) 为例，这一点的斜率值我们用 $\dfrac{f(x+0.001)-f(x)}{0.001}$ 来试试看。

$$\frac{f(x+0.001)-f(x)}{0.001} = \frac{18.008001-18}{0.001} = 8.001 \approx 8$$

得到的这个值还是相对比较精确的，既然有了这种方法，那么在任何一个维度上，只要它可导⊖我们都能求出 $-\eta \dfrac{\mathrm{d}f(x)}{\mathrm{d}x}$ 的近似值，并更新 $x_{n+1} = x_n - \eta \dfrac{\mathrm{d}f(x)}{\mathrm{d}x}$。不用担心 $8.001 \approx 8$ 的误差会产生叠加效果，从而让求解出问题，因为它最后在应用的过程中仅仅是用来确定一个更新的量。更新的时候还是用精确的方式更新了 n 维度向量 x 的某个维度的值而已，在刚刚这个示例中最多就是步长上和理想的 $\dfrac{\mathrm{d}f(x)}{\mathrm{d}x}$ 可能差了 0.001η 而已，影响非常有限，完全不必太纠结。

12. 训练过程

回过头来再看我们初始化 $(w_0, b_0, Loss_0)$ 后下一步怎么做，一切都水到渠成。

$$w_1 = w_0 - \eta \frac{\partial Loss}{\partial w}, b_1 = b_0 - \eta \frac{\partial Loss}{\partial b}$$

再次强调一下，不求梯度（偏导数）的情况下，通过改变 w 或 b 的值是一定能够比较出来移动的方向的，但是问题是不知道移动多少比较适宜。而有了偏导数与学习率 η 的乘积后，当这个点逐步接近"碗底"的时候，偏导数也随之降低，移动的步伐也会慢慢减小，收敛更为平缓，不会轻易出现"步子太大"而越过最低点的情况。

一轮一轮进行迭代，直到每次更新的值非常小，损失值不再明显减少就可以判断为训练结束。此时得到的 (w, b) 值就是我们要求的模型

⊖ 不是所有的函数都有导数，也不是所有的函数在每个点上都有导数的定义，在这里不做过多的讨论了。

$$y = wx + b$$

中最为合适的 w 和 b——也就是这次机器学习所学到的具体内容。

13. 模型工作

当训练结束后，模型就可以开始工作了。

这个工作的过程是非常简单的，那就是把一个输入的 x 代入到训练好的 $y = wx + b$ 中去，使它输出一个 y。

这个过程比起刚刚的训练过程时间要短得多，毕竟训练过程需要迭代法去一次一次计算逼近要求的解，而这个工作过程完全是一轮普通的加减乘除运算。

可以说，几乎所有的机器学习算法模型都会体现出这样一个特点，那就是"训练的时间很长，而一次工作的时间很短"。

4.3 神经网络的训练

在看罢了一个线性回归的训练过程后，我们回头看看刚刚那个被搁置一旁很久的两层网络。

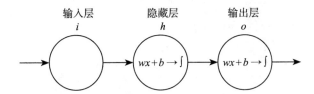

这个网络用函数表达式去写的话会是这样的：

$$z_h = w_h x + b_h, \quad y_h = \frac{1}{1 + \mathrm{e}^{-z_h}},$$

$$z_o = w_o y_h + b_o, \quad y_o = \frac{1}{1 + \mathrm{e}^{-z_o}}$$

看到这样的情形，我们应该不会感到紧张了，刚才的线性回归已经被我们彻底征服了。那么即便没有人告诉我们，我们也会知道接下来就是一套俗不可耐的"初始化之后挪啊挪"的过程——把整个网络里所有的待定系数 w_h、b_h、w_o、b_o 都初始化一个值，然后照猫画虎地按照刚才的套路，定义一个描述误差的损失函数，然后将 w_h、b_h、w_o、b_o 逐步变化，直到损失函数减小到足够小就 OK 了。好，我们先按照这个套路走一遍看看。

1. 准备样本

在一个复杂的网络中，我们准备一定数量的用来训练的 x 向量，可以是文本，可以是图片，可以是音频，甚至可以是音视频结合的更为复杂的训练样本，当然只要是输入到网络中作为训练样本的一定是向量化的。在这个简单的网络里为了看得清晰一些还是举普通的数字为例。

输入层 x	输出层 y	输入层 x	输出层 y
1	0.1	6	0.6
2	0.2	7	0.7
3	0.3	8	0.8
4	0.4	9	0.9
5	0.5	10	1.0

这里我们造 10 个 x 值 1 到 10，10 个 y 值 0.1 到 1.0。看上去非常像一个线性回归的关系，对不对？只不过在这里我们可以完全装作不知道这件事，让计算机通过网络自己去学习，学出 w_h、b_h、w_o、b_o 这四个待定参数，学出来什么关系就是什么关系。

（见彩插）

如果你是做图片分类的话，那你还要给每个样本打上标签，

$x_1 \rightarrow y_1$、

$x_2 \rightarrow y_2$、

一直往下标，直到我们准备的最后一个样本：

$x_n \rightarrow y_n$。

比如，给我一张照片 x_1，我标记一个 y_1——猫，给我一张照片 x_2，我标记一个 y_2，一直这样下去，直到标记完毕所有的照片样本。

2. 清洗处理

其实清洗处理这个过程是比较复杂的，也是整个神经网络和深度学习中比较难的地方，我们后面会具体针对场景进行讨论，现在我们只要了解到在放入网络进行训练之前，需要进行一定处理，处理的目的是为了帮助网络更高效、更准确地做好分类，这样就可以了。

3. 正式训练

在前面的工作基本做好的情况下，我们就可以开始训练模型了。

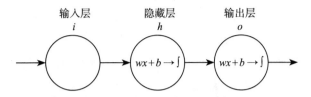

我们现在要做的事情就是把刚才这两列丢进去

序号	输入层 x	输出层 y	序号	输入层 x	输出层 y
1	1	0.1	6	6	0.6
2	2	0.2	7	7	0.7
3	3	0.3	8	8	0.8
4	4	0.4	9	9	0.9
5	5	0.5	10	10	1.0

根据网络中两个神经元的表达式描述

$$z_h = w_h x + b_h, \quad y_h = \frac{1}{1+\mathrm{e}^{-z_h}},$$

$$z_o = w_o y_h + b_o, \quad y_o = \frac{1}{1+\mathrm{e}^{-z_o}}$$

x_1 一旦代入之后，就会是这样一个映射关系了：

$$z_{h1} = w_h x_1 + b_h, \quad y_{h1} = \frac{1}{1+\mathrm{e}^{-z_{h1}}},$$

$$z_{o1} = w_o y_{h1} + b_o, \quad y_{o1} = \frac{1}{1+\mathrm{e}^{-z_{o1}}}$$

那么由 x_1 和 y_1 带来的误差值也可以定义了，也就是：

$$Loss_1 = (y_{o1} - y_1)^2$$

由 10 个训练数据共同带来的误差值就变成了：

$$Loss = \sum_{i=1}^{10} (y_{oi} - y_i)^2$$

不论初始化 w_h、b_h、w_o、b_o 是什么值，这个损失函数 $Loss$ 都是恒为非负数的，现在就开始"挪动" w_h、b_h、w_o、b_o 这四个待定系数来逐步减小 $Loss$ 的过程了。这个似曾相识的过程又出现了，也就是需要有这样四个表达式来做更新：

$$(w_h)^n = (w_h)^{n-1} - \eta \frac{\partial Loss}{\partial w_h}$$

$$(b_h)^n = (b_h)^{n-1} - \eta \frac{\partial Loss}{\partial b_h}$$

$$(w_o)^n = (w_o)^{n-1} - \eta \frac{\partial Loss}{\partial w_o}$$

$$(b_o)^n = (b_o)^{n-1} - \eta \frac{\partial Loss}{\partial b_o}$$

其他都好理解，无非是一个"5维空间里的碗"找碗底的过程。问题是 $\frac{\partial Loss}{\partial w_h}$、$\frac{\partial Loss}{\partial b_h}$、$\frac{\partial Loss}{\partial w_o}$、$\frac{\partial Loss}{\partial b_o}$ 这4个值怎么求。别的倒不怕，求不出来那就要面临凸优化梯度下降过程中挪得过大越过碗底的问题。

办法还是有的，前面在求导数的补充内容中我们学了两种特殊的导函数求解方法，一种是"连程型"，一种是"嵌套型"，现在算是派上用场了。首先用个技巧把整个函数做个变形：

$$Loss = \sum_{i=1}^{10}(y_{oi} - y_i)^2 \Rightarrow Loss = \frac{1}{2}\sum_{i=1}^{10}(y_{oi} - y_i)^2$$

给函数前面配出一个 $\frac{1}{2}$ 来，主要是为了一会儿削起来方便。然后再用"嵌套型"函数的求导特点来求导——这个"嵌套型"的学名叫链式法则（chain rule）。先求离输出端最近的 $Loss$ 对 w_o、b_o 的偏导数。

$$\frac{\partial Loss}{\partial b_o} = \frac{\partial \sum_{i=1}^{10}(y_{oi} - y_i)}{\partial b_o} = \frac{\partial \sum_{i=1}^{10} y_{oi}}{\partial b_o}$$

求导有几个相对比较固定的技巧，其中一个就是线性叠加，也就是说如果 $h(x) = f(x) + g(x)$，那么 $\frac{dh(x)}{dx} = \frac{df(x)}{dx} + \frac{dg(x)}{dx}$。现在这个 Σ 就可以放心地做展开了，就变成：

$$\frac{\partial \sum_{i=1}^{10} y_{oi}}{\partial b_o} = \sum_{i=1}^{10} \frac{\partial y_{oi}}{\partial z_o} \cdot \frac{\partial z_o}{\partial b_o}$$

两级就结束了，前面 y_{oi} 其实是 $y_{oi}(z_o) = \frac{1}{1 + e^{-z_o}}$ 这样一个函数；后面是 $z_o(b_o) = w_o y_h + b_o$，细心的读者朋友已经看出来了是常数1。同理可以求出 $\frac{\partial Loss}{\partial w_o}$

$$\frac{\partial Loss}{\partial w_o} = \frac{\partial \sum_{i=1}^{10}(y_{oi} - y_i)}{\partial w_o} = \frac{\partial \sum_{i=1}^{10} y_{oi}}{\partial w_o} = \sum_{i=1}^{10} \frac{\partial y_{oi}}{\partial z_o} \cdot \frac{\partial z_o}{\partial w_o}$$

同时可以求出距离输出端更远一些的参数的偏导数：

$$\frac{\partial Loss}{\partial w_h} = \frac{\partial \sum_{i=1}^{10}(y_{oi}-y_i)}{\partial w_h} = \frac{\partial \sum_{i=1}^{10} y_{oi}}{\partial w_h} = \sum_{i=1}^{10} \frac{\partial y_{oi}}{\partial z_o} \cdot \frac{\partial z_o}{\partial y_h} \cdot \frac{\partial y_h}{\partial z_h} \cdot \frac{\partial z_h}{\partial w_h}$$

$$\frac{\partial Loss}{\partial b_h} = \frac{\partial \sum_{i=1}^{10}(y_{oi}-y_i)}{\partial b_h} = \frac{\partial \sum_{i=1}^{10} y_{oi}}{\partial b_h} = \sum_{i=1}^{10} \frac{\partial y_{oi}}{\partial z_o} \cdot \frac{\partial z_o}{\partial y_h} \cdot \frac{\partial y_h}{\partial z_h} \cdot \frac{\partial z_h}{\partial b_h}$$

好了，到此为止我们已经把每次更新的这4个表达式的具体值都可以求出来了

$$(w_h)^n = (w_h)^{n-1} - \eta \frac{\partial Loss}{\partial w_h}$$

$$(b_h)^n = (b_h)^{n-1} - \eta \frac{\partial Loss}{\partial b_h}$$

$$(w_o)^n = (w_o)^{n-1} - \eta \frac{\partial Loss}{\partial w_o}$$

$$(b_o)^n = (b_o)^{n-1} - \eta \frac{\partial Loss}{\partial b_o}$$

接下来只要按照表达式去更新就 OK 了。其他结构的网络中，可能会有这样一些小的区别。

区别 1：在训练样本很多的情况下 Σ 加和的次数会更多一些，有 1000 个样本就是 1000 次，有 10000 个样本就是 10000 次。

区别 2：如果网络层数更深，则会面偏导数连乘的项就很长，在这里我们看到 2 层就出现 4 个，而如果有 10 层，那就是 20 个连乘。

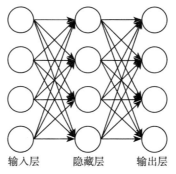

输入层　　　隐藏层　　　输出层

区别 3：如果网络更为复杂，比如一层网络不止一个节点，那么其中一个节点上系数的偏导数则会从多个路径传播过去，因为在这个节点的后面会有不止一个节点把它的输出当成自己的输入，从而形成多个"嵌套型关系"。

4.4　小结

到此为止我们已经了解到了最简单的神经网络的训练过程和原理了。以后我们还会学

到更为复杂的神经网络构建方式，但是从本质来讲都跟我们这一章所学习的内容一样，是通过不断调整各个神经元中的待定系数使得损失函数向不断降低的方向移动。

这一章的内容其实并不难，我想对于没有学过高等数学的读者朋友来说这些符号会感觉让人很头疼。这些符号的含义大家如果实在记不住也没关系，只要记住原理就好了，就是在这么多神经元更新的时候，让它们每个值都往一个方向变，什么方向呢？就是刚刚我们说的使得损失函数向不断降低的方向变，降低模型预测结果和给定的目标值之间的差距，这点记住了就足够了。

请注意，在这里必须强调一个非常重要的观点。刚才给大家看到的这个推导过程是一个非常简化并且容易理解的推导过程，通过凸优化的方式能够顺利求出损失函数的极值。然而我们在真正的生产环境遇到的各种神经网络中包含着非常多的线性和非线性分类器函数组合，这也就意味着，在这种复杂的网络环境中，损失函数极有可能，甚至可以说几乎一定不是凸函数——在这个函数的空间中会呈现出"层峦叠嶂"、"坑坑洼洼"的不规则形状，而非前面我们画出来的一个大碗。因此，在真正的商用框架中——比如本书所讲的TensorFlow 会用很多技巧来寻找在整个向量空间中拥有极小值点的参数向量。对于这种不规则形状的非凸函数来说，当然也是可以通过遗传算法、随机梯度下降等多种方式相结合的方法来不断试探找到极小值点位置的。当然，这些过程对于一个普通的 TensorFlow 的使用者来说是透明的，它们已经由那些数据科学家们实现并封装在框架中了。

闲言少叙，我们很快开始第一个小实验，用 TensorFlow 小试牛刀，来做一个手写识别功能的实现吧。

第 5 章 *Chapter 5*

手写板功能

在我们了解了最简单的 BP 神经网络的工作原理之后，我们迎来了第一个小实验内容——手写板功能，一个基于 MNIST 数据集的神经网络实验。让我们见识一下亲手搭建的神经网络有多么神奇的功能吧。

5.1 MNIST 介绍

MNIST——这种罕见的书写风格已经告诉我们这是一个缩写名词，它的全称是 Mixed National Institute of Standards and Technology database。这是一个非常庞大的**手写数字数据库**，是网上著名的公开数据集之一。在网上有不少这种数据集，都是做机器学习和深度学习的研究机构（大部分是一些大学或者政府扶持的公益项目）喜欢拿来做训练和测试的一些标准化项目了，后面我们还会接触到别的公开数据集。

这些数据集有两个功能。

一个功能是提供了大量的数据作为训练集和验证集，为一些学习人员提供了丰富的样本信息——这一点很宝贵，要知道在深度学习领域要想在一个方面有比较深的研究成果，除了需要具备一定的网络设计和调优能力以外，还有一个就是要有丰富的训练样本。另一个功能就是可以形成一个在业内相对有普适性的 Benchmark 比对项目——既然大家用的数据集都是一样的，那么每个人设计出来的网络就可以在这些数据集上不断互相比较，从而验证谁家的网络设计得识别率更高。

MNIST 的官方网站位置在 http://yann.lecun.com/exdb/mnist/。虽说这是一个国际性的大数据集项目的官方网站，不过看上去有点"不友好"，有一种粗糙、廉价感。

　　我发现国外很多大项目的主办人都有这种倾向——就是我把事情最核心的东西给你说清楚就行了，好看不好看的就不管了。我猜想也许是这些大牛中的大牛们用了多年 Linux Shell 之后留下的后遗症吧……如果读者朋友你还没有用过 Linux Shell，那就从现在开始去试试吧，因为我们所有的实验包括未来工作的时候 90% 以上都是要在 Linux 的命令行模式下工作的，那种方式看上去比这个效果还粗糙，完全是本着"说明白就行，多一个字浪费"的交互模式来设计的。

　　在这个网页的下半部分有一个历年识别算法对于 MNIST 数据集"刷榜"的记录，大家可以参看一下。为了方便读者朋友阅读，我们这里截取了一部分。

CLASSIFIER	PREPROCESSING	TEST ERROR RATE (%)	Reference
Linear Classifiers			
linear classifier (1-layer NN)	None	12.0	LeCun et al. 1998
linear classifier (1-layer NN)	deskewing	8.4	LeCun et al. 1998
pairwise linear classifier	deskewing	7.6	LeCun et al. 1998
K-Nearest Neighbors			
K-NN with non-linear deformation (IDM)	shiftable edges	0.54	Keysers et al. IEEE PAMI 2007
K-NN with non-linear deformation (P2DHMDM)	shiftable edges	0.52	Keysers et al. IEEE PAMI 2007
K-NN, Tangent Distance	subsampling to 16×16 pixels	1.1	LeCun et al. 1998
K-NN, shape context matching	shape context feature extraction	0.63	Belongie et al. IEEE PAMI 2002
Boosted Stumps			
boosted trees (17 leaves)	None	1.53	Kegl et al., ICML 2009
stumps on Haar features	Haar features	1.02	Kegl et al., ICML 2009

（续）

CLASSIFIER	PREPROCESSING	TEST ERROR RATE (%)	Reference
product of stumps on Haar f.	Haar features	0.87	Kegl et al., ICML 2009
Non-Linear Classifiers			
40 PCA + quadratic classifier	None	3.3	LeCun et al. 1998
1000 RBF + linear classifier	None	3.6	LeCun et al. 1998
SVMs			
Virtual SVM, deg-9 poly, 1-pixel jittered	none	0.68	DeCoste and Scholkopf, MLJ 2002
Virtual SVM, deg-9 poly, 1-pixel jittered	deskewing	0.68	DeCoste and Scholkopf, MLJ 2002
Virtual SVM, deg-9 poly, 2-pixel jittered	deskewing	0.56	DeCoste and Scholkopf, MLJ 2002
Neural Nets			
3-layer NN, 500+300 HU, softmax, cross entropy, weight decay	None	1.53	Hinton, unpublished, 2005
2-layer NN, 800 HU, Cross-Entropy Loss	None	1.6	Simard et al., ICDAR 2003
2-layer NN, 800 HU, cross-entropy [affine distortions]	None	1.1	Simard et al., ICDAR 2003
2-layer NN, 800 HU, MSE [elastic distortions]	None	0.9	Simard et al., ICDAR 2003
2-layer NN, 800 HU, cross-entropy [elastic distortions]	None	0.7	Simard et al., ICDAR 2003
NN, 784-500-500-2000-30 + nearest neighbor, RBM + NCA training [no distortions]	None	1.0	Salakhutdinov and Hinton, AI-Stats 2007
6-layer NN 784-2500-2000-1500-1000-500-10 (on GPU) [elastic distortions]	None	0.35	Ciresan et al. Neural Computation 10, 2010 and arXiv 1003.0358, 2010
committee of 25 NN 784-800-10 [elastic distortions]	width normalization, deslanting	0.39	Meier et al. ICDAR 2011
deep convex net, unsup pre-training [no distortions]	None	0.83	Deng et al. Interspeech 2010
Convolutional nets			
Convolutional net LeNet-1	subsampling to 16 × 16 pixels	1.7	LeCun et al. 1998
Convolutional net LeNet-4	None	1.1	LeCun et al. 1998
Convolutional net LeNet-4 with K-NN instead of last layer	None	1.1	LeCun et al. 1998
Convolutional net LeNet-4 with local learning instead of last layer	None	1.1	LeCun et al. 1998

（续）

CLASSIFIER	PREPROCESSING	TEST ERROR RATE (%)	Reference
Convolutional net LeNet-5, [no distortions]	None	0.95	LeCun et al. 1998
Convolutional net LeNet-5, [huge distortions]	None	0.85	LeCun et al. 1998
Convolutional net LeNet-5, [distortions]	None	0.8	LeCun et al. 1998
Convolutional net Boosted LeNet-4, [distortions]	None	0.7	LeCun et al. 1998
Trainable feature extractor + SVMs [no distortions]	None	0.83	Lauer et al., Pattern Recognition 40-6, 2007
Trainable feature extractor + SVMs [elastic distortions]	None	0.56	Lauer et al., Pattern Recognition 40-6, 2007
Trainable feature extractor + SVMs [affine distortions]	None	0.54	Lauer et al., Pattern Recognition 40-6, 2007
unsupervised sparse features + SVM, [no distortions]	None	0.59	Labusch et al., IEEE TNN 2008
Convolutional net, cross-entropy [affine distortions]	None	0.6	Simard et al., ICDAR 2003
Convolutional net, cross-entropy [elastic distortions]	None	0.4	Simard et al., ICDAR 2003
large conv. net, random features [no distortions]	None	0.89	Ranzato et al., CVPR 2007
large conv. net, unsup features [no distortions]	None	0.62	Ranzato et al., CVPR 2007
large conv. net, unsup pretraining [no distortions]	None	0.60	Ranzato et al., NIPS 2006
large conv. net, unsup pretraining [elastic distortions]	None	0.39	Ranzato et al., NIPS 2006
large conv. net, unsup pretraining [no distortions]	None	0.53	Jarrett et al., ICCV 2009
large/deep conv. net, 1-20-40-60-80-100-120-120-10 [elastic distortions]	None	0.35	Ciresan et al. IJCAI 2011
committee of 7 conv. net, 1-20-P-40-P-150-10 [elastic distortions]	width normalization	0.27 +−0.02	Ciresan et al. ICDAR 2011
committee of 35 conv. net, 1-20-P-40-P-150-10 [elastic distortions]	width normalization	0.23	Ciresan et al. CVPR 2012

　　由于 MNIST 是一个公开的数据集，所以任何的算法都可以拿来做测试。在这个表上我们也能看到 Linear Classifiers（线性分类器）、K-Nearest Neighbors（KNN，K 近邻算法）、Boosted Stumps、Non-Linear Classifiers（非线性分类器）、SVM（支持向量机）、Neural Net

（神经网络）、Convolutional nets（卷积网络）这么几种大的分类器派别都有一些优秀的代表参与过"刷榜"。

表上有 4 列，这 4 列的含义分别是 CLASSIFIER——分类器名称，PREPROCESSING——预处理项，TEST ERROR RATE (%)——测试错误率，Reference——参考。分类器名称不必说了，就是给这个分类器起的名字，预处理项更像是一种注释或者处理技巧的概念，前面几种分类器比如有 Haar features，就是指加入了 Haar 特征的算法。我们只看最后两种跟我们本书研究内容有关的神经网络和卷积网络这两个部分，提到了两种预处理，一种叫 width normalization，一种叫 deslanting。"width normalization"叫做宽度归一化，关于归一化的技巧后面我们会介绍，这种技巧对提高识别的准确率是有帮助的。这个 deslanting 的词根是 slant——是"倾斜"的意思，那么 deslanting 就是防止数据倾斜的一种手段了。

在了解到 MNIST 的一些背景信息之后，我们就可以在这个网页上下载这 4 个数据文件了。

❑ train-images-idx3-ubyte.gz: training set images (9912422 bytes)

❑ train-labels-idx1-ubyte.gz: training set labels (28881 bytes)

❑ t10k-images-idx3-ubyte.gz: test set images (1648877 bytes)

❑ t10k-labels-idx1-ubyte.gz: test set labels (4542 bytes)

人家英文名字标得很到位，它们分别是训练图片、训练标签、测试图片、测试标签。也就是通过训练集来让模型来学习并认识这些数字，并让模型在这些测试图片上能够顺利地识别出它们来。

MNIST 数据集中的图片都是像这样的一些由人手写得到的数字信息，歪歪扭扭什么样子的都有。我们下面就用 TensorFlow 搭建一个全连接的 BP 网络来训练并在验证集上测试。

5.2 使用 TensorFlow 完成实验

在本书中我们采用全连接网络完成 MNIST 数据集手写识别的工作，这段代码在 TensorFlow 官方的 GitHub 上面也是有的，地址在：https://github.com/tensorflow/tensorflow，文件目录在：tensorflow/tensorflow/examples/tutorials/mnist/ 中。

本书中详细讲解的代码有这样几个文件 fully_connected_feed.py、mnist.py、input_data.py。

我们分别来看一下内容，由于代码非常长，所以我们在所有的行之前加入行号并把部分内容做了省略处理，大家在下载代码后也请对照行号来看具体的内容。先来看 fully_connected_feed.py：

```
  1 # Copyright 2015 The TensorFlow Authors. All Rights Reserved.
    ......
 33 # Basic model parameters as external flags.
 34 FLAGS = None
......
116 def run_training():
117 """Train MNIST for a number of steps."""
118 # Get the sets of images and labels for training, validation, and
119 # test on MNIST.
120 data_sets = input_data.read_data_sets(FLAGS.input_data_dir, FLAGS.fake_
                                          data)
121
122 # Tell TensorFlow that the model will be built into the default Graph.
123 with tf.Graph().as_default():
124 # Generate placeholders for the images and labels.
125 images_placeholder, labels_placeholder = placeholder_inputs(
126 FLAGS.batch_size)
127
128 # Build a Graph that computes predictions from the inference model.
129 logits = mnist.inference(images_placeholder,
130 FLAGS.hidden1,
131 FLAGS.hidden2)
132
133 # Add to the Graph the Ops for loss calculation.
134 loss = mnist.loss(logits, labels_placeholder)
135
136 # Add to the Graph the Ops that calculate and apply gradients.
137 train_op = mnist.training(loss, FLAGS.learning_rate)
138
139 # Add the Op to compare the logits to the labels during evaluation.
140 eval_correct = mnist.evaluation(logits, labels_placeholder)
141
142 # Build the summary Tensor based on the TF collection of Summaries.
143 summary = tf.summary.merge_all()
144
145 # Add the variable initializer Op.
```

```
146 init = tf.global_variables_initializer()
147
148 # Create a saver for writing training checkpoints.
149 saver = tf.train.Saver()
150
151 # Create a session for running Ops on the Graph.
152 sess = tf.Session()
153
154 # Instantiate a SummaryWriter to output summaries and the Graph.
155 summary_writer = tf.summary.FileWriter(FLAGS.log_dir, sess.graph)
156
157 # And then after everything is built:
158
159 # Run the Op to initialize the variables.
160 sess.run(init)
161
162 # Start the training loop.
163 for step in xrange(FLAGS.max_steps):
164 start_time = time.time()
165
166 # Fill a feed dictionary with the actual set of images and labels
167 # for this particular training step.
168 feed_dict = fill_feed_dict(data_sets.train,
169 images_placeholder,
170 labels_placeholder)
171
172 # Run one step of the model. The return values are the activations
......
177 _, loss_value = sess.run([train_op, loss],
178 feed_dict=feed_dict)
179
180 duration = time.time() - start_time
181
182 # Write the summaries and print an overview fairly often.
183 if step % 100 == 0:
184 # Print status to stdout.
185 print('Step %d: loss = %.2f (%.3f sec)' % (step, loss_value, duration))
186 # Update the events file.
187 summary_str = sess.run(summary, feed_dict=feed_dict)
188 summary_writer.add_summary(summary_str, step)
189 summary_writer.flush()
190
191 # Save a checkpoint and evaluate the model periodically.
192 if (step + 1) % 1000 == 0 or (step + 1) == FLAGS.max_steps:
193 checkpoint_file = os.path.join(FLAGS.log_dir, 'model.ckpt')
194 saver.save(sess, checkpoint_file, global_step=step)
195 # Evaluate against the training set.
196 print('Training Data Eval:')
```

```
197 do_eval(sess,
198 eval_correct,
199 images_placeholder,
200 labels_placeholder,
201 data_sets.train)
202 # Evaluate against the validation set.
203 print('Validation Data Eval:')
204 do_eval(sess,
205 eval_correct,
206 images_placeholder,
207 labels_placeholder,
208 data_sets.validation)
209 # Evaluate against the test set.
210 print('Test Data Eval:')
211 do_eval(sess,
212 eval_correct,
213 images_placeholder,
214 labels_placeholder,
215 data_sets.test)
216
217
218 def main(_):
219 if tf.gfile.Exists(FLAGS.log_dir):
220 tf.gfile.DeleteRecursively(FLAGS.log_dir)
221 tf.gfile.MakeDirs(FLAGS.log_dir)
222 run_training()
223
224
225 if __name__ == '__main__':
226 parser = argparse.ArgumentParser()
......
275
276 FLAGS, unparsed = parser.parse_known_args()
277 tf.app.run(main=main, argv=[sys.argv[0]] + unparsed)
```

120 行，准备训练、验证和测试数据集。这里 TensorFlow 提供了内置模块可以直接操作下载 MNIST datasets 数据集。

123 行，使用默认图（graph），TensorFlow 里使用图来表示计算任务，图中的节点被称为 Op（operation），一个 Op 获取 0 个或多个 tensor 执行计算，并产生 0 个或多个 tensor。

225 ～ 277 行，解析命令行启动 TensorFlow。

218 ～ 222 行，启动 TensorFlow 后首先调用 main 函数，判断目录是否存在，存在就删除不存在就创建。最后开始训练 MNIST 数据。

TensorFlow 这个词汇当然是 Google 臆造出来的，所谓 tensor，翻译成中文是张量，不过就是变量、向量的含义，在手册上有下面这样的解释，大家把它当成向量就可以了。

阶	形状	维数	实例
0	[ ]	0-D	一个 0维张量. 一个纯量.
1	[D0]	1-D	一个1维张量的形式[5].
2	[D0, D1]	2-D	一个2维张量的形式[3, 4].
3	[D0, D1, D2]	3-D	一个3维张量的形式 [1, 4, 3].
n	[D0, D1, ... Dn]	n-D	一个n维张量的形式 [D0, D1, ... Dn].

阶	数学实例	Python 例子
0	纯量（只有大小）	s = 483
1	向量(大小和方向)	v = [1.1, 2.2, 3.3]
2	矩阵（数据表）	m = [[1, 2, 3], [4, 5, 6], [7, 8, 9]]
3	3阶张量（数据立体）	t = [[[2], [4], [6]], [[8], [10], [12]], [[14], [16], [18]]]
n	n阶（自己想想看）	....

125～126 行，创建图片和其对应的标签占位符，后面真正使用时会进行数据填充，这里预先告知数据的形状和类型。

129～140 行，创建网络 Op、loss Op、gradients Op、evaluation Op。

143 行，合并所有的 summary Op 为一个 Op。

TensorFlow 里所有出现 summary 代码的地方都是在创建 summary Op，用来保存训练过程中你想要记录的数据。比如：

```
tf.summary.histogram('histogram', var)
tf.summary.scalar('loss', loss)
```

如果你需要记录的数据很多，就会创建很多 summary Op，这时候使用 tf.summary.merge_all 来合并所有的 summary Op，就会方便很多。

在训练过程中使用 summary FileWriter 把这些数据写入磁盘。

在训练完毕后你就可以启动 Tensorboard：

```
tensorboard --logdir=path/to/logs
```

然后在浏览器中打开 Web 界面 http://localhost:6006 来查看训练中的各种指标数据。

在训练过程中的变化情况。这里的 logdir 就是 summary FileWriter 参数里填写的路径。

146 行，创建初始化变量 Op。

149 行，创建 saver 来保存模型。

152 行，创建会话（session）上下文，图需要在会话中运行。

155 行，创建 summary FileWriter，把 summary Op 返回的数据写到磁盘。

160 行，运行初始化所有变量，之前创建的 Op 只是描述了数据是怎样流动或者怎么计算，没有真正开始执行运算，只有把 Op 放入 sess.run(Op) 中才会开始运行。

163 行，开始训练循环 总共运行 FLAGS.max_steps 个 step。

164 行，记录每个 step 的开始时间。

168～170 行，取一个 batch 训练数据，使用真实数据填充图片和标签占位符。

177～178 行，把一个 batch 数据放入模型进行训练，得到 train_op(被忽略掉了) 和 loss op 的返回值，如果你想观察 Op 或者变量的值，需要把它们放到列表里传给 sess.run()，然后它们的值会以元组的形式返回。

180 行，计算运行一个 step 花费的时间。

183～189 行，每 100 个 step 把 summary 信息写入磁盘一次。

192～215 行，每 1000 个 step 或者是最后一个 step 保存一下模型，并且打印训练过程中产生的模型在训练、验证、测试数据集上的准确率。

接下来是 mnist.py 文件：

```
1 # Copyright 2015 The TensorFlow Authors. All Rights Reserved.
......
35 import tensorflow as tf
36
37 # The MNIST dataset has 10 classes, representing the digits 0 through 9.
38 NUM_CLASSES = 10
39
40 # The MNIST images are always 28x28 pixels.
41 IMAGE_SIZE = 28
42 IMAGE_PIXELS = IMAGE_SIZE * IMAGE_SIZE
43
44
45 def inference(images, hidden1_units, hidden2_units):
46 """Build the MNIST model up to where it may be used for inference.
......
56 # Hidden 1
57 with tf.name_scope('hidden1'):
58 weights = tf.Variable(
59 tf.truncated_normal([IMAGE_PIXELS, hidden1_units],
60 stddev=1.0 / math.sqrt(float(IMAGE_PIXELS))),
61 name='weights')
62 biases = tf.Variable(tf.zeros([hidden1_units]),
63 name='biases')
64 hidden1 = tf.nn.relu(tf.matmul(images, weights) + biases)
65 # Hidden 2
66 with tf.name_scope('hidden2'):
67 weights = tf.Variable(
68 tf.truncated_normal([hidden1_units, hidden2_units],
69 stddev=1.0 / math.sqrt(float(hidden1_units))),
70 name='weights')
71 biases = tf.Variable(tf.zeros([hidden2_units]),
72 name='biases')
73 hidden2 = tf.nn.relu(tf.matmul(hidden1, weights) + biases)
74 # Linear
75 with tf.name_scope('softmax_linear'):
76 weights = tf.Variable(
77 tf.truncated_normal([hidden2_units, NUM_CLASSES],
```

```
78 stddev=1.0 / math.sqrt(float(hidden2_units))),
79 name='weights')
80 biases = tf.Variable(tf.zeros([NUM_CLASSES]),
81 name='biases')
82 logits = tf.matmul(hidden2, weights) + biases
83 return logits
84
85
86 def loss(logits, labels):
87 """Calculates the loss from the logits and the labels.
......
96 labels = tf.to_int64(labels)
97 cross_entropy = tf.nn.sparse_softmax_cross_entropy_with_logits(
98 labels=labels, logits=logits, name='xentropy')
99 return tf.reduce_mean(cross_entropy, name='xentropy_mean')
100
101
102 def training(loss, learning_rate):
103 """Sets up the training Ops.
......
119 # Add a scalar summary for the snapshot loss.
120 tf.summary.scalar('loss', loss)
121 # Create the gradient descent optimizer with the given learning rate.
122 optimizer = tf.train.GradientDescentOptimizer(learning_rate)
123 # Create a variable to track the global step.
124 global_step = tf.Variable(0, name='global_step', trainable=False)
125 # Use the optimizer to apply the gradients that minimize the loss
126 # (and also increment the global step counter) as a single training step.
127 train_op = optimizer.minimize(loss, global_step=global_step)
128 return train_op
129
130
131 def evaluation(logits, labels):
132 """Evaluate the quality of the logits at predicting the label.
133
134 Args:
135 logits: Logits tensor, float - [batch_size, NUM_CLASSES].
136 labels: Labels tensor, int32 - [batch_size], with values in the
137 range [0, NUM_CLASSES).
138
139 Returns:
140 A scalar int32 tensor with the number of examples (out of batch_size)
141 that were predicted correctly.
142 """
143 # For a classifier model, we can use the in_top_k Op.
144 # It returns a bool tensor with shape [batch_size] that is true for
145 # the examples where the label is in the top k (here k=1)
146 # of all logits for that example.
147 correct = tf.nn.in_top_k(logits, labels, 1)
148 # Return the number of true entries.
149 return tf.reduce_sum(tf.cast(correct, tf.int32))
```

这段代码比前面那段略短一些，含义也非常清晰。

38 行，MNIST dataset 总共 10 类，0 ～ 9 手写数字图片。

41 ～ 42 行，MNIST dataset 每张图片像素 28 × 28。

45 ～ 83 行，构建网络。

57 ～ 64 行，第一层隐藏层。

57 行，设置命名空间，不同的命名空间中变量名不冲突。

```
print weigths.name
# 输出
hidden1_1/weights/read:0
```

58 ～ 61 行，创建变量和权重，使用截断正态分布进行初始化。

62 ～ 63 行，创建变量和偏置，全部初始化为 0。

64 行 ($ax+b$) 过激励函数 relu。这里 w 就是权重，b 就是偏向，a 在第一层就是输入图片，不在第一层就是上一层的输出。

66 ～ 73 行，第二层隐藏层。

75 ～ 82 行，线性层。

86 ～ 99 行，创建 loss Op。

96 行，类型转换。

97 ～ 98 行，这里使用 sparse_softmax_cross_entropy_with_logits loss 每张图片只允许被标记为一个类别。

99 行，取均值。

120 行，记录 loss 变化数值。

122 行，使用梯度下降优化器，传入学习率。

124 行，创建变量来记录全局步数。

127 行，使用优化器的目的是最小化 loss。

在最后运行文件 fully_connected_feed.py：

```
python fully_connected_feed.py
```

这下就可以看到分类的结果了。如果你愿意，当然同样可以用自己手写的数据处理成相应的大小，然后给程序去识别。

5.3　神经网络为什么那么强

在实验中我们看到，用了区区几层网络节点就能识别这么丰富的信息。而且这些信息在原始的给出来的数据上都属于典型的线性不可分。也就是说要对最开始给出来的图片数据做分类，而在图片数据最后被转化成一个 784 维的向量的时候，我们是没有办法通过有限的空间里的几条线把它们划分开的。

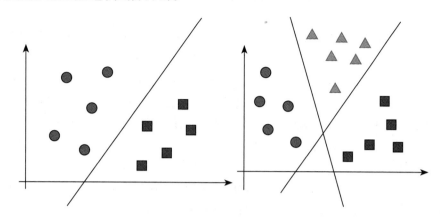

　　在空间里如果有这样的一些点形成的分类，我们能够用有限的一些直线把它划分成几个空间，那就是非常理想的了，这种就是典型的线性可分的模型。不过 MNIST 所提供的这些图片数据可都没办法通过有限的这样几条直线来把图片向量的点切开，大于某条线的图片向量表示的是"1"小于某条线的表示的是"0"……做不到。一条直线所蕴含的分类信息实在是太有限了，最多是切下去一刀把空间分成两个部分，而且两个部分里的向量样本还非常不纯——掺杂着其他类别的样本。这种情况当然是非常不好的，说明一个线性分类器没办法达到足够的分类纯度。怎么办，往下看。

5.3.1　处理线性不可分

　　神经网络最强大的地方在于它对于线性不可分问题的处理能力上。为什么深度神经网络有这么好的非线性分类的能力呢？我们来看看当样本通过网络的时候究竟发生了什么。

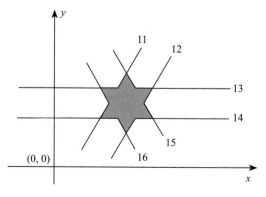

　　如上图所示，在一个二维空间中有一个像雪花一样的图形。它内部的空间坐标点 (x, y) 是"分类 1"，外面的坐标点是"分类 0"。这样一个"不规则"图形用普通的线性分类器方式来做分类仍然是无论如何找不到一条直线把空间恰好分为两个部分——一部分是组成雪花图形的部分，一部分不是组成雪花图形的部分。不过，虽然一条线分不开，那 6 条线呢？

假如我在空间画如图的 6 条线，分别叫 $l_1 \sim l_6$。6 条线在空间里有各自的方程表达式，就写作 $l_1(x, y)$、$l_2(x, y)$、$l_3(x, y)$、$l_4(x, y)$、$l_5(x, y)$、$l_6(x, y)$ 好了。

则这个雪花可以转化成为一个中心的正六边形和旁边 6 个正三角形的表达式的并集。也就是讲，如果一个点出现在中间的正六边形，或六边形外侧的 6 个正三角形的任何一个中都叫做在这个雪花图形里，都被称作"分类 1"，而此外的都成为"分类 0"。那么这 7 个图形的分类表达式我们就分别构建一下吧。

中心正六边形：

$l_1(x, y) < 0 \cap l_2(x, y) > 0 \cap l_3(x, y) < 0 \cap l_4(x, y) > 0 \cap l_5(x, y) < 0 \cap l_6(x, y) > 0$

在高中数学里我们是学过的，在平面直角坐标系中，如果有一条直线方程：

$$ax + by + c = 0$$

那么处于这条线上方的点 (x_1, y_1) 在代入这个方程后会有：

$$ax_1 + by_1 + c > 0$$

而处于这条线下方的点 (x_2, y_2) 在代入这个方程后会有：

$$ax_2 + by_2 + c < 0$$

所以，中心正六边形的含义就是：

在 $l_1(x, y)$ 下方，

且在 $l_2(x, y)$ 上方，

且在 $l_3(x, y)$ 下方，

且在 $l_4(x, y)$ 上方，

且在 $l_5(x, y)$ 下方，

且在 $l_6(x, y)$ 上方。

这样用六条直线我就在平面直角坐标系中把一个正六边形给"抠"出来了。如果把其他 6 个三角形也都这样"抠"出来，再把它们并在一起，那就算解决问题了。所以最后的表达式就是这样：

$F(x, y) =$

$(l_1(x, y) < 0 \cap l_2(x, y) > 0 \cap l_3(x, y) < 0 \cap l_4(x, y) > 0 \cap l_5(x, y) < 0 \cap l_6(x, y) > 0)$

$\cup$

$(l_1(x, y) < 0 \cap l_5(x, y) < 0 \cap l_3(x, y) > 0)$

$\cup$

$(l_2(x, y) < 0 \cap l_3(x, y) < 0 \cap l_5(x, y) > 0)$

$\cup$

$(l_2(x, y) < 0 \cap l_5(x, y) < 0 \cap l_4(x, y) > 0)$

$\cup$

$(l_4(x, y) < 0 \cap l_2(x, y) < 0 \cap l_6(x, y) > 0)$

$\cup$

$(l_1(x, y) < 0 \cap l_6(x, y) < 0 \cap l_4(x, y) > 0)$

$\cup$

$(l_6(x, y) > 0 \cap l_1(x, y) > 0 \cap l_3(x, y) < 0)$

每个图形表达式之间是"或"关系,图形内部用来"抠出"图形的直线之间是"且"关系。最后代入某一个 (x, y) 坐标输出 1 的就是在雪花图形中的点,输出 0 的就是在雪花图形之外的点。这种线性关系好构造吗?当然啦!每个神经元节点的表达式前半部分 $z = wx + b$ 就是一个线性分类器的模型,而且还是任意多维度的。棒棒哒,是吧。那神经网络能模拟出"与或非"这种逻辑运算的非线性效果吗?可以明确地说"能",我们往下看。

5.3.2 挑战"与或非"

我们现在的目的是要构建一个神经元,让这个神经元有两个输入点,使得它们两个的输出呈现出"与或非"的效果。

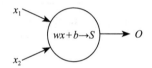

假设这个神经元有 x_1 和 x_2 两个输入项,中间的 $z = wx + b$ 就是 $z = w_1x_1 + w_2x_2 + b$,最后的输出 $O = \dfrac{1}{1 + e^{-z}}$,这就是一个标准的用 Sigmoid 作为激励函数的单个神经元模型了。

1."与"运算

我们用这样一个表来表示 x_1 和 x_2 两个输入项各自的值和期望的输出值 O。学过数字电路或者数字逻辑的朋友可能会比较熟悉规则了:

❑ 两个 1 做"与"运算,会输出 1 的结果;

❑ 一个 1 和一个 0 做"与"运算,会输出 0 的结果;

❑ 两个 0 做"与"运算,会输出 0 的结果。

如下表所示:

x_1	x_2	O
1	1	1
1	0	0
0	1	0
0	0	0

那么构造一个 w 和 b 使其满足上面这个约束实际也是很容易的,取 $w = [20, 20]$,$b = -30$。这样通过 $z = wx + b$ 之后会得到下面的结果。

① $z=wx+b$ 输入与输出，如下表所示：

x_1	x_2	z
1	1	10
1	0	−10
0	1	−10
0	0	−30

这样一个结果，再通过 Sigmoid 激励函数 $f(z)=\dfrac{1}{1+e^{-z}}$，很容易得到与期望一致的 1 和 0 的输出结果。

② $O=\dfrac{1}{1+e^{-z}}$ 输入与输出，如下表所示：

z	O
10	0.9999546021
−10	0.0000453979
−10	0.0000453979
−30	0.0000000000

在保留 10 位小数以后能够看到和预期很接近的结果。所以构造"与"运算我们已经成功了。

2. "或"运算

同样，构造一个"或"关系计算也很容易。首先看下"或"运算，如下表所示：

x_1	x_2	O
1	1	1
1	0	1
0	1	1
0	0	0

那么构造一个 w 和 b 使其满足上面这个约束实际也是很容易的，取 $w=[20, 20]$，$b=-10$。这样通过 $z=wx+b$ 之后会得到：

① $z=wx+b$ 输入与输出，如下表所示：

x_1	x_2	z
1	1	30
1	0	10
0	1	10
0	0	−10

这样一个结果，再通过 Sigmoid 激励函数 $f(z)=\dfrac{1}{1+e^{-z}}$，也很容易得到与期望一致的 1 和 0 的输出结果。

② $O = \dfrac{1}{1+\mathrm{e}^{-z}}$ 输入与输出，如下表所示：

z	O
30	1.0000000000
10	0.9999546021
10	0.9999546021
−10	0.0000453979

在保留 10 位小数以后几乎也跟我们的预期差不多。所以构造"或"运算我们也成功了。

3. "非"运算

最后我们用同样的技巧构造一个"非"运算。"非"运算和"与"运算、"或"运算不同，它只有一个输入，所以模型略有不同。

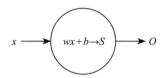

"非"运算看上去要简单一些，只有一个输入 x，如下表所示。

x	O
1	0
0	1

那么构造一个 w 和 b 使其满足上面这个约束，取 $w = [-20]$，$b = 10$。这样通过 $z = wx + b$ 之后会得到下面的结果。

① $z = wx + b$ 输入与输出，如下表所示。

x	z
1	−10
0	10

② $O = \dfrac{1}{1+\mathrm{e}^{-z}}$ 输入与输出，如下表所示。

z	O
−10	0.0000453979
10	0.9999546021

这个构造仍然是成功的。

在构造"与或非"的过程中，我们看到利用 Sigmoid 这种函数的非线性特效能够为分类器引入一定的非线性分类效果，这种特性在网络中发挥着线性分类器和其他传统的基于统计的分类器所不能比拟的作用。

5.3.3 丰富的 VC——强大的空间划分能力

要说到神经网络为什么有这么强的学习能力，就必须说它所具备的一个强大功能——它有丰富的 VC 维。别误会，这一节不是要给农夫果园或者鲜橙多做植入广告。这个 VC 维的英文全称是 Vapnik-Chervonenkis Dimension，是一种对空间划分能力的表示。

咱们就说一条直线能够把一个二维空间最多分成两个部分，一个平面可以把一个三维空间最多分成两个部分，这种划分的能力就是在 N 维空间下的一个 $N{-}1$ 维空间中的线性表达式对其划分的能力。

VC 维的定义是这样的：

令 H 是一个集合，C 为集合 $H \cap C := \{h \cap C | h \in H\}$，如果 $H \cap C$ 包含了 C 的所有子集，我们称 C 被 H 散列（打散），H 的 VC 维就是一个最大的整数 D，使得存在一个集合 C 可以被 H 分成 D 个不同的类别。

这种语言实在是太晦涩了，我们来举个例子看看。

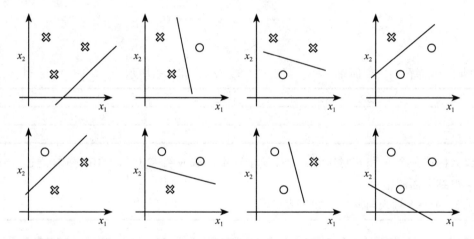

在一个 2 维的向量空间空间中，如果样本数为 3（3 个不同的点）分类方式为 2（2 种分类方式，圈圈和叉子）那么可以完全分开。就像图上这样，除了三点严格共线的情况以外（其实这种情况基本只在学术上有讨论价值，因为如果不是你故意去做的话，自然界也是找不到这种所谓严格三点共线且偏差为零的情形，因为偏一点点都不算），其他任何情况下都可以用一条直线（线性分类器 $f(x)=wx+b$）给分开。那么 2 维空间中的线性分类器的 VC 维就是 3（3 个不同的样本点）。

想想看，一个偌大的深度学习网络中有成千上网个神经元，每个神经元可以设计成为有线性分类能力的分类器，或者非线性分类能力的分类器，或者"与或非"这种运算能力。有了大量这些分类功能和运算功能的组合，一个深度学习网络的划分能力比起普通的分类模型来说是有了空前的提升。而且一般来说深度越大，神经元越多，VC 维就越高，划分的能力就越强，分类的能力就越惊人，学习到的内容就越丰富。

VC 维既然这么好，那我随便一个网络是不是都是设计得越深越好，内容越丰富越好，这样就一定能训练出好的模型来呢？答案却是否定的。

首先网络越大，所要训练的 w 和 b 就越多，训练过程中的计算复杂度就越高，收敛就越慢，这个是一定的。所以现在在网络设计稍微复杂一点的环境中都不得不使用 GPU 来加强并行计算的能力，因为使用 CPU 做训练的收敛速度实在是太慢了，在本书涉及的这些相对简单的深度学习网络中，如果你用 CPU 进行训练，恐怕都是动辄数十小时甚至是数天之久的比马拉松还要夸张得多的过程。

再者，训练样本和标签之间所拥有的客观存在的关系本质，是能否够训练出优质模型的关键，这点非常重要。所以那些盲目崇拜深度学习的朋友先考虑一下这个问题。如果你的训练样本中的特征数据（输入的 x 维度）与标签项之间的本质关系假设是有误的，那么神经网络训练多久都不会收敛到你满意的程度。或者换一个显得学术一些的说法，**如果你提供的训练数据向量在标签分类的过程中，没办法使得信息熵下降，那就没办法训练出好的模型**。举个例子，如果你想通过一系列有关天气的 x 向量（气温、气压、温度、湿度、风速、风向、月份、日期、小时、经度、维度）和 y 向量（未来 1 小时降水概率）这一训练样本集合来训练一个模型，预测未来 1 小时降水概率的话，虽然我没有做这个实验，我也会觉得只要网络设计的基本合理还是会得到一个相对满意的结果的，起码我会觉得这些维度对于最终判断一个降水概率是有贡献的。如果 x 向量给的不是这样的数据而是其他形式的数据则会有问题，比如 x 向量为"气温、气压"，或者 x 向量为"当天大米价格"。前者我们看到有气温和气压两个维度，这两个维度应该说对降雨是有影响的，但是似乎不够，两个维度不足以把分类的熵降到足够低，不足以把降水概率预测准。第二个就很荒唐了，这两者几乎是没有什么联系，如果真的放到网络里去训练，应该是 $Loss$ 函数一直都很大，然后怎么训练都不下降……这简直是一定的啊，这种情况会难为死神经网络的，这根本就是很独立的两件事情。

最后一点，丰富的 VC 维会让网络处于容易过拟合的状态。过拟合是几乎所有的机器学习算法中都有可能会遇到的问题，关于成因和防止的方法我们好好讨论一下。

5.4　验证集、测试集与防止过拟合

所谓传统的机器学习也好，深度学习也罢，其实目的都是用机器代替人来学习一些事物的特征，进而帮助人类做出判断或者自动处理。但是，与传统的机器学习概念不同，深度学习背后原理的解释性非常差，我们来做个比较。

以传统机器学习中的监督学习为例，朴素贝叶斯实现的是概率量化计算的模型，它的解释是通过对样本的统计，然后算出某件事 A 发生的概率和某件事 B 发生的概率之间的量化关系。

决策树实现的是通过选择合适的维度来增加约束条件降低分类的信息熵。

回归模型是通过建模和拟合来确定待定系数，通过不断调整待定系数的大小来降低残差的大小，也就是降低模型预测值与训练目标值的差距。

SVM 是通过超平面来分割空间中不同的分类向量，让它们到超平面的距离尽可能远……这些模型的物理解释非常明确，每一个步骤每一个得到的模型中的系数都有着清晰的含义。而且，向量的维度数量和维度值是一定要由我们人类来归纳量化的。把这些人提取过的有清晰函数的量化值放入模型进行训练得到的模型，解释也就会让人觉得其意义非常明确。

深度学习与此不同的是，它通过大量的线性分类器或非线性分类器、可导或不可导的激励函数，以及池化层（在卷积网络中会用到这种设计）等功能对观测对象的特征进行自动化的提取。例如一张图，比方说刚刚的 MNIST 数据集中的图，这些图都是把像素级别的向量直接放入神经网络，人们已经不对这类数据再做一次归纳和特征提取了。神经网络有丰富的感知功能，能够把这些最小级别的数值提取出来，例如一个像素的 RGB 颜色，通过网络训练的过程逐步发现其中的特征规律。神经网络丰富的 VC 维是有这个能力的，能够发现那些在训练数据集中体现出来共性的对网络的刺激，忽略那些训练样本之间的对分类影响微乎其微的维度的差异。这种不用人类再帮助机器提取特征的特性确实非常吸引人，不过要让它能够为我们完成这件事，就要在网络中提供丰富的 VC 维——通常的手段就是加深网络的深度，加多神经元的数量。我们粗略想一个数量级吧，如果一个神经元能够成功分开两个分类输出 1 和 0——2^1，那么两个神经元理论上应该最多就能成功分开 4 个分类——2^2，1000 个神经元就是 2^{1000} 个分类——大概是 1×10^{301} 这么多！

拥有如此好的分类能力会带来两个问题：

其一，在这么复杂的网络中，如此多的 w 已经早就没有了统计学中的权值权重的意义，无法得到清晰的物理解释，也无法有效地进行逆向研究。所以深度学习的模型训练得再好也只能当成一个黑匣子来使用。例如，我把大量的广告图片向量，比如 1000 万张图片的像素级向量 x 和每张图片的点击量充当的标签 y 作为训练样本给到神经网络让它训练。训练完了之后在网络中得到了很多的 w 和 b，然而这些 w 和 b 的大小已经没有解释了——起码不能解释为对某个像素的感知权重更高，它们之间的叠加关系太复杂了。而这种不能解释的模型现在还在大行其道，而且很多人还愿意来研究它，主要是因为这种模型在实验中的良好表现和良好的泛化性特点——也就是换个数据集，换个场景还能用神经网络的建模思路得到解决方案。

其二，这种拥有极高的 VC 维的网络能够学到很多东西，包括那些样本中所包含的噪声信息或者特例信息，这是极为糟糕的事情。这种学习能力通常会导致，你把个案性的训练样本给到神经网络，它能把每个个案中的特点都牢牢记下来，在训练集上的 *Loss* 能保证很低，识别率极高，但是换个新样本来让它识别，它就会严重误判。

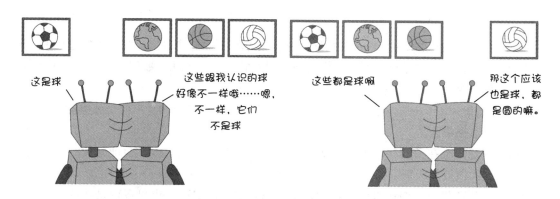

这就好比我们教孩子看图说话，给他看的东西越多，尤其是同样的东西多给他看几种，这种情况下，他自己就会进行归纳总结，忽略掉这些样本之间的差异，找出共性，来提高泛化性。可是如果你只给它看过极少的样本，他误判的可能性就会变高，泛化性就会变差。比如，你只给他看过一张SUV（sport utility vehicle，即运动型多用途汽车）的照片，告诉他这叫汽车，他也确实记住了，出门后看到一辆水泥罐大卡车，他就会觉得疑惑，因为这个东西跟你教给他的汽车样子相差实在是太多了。而如果你给他多几个汽车的图片，小轿车、皮卡、SUV、面包车、卡车、吊车、洒水车……他就会记住它们的共性——有若干个轮子可以行走的，有玻璃，有车灯……这下他再见到别的车辆类别可能也能顺利识别了。

看看，过拟合的原因和预防方法我们都已经总结出来了。

原因：样本过少，不足以总结归纳其共性。参数过多，能够拟合极为复杂的特征内容。

改善方案：增加样本数量，理论上说是越多越好。

检查手段：拿一些样本来验证一下。

在现在的以深度学习为技术基础的工程实现方面，通常会把拿到的所有样本数据分为下面三个集合。

1）训练集（training set）：用来学习的样本集，通过这些向量来确定网络中的各个待定系数。

2）验证集（validation set）：是用来调整分类器的参数的样本集，在训练的过程中，网络模型会立刻在验证集进行验证。我们会同步观察到在这个验证集数据上模型的表现如何，损失函数值是否会下降，准确率是否在提高。

3）测试集（test set）：测试集则是在训练后为测试模型的能力（主要是分类能力）而设置的一部分数据集合。

通常训练集会在所有样本中占大头，例如50%、60%抑或更多。验证集和测试集相对都比较小，大概数量级别是在25%、20%甚至有可能更少一些。

注意，验证集是我们在深度学习中预防过拟合的手段之一，也可以说是深度学习训练过程中的标配。在 TensorFlow 中是在训练的过程中用训练集不断训练的同时也将模型在验证集上做应用作为一个测试过程。在训练集上的 *Loss* 是在不断降低的而准确率 Accuracy 是在不断升高的，因为训练中会为了降低 *Loss* 不断调整，学到更多更深层的信息。但是在测试集上你几乎一定会看到一种现象，就是 *Loss* 在下降到一定程度之后反而开始攀升，或者准确率 Accuracy 在上涨到一定程度后开始下降。这个拐点的位置就是过拟合的开始，请注意在这一点开始的时候终止训练。

5.5 小结

到目前为止我们已经学会了在 TensorFlow 环境下实现一个手写数字识别功能的简易神经网络了。并且在神经网络训练中的各种基础理论和最为核心的问题都已经接触到了，怎么样，不难吧？基本高中以前的知识就够用了。

这才是一款开胃的餐前小菜，大菜还在后面。下面我们还会再多接触几种不同的网络结构，这些网络结构也是形形色色，大部分都是来自一些国外著名高校实验室或者先进的科研团体在研究过程中通过不断尝试发现的一些新的网络连接方式，在不同的领域会有一些格外良好的效果。

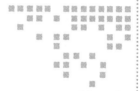

第 6 章 *Chapter 6*

卷积神经网络

在前面我们已经提过了，神经网络不是一个具体的算法，而是一种模型构筑的思路或者方式。在这个思路或者方式的指引下，我们已经成功地构筑了 BP 网络。这种线性分类器后面直接跟随激励函数形成神经元，然后前后首尾相接形成网络的方式应该说并不难理解。

不过随着神经网络技术的进化与发展，我们慢慢也发现了 BP 网络的局限性。所以才想到是否可以设计一些新的神经元的逻辑结构，或者连接方式来做个补充。卷积网络就是一种很有益的尝试，而且这一尝试就一发不可收拾，到现在为止，绝大多数在模式识别应用中表现好的网络都在一定程度上借鉴了卷积神经网络的关键组件。这一章我们就来看看卷积网络究竟有什么厉害的地方。

6.1 与全连接网络的对比

我们在前两章中已经看到了 BP 网络的工作原理。在我们举的例子中，这些神经元之间彼此连接的方式有一个特点，那就是每一个神经元节点的输入都来自于上一层的每一个神经元的输出。这种方式就叫做全连接网络（full connect network）——整个网络的每一层都是以这种"全连接"方式完成的。当然了，BP 网络也可以不是全连接的。后面我们还会接触到一些网络不是全连接的，或者只有个别层是全连接的。

全连接网络的好处从它的连接方式上看是每个输入维度的信息都会传播到其后任何一个节点中去，会最大程度地让整个网络中的节点都不会"漏掉"这个维度所贡献的因素。不过它的缺点更为明显，那就是整个网络由于都是"全连接"方式，所以 w 和 b 格外多，这就使得训练过程中所要更新的权重非常多，整个网络训练的收敛也会非常慢。对于像图片识别这种输入像素动辄数百万维度（以像素点为单位）的分类处理，就会变得不可行，因为根本找不到计算速度能够满足需要的处理器。不过好在前辈中还是大神多，多亏他们发明了**卷积神经网络**（convolutional neural network，CNN）。

卷积神经网络同样是一种前馈神经网络，它的神经元可以响应一部分覆盖范围内的周围单元，对于大规模的模式识别都是有着非常好的性能表现的，尤其是对大规模图形图像处理效率极高，这也是大家热衷研究这类网络的重要原因。

早在 20 世纪 60 年代，美国神经生物学家 Hubel 和 Wiesel 在研究猫脑皮层中用于局部敏感和方向选择的神经元时发现其独特的网络结构可以有效地降低反馈神经网络的复杂性，继而提出了卷积神经网络。现在，CNN 已经成为众多科学领域的研究热点之一，特别是在模式分类领域，由于该网络避免了对图像的复杂前期预处理，可以直接输入原始图像，因而得到了更为广泛的应用。日本人福岛邦彦（Kunihiko Fukushima）在 20 个世纪 90 年代提出的新识别机是卷积神经网络的第一个实现网络。随后，更多的科研工作者对该网络进行了改进。

卷积网络有两个比较大的特点。

其一：卷积网络有至少一个卷积层，用来提取特征。

其二：卷积网络的卷积层通过权值共享的方式进行工作，大大减少权值 w 的数量，使得在训练中在达到同样识别率的情况下收敛速度明显快于全连接 BP 网络。

卷积网络主要用来识别位移、缩放及其他形式扭曲不变性的二维图形。由于它的特征检测层通过训练数据进行学习，所以在使用卷积网络时，避免了显式的特征抽取，而隐式地从训练数据中进行学习；再者由于同一特征映射面上的神经元权值相同，所以网络可以并行学习，这也是卷积网络相对于神经元彼此相连网络的一大优势。卷积神经网络以其局部权值共享的特殊结构在语音识别和图像处理方面有着独特的优越性，其布局更接近于实际的生物神经网络，权值共享降低了网络的复杂性，特别是多维输入向量的图像可以直接输入网络这一特点避免了特征提取和分类过程中复杂的数据重建。后面我们会有具体的示例来说明它工作的流程。

6.2 卷积是什么

为了了解卷积神经网络的实质，我们简单说说卷积是什么。

在泛函分析中，卷积（convolution）是一种函数的定义。**它是通过两个函数 f 和 g 生成第三个函数的一种数学算子，表征函数 f 与 g 经过翻转和平移的重叠部分的面积。**

在通信工程领域，卷积是常用的一种计算方法，我们通常用到卷积也是和傅里叶变换有关系。大家在知乎上去查找的话，可以找到很多对卷积的解释，有不少不仅形象还通俗易懂，大家有兴趣自己去找吧，我这边用一个相对简便的方法做解释了。

卷积的数学定义是这样的：

$$h(x) = f(x) \star g(x) = \int_{-\infty}^{+\infty} f(t)g(x-t)\mathrm{d}t$$

积分推导咱们就不搞了，我们只解释一下积分式所表示的含义。符号"$\int$"就是积分符号，比如：

$$\int_{-\infty}^{+\infty} f(x)\mathrm{d}x$$

这个表达式的含义是指这样一个值，这个值等于函数图像 $f(x)$ 与 x 轴围成的图形的面积。这里 $+\infty$ 和 $-\infty$ 所表示的是这个图形在 x 轴方向上的限制边界，那 $+\infty$ 和 $-\infty$ 就表示没有边界限制了。

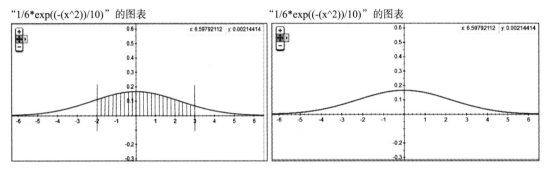

"1/6*exp((-(x^2))/10)"的图表

如果换个表达式：

$$\int_{-2}^{+3} f(x)\mathrm{d}x$$

则是表示 $f(x)$ 与 x 轴围成的图形还要再"切两刀"，一刀在 $x=-2$，一刀在 $x=3$。这样切完之后实际上表示的含义就是 $f(x)$、$y=0$、$x=-2$、$x=3$ 这四条直线或曲线所围成的面积了，这个含义应该很简单喽。好，回来再看卷积表达式的含义。

那么我们看到的这个积分式里面 $f(t)g(x-t)$ 是什么呢？其实是这样，$f(t)$ 先不动，$g(-t)$ 相当于 $g(t)$ 函数的图像沿着 y 轴（$t=0$）做了一次翻转。$g(x-t)$ 相当于 $g(-t)$ 的整个图像沿着 t 轴进行了平移，向右平移了 x 个单位。

做过这个变换之后，可以想象这一共是有两个函数，一个是固定的函数，一个是滑动的函数，求它们相乘之后围起来的面积，滑动的变量就是 x。

我们看下图所示：

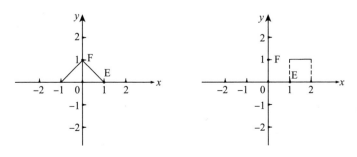

f(*t*) 就是一个三角，在第二象限是一条过 (-1, 0) 和 (0, 1) 点的线段，在第一象限是一条过 (0, 1) 和 (1, 0) 点的线段。

函数 *g*(*t*) 是一个正方的脉冲波，*t* 在 [1, 2] 上有定义，在这段区间里 *g*(*t*)=*t*。函数 *g*(*x*-*t*) 是左侧的这个做过翻转的图形，图示中还分别有 *x*=-2，*x*=-1，*x*=0，*x*=1，*x*=2 时的图像。

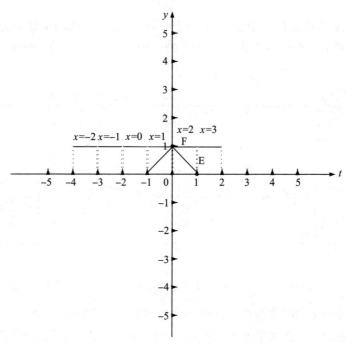

我们观察到，在这个不定积分完毕后，会形成两个函数叠加的部分，其中 *x* 是一个变量。假设 *x* 为 0，或者我们当 *x* 压根不存在，那么就是 *f*(*t*) 和 *g*(-*t*) 这两个函数相乘后和 *y*=0（*t* 轴）围成的面积。当 *x* 出现后，*x* 是帮着 *g*(-*t*) 图像左右平移的，刚刚我们也看到这个图像的变化过程了，那么会变成什么样？简单说，这个函数 *h*(*x*) 的值就是求一个面积和 *x* 的关系，而这个所说的面积就是函数 *f*(*t*) 和 *g*(*x*-*t*) 相乘后的曲线和 *y*=0（*t* 轴）围成的面积，其中自变量是 *x*。在随着 *x* 变化的移动过程中，由于 *g*(*x*-*t*) 移动产生的 *h*(*x*) 的对应变化就是整个卷积公式的意义了——一个移动中用 *x* 进行取样的过程，或者说特征提取。

如果觉得这个东西理解不了，或者实在想不到有什么用，也没有关系，因为对于工学层面的应用来说，卷积本身的含义以及推导我们在生产生活中通常没有机会接触。大家在脑海里就形成一个移动过程中做乘积的印象就足够了。

6.3 卷积核

当我们能够理解卷积的含义之后，那理解卷积核就会简单多了，因为我们只要理解它是在滑动中去提取特征就足够了。

我们先看卷积核的表达方式，它的表达式为

$$f(x) = wx + b$$

可能有人会问是不是写错了，这不是卷积核，这就是一个普通的神经元的线性处理的部分。其实你这么看倒是也不能算错，因为从计算逻辑的角度来看还真差不多。

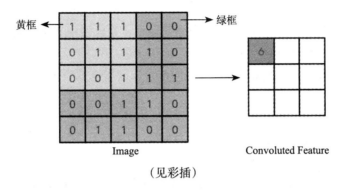

（见彩插）

我们先想象这里有一张图片，图片有 5×5 一共 25 个像素点，每个像素点只有 1 和 0 两种取值。当然了，这种图别说是在自然界，就是我们精心设计也很难设计出来，因为设计出来我也不知道用它来表示什么玩意儿比较好，我们权且假设有这样一种图片。那么提取这样的一种图的特征，我们可以先随便设计一个卷积核来看看到底会产生什么结果，我们设计一个特别简单的卷积核。

$$w = [1, 1, 1, 1, 1, 1, 1, 1, 1], \quad b = [0]$$

w 由 9 个 1 构成，在这个场景里，我们指图中黄色部分的这个 3×3 的小方框，从左到右从上到下的这 9 个点作为 x 向量，挨个与 w 相乘完成内积操作，并与 b 相加。这个过程就是这样了：

$$f(x) = 1 \times 1 + 1 \times 1 + 1 \times 1 + 1 \times 0 + 1 \times 1 + 1 \times 1 + 1 \times 0 + 1 \times 0 + 1 \times 1 + 0 = 6$$

那么左上角的这个黄色小方框就会输出一个 6，我们把 6 单独存在一个存储空间里，这个存储空间就叫做这个卷积层的 Feature Map，也就是图中所示的 Convoluted Feature 这个部分。我们看在这样一个操作下，9 个点的信息被压缩成了一个点，当然这肯定是有损压缩了，还原肯定是还原不回去了。不过确实在这个过程中有这样一个信息抽象的过程，大家请注意，这个抽象过程就是特征的提取。

我们把这个小黄方框的操作继续从左到右，从上到下每次移动一个方格，就相当于前面我们说的 $f(t)$ 和 $g(x-t)$ 两个函数通过 x 变化来滑动一样做这样一个卷积操作，那么右侧的 Feature Map 的每个点的值也都能对应产生结果了。根据我们设计的卷积核的 w 和 b 的值，剩下的 8 个输出值应该分别是：7、6、4、7、7、4、6、6。这样一来 25 个点的信息量就被压缩成了 9 个点，完成了特征提取和压缩两个功能。

这就是卷积层工作的大致方式。至于 w 和 b 在初始化之后，也是通过一轮一轮的训练，在降低损失函数的目的下不断变化而学习到的，而不是我们指定出来的。

在卷积核的 $f(x)=wx+b$ 输出后还可能会跟着一个激励函数而且也一般会定义一个激励函数跟随其后，现在的 CNN 网络中的激励函数非常喜欢用 ReLU。不过你也会发现在实际工作中，可能会用别的激励函数跟在卷积核后面进行工作，或者不用激励函数。理由通常都是为了在一些特殊的场景中有更好的表现，共性我还没总结出来，不过 ReLU 作为激励函数的场合应该说是最常见的。

当然了，卷积核中的 w、b 需要通过训练来得到，是模型中非常重要的参数。从物理意义上去理解，大概是这种感觉，前面输入过来的向量，用这 "一眼" 看过去对于视野中不同位置的关注程度或者采纳程度是不同的，而这个关注程度或者采纳程度就用 w、b 来量化表示。

6.4 卷积层其他参数

在卷积核对前面输入的这一层数据向量进行扫描的时候，还有几个别的参数需要注意，一个是 Padding（填充），一个是 Striding（步幅），这个参数的含义很形象。

先说 Padding，Padding 是指用多少个像素单位来填充输入图像（向量）的边界。就像图上所画，在这四周的区域里都进行 Padding，通常都是填充 0 值。当然一般不会有像我们图上画的这么大比例的 Padding 了，在 800×600 的图过卷积层的时候，能在四周各 Padding 上 5 到 10 个单位就不少了。

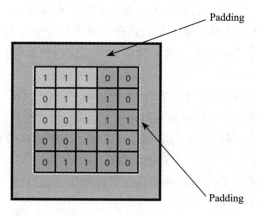

Padding 的用途大概可以理解为两种目的。

目的 1：保持边界信息。因为如果不加 Padding 的话，最边缘的像素点信息其实仅仅被卷积核扫描了一遍，而图像中间的像素点信息会被扫描多遍，在一定程度上等于降低了边界上信息的参考程度。Padding 后就可以在一定程度上解决这个问题。在实际处理的过程中肯定是 Padding 了一些 0 值以后，再从 Padding 后的新边界开始扫描。

目的 2：如果输入的图片尺寸有差异，可以通过 Padding 来进行补齐，使得输入的尺寸一致，以免频繁调整卷积核和其他层的工作模式。

Stride 就是步幅，在卷积层工作的时候，Stride 可以理解为每次滑动的单位。比如刚刚这个例子，我们用的就是 Stride=1 的情况——每次只滑动一个单位。在实际工作中 Stride=1 的使用场景很多，因为它对于采用的细密程度保证得最好。当然 Stride 也可以取别的值，比如 Stride=3，那么扫描的时候就不是每次移动 1 个像素，而是每次移动 3 个像素了。这种方式直观上想一想就会觉得比较"粗糙"，因为跳过的像素行列的信息明显扫描的次数降低了。不过好处也显而易见，就是因为处理的次数变少了，所以卷积层在扫描的时候工作会变快，这可能是唯一的好处。在设计网络的时候，Stride 取多少合适需要经过测试，先设置 Stride=1，如果工作状况已经很理想了，而希望通过加大 Stride 来获得一些性能的提升或者存储量的减小，那么可以逐步尝试调整为 Stride=2 或其他值。一切都以实测结果为准，到目前为止这个值究竟应该设定为多少还没有一个确切的有效的判断方法。

6.5 池化层

池化层（Pooling Layer，或称池层）是在一些旧有的 CNN 网络中喜欢设计的一层处理层。池化层的作用实际上对 Feature Map 所做的数据处理又进行了一次所谓的池化处理。我们具体来看看这个池化处理都做了些什么吧。

常见的池化层处理有两种方式：一种叫 Max Pooing，一种叫 Mean Pooling（也叫 Average Pooling），顾名思义，一个做了最大化，一个做了平均化。除此之外还有 Chunk-Max Pooling、Stochastic Pooling 等其他一些池化手段。

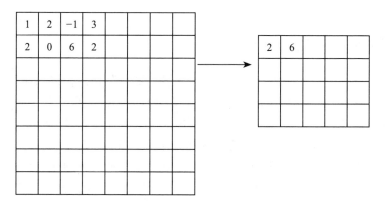

Max Pooling 就是在前面输出过来的数据上做一个取最大值的处理，比如以 Stride=2 的 2×2 为 Max Pooling Filter（滤波器，我们就理解为跟卷积类似的特征处理就好了）之后，左上角就出现了这样的变化。临近的 4 个点取一个最大值成为 Max Pooling 层中的储存值。

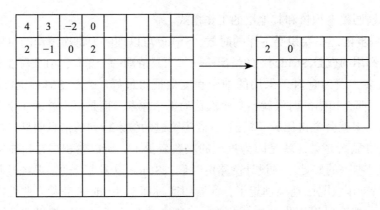

Mean Pooling 就是在前面输出过来的数据上做一个取平均值的处理，比如以 Stride=2 的 2×2 为 Mean Pooling Filter 之后，左上角就出现了这样的变化。临近的 4 个点取平均值输出到 Mean Pooling 中保存起来，如图所示。

一般来说，池化层被认为有这样几个功能。

第一，它又进行了一次特征提取，所以肯定是能够减小下一层数据的处理量的。

第二，由于这个特征的提取，能够有更大的可能性进一步获取更为抽象的信息，从而防止过拟合，或者说提高一定的泛化性。

第三，由于这种抽象性，所以能够对输入的微小变化产生更大的容忍，也就是保持其不变性。这里的容忍包括图形的少量平移、旋转以及缩放等变化。

池化层在 CNN 网络中不是一个必需的组件，一些新的 CNN 网络在设计的时候也没有池化层出现，这一点请大家注意。

6.6 典型 CNN 网络

我们在前面已经了解了很多有关卷积网络中各个零件的概念，例如卷积、卷积核、池化层，以及卷积网络中使用的激励函数，现在我们要把它们拼接起来了。

目前世界上比较新的优秀的网络由于计算能力的提升而变得越来越复杂，有很多网络甚至出现了"杂交"的特点——也就是说网络本身有很多层，而这些层的设计各异，使得整个网络不再体现出典型的纯粹的全连接网络、卷积网络或其他网络的独有特点。用现在时髦的词来说，这叫混搭。那我们还是先看一个相对比较典型的卷积网络吧。

这个网络是著名的 Visual Geometry Group 在 2015 年发布的卷积网络。Visual Geometry Group 是隶属于英国牛津大学工程科学系的一个研究可视化相关技术的组织。这个网络被命名为 VGG-16，VGG 就是 Visual Geometry Group 的缩写，16 指的是其中有 16 个带有参数的网络层。VGG-16 是一个带有完整的卷积层、池化层、全连接层的神经网络。

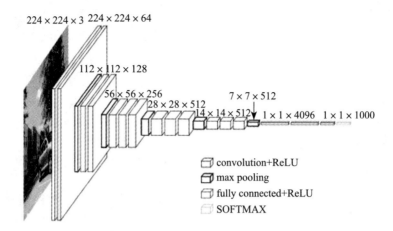

如上图所示，这就是一个 VGG-16 的结构示意图，一张图从左向右逐层通过卷积核和池化层最终产生分类输出的流程概要。VGG-16 是一个公开的模型，这里叫"开源"也不合适，因为就模型来说，它只描述数据进出处理的逻辑关系，与代码和语言无关。一张图片从左侧输入进去经过 64 个不同的 3×3 的卷积核，每次 Stride=1 的挪移步长，生成了 64 个小尺寸的"图片"（或者应该称为 Feature Map 更为合适），把这 64 个小尺寸的图片"拼接"在一起，又通过 64 个 3×3 的卷积核生成了后一层的 Feature Map。然后经过一个 Max Pooling 层来做池化。

然后这个 Max Pooling 中的信息又被当做一个"图片"向后输入，通过 128 个 3×3 的卷积核进一步提取特征……这样一层一层输入到最后。在这个过程中可以看到卷积核数量是在逐步增多的，64 个、128 个、256 个、512 个，而每个卷积核提取过后的信息所占用的空间越来越小，这个过程就是一个特征提取的过程。在最后有一个 1000 个节点的 SOFTMAX 层来做分类使用。训练的过程中同样是把一种损失函数 $Loss(w)$ 描述成为各个卷积核中权重 w 的函数，然后进行凸优化来找到极值点，这一个过程与 BP 网络大同小异。

除此之外，VGG 还发布过一个名叫 VGG-19 的网络模型，顾名思义，里面含有 19 个带有参数的网络层。

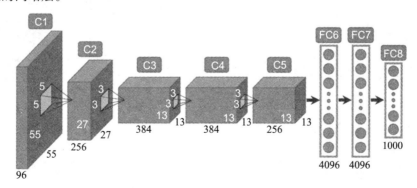

近年来在越来越多的网络模型中放入了多个卷积层，能够在网络深度增加的过程中加快收敛速度并且可以让网络有更好的泛化特性。

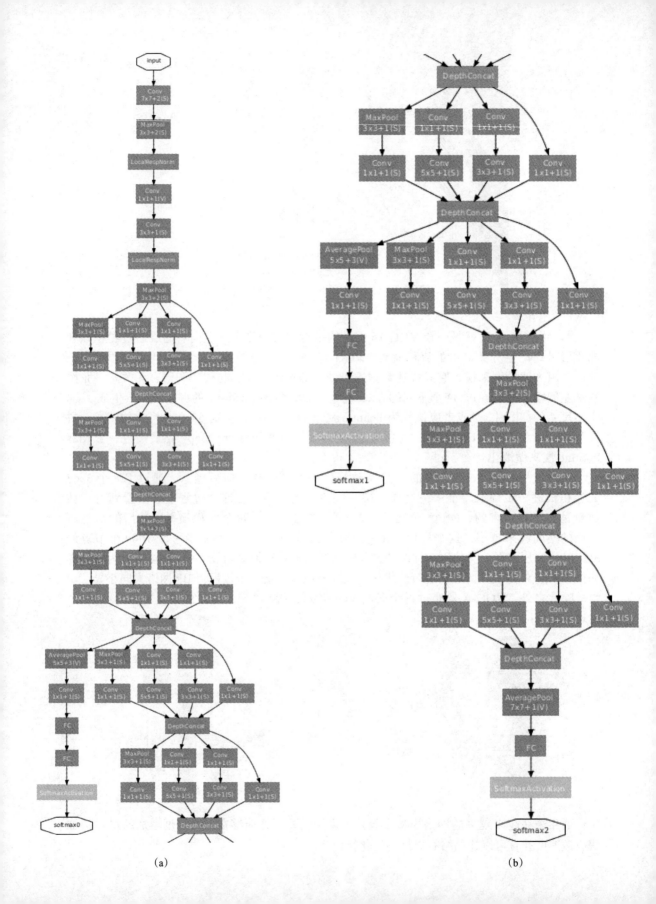

(a)   (b)

上图是 2014 年发表的 AlexNet，也是大名鼎鼎，前面的 3 个卷积层，2 个池化层，2 个全连接层，一个 1000 个节点的 SOFTMAX 层。

GoogleNet 也同样是 2014 年发表的一个著名的网络，它的深度已经达到了 22 层。和以前的众多网络不一样，这里面引入了一种全新的结构，结构的名称叫做 Inception[⊖]，有个同名的电影被译作《盗梦空间》，相信大家已经很熟悉了。不知道为什么网络结构的发明人会对这样虚幻的名字情有独钟。

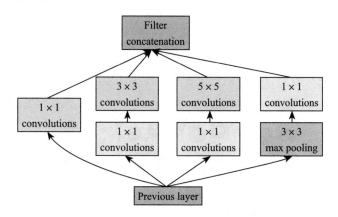

在这个结构中可以看到前面输入过来的向量会在这一层上展开成为多个不同卷积核处理的并列结构，这样可以在一定程度上加大下一层输入的信息量。其中 3×3 和 5×5 的卷积层会大大提升分类识别的抽象能力（在一定程度内卷积核越大这个特点就相对越明显）。Inception 结构的引入大大增加了网络的宽度和深度，使得网络的信息容纳能力变强，而使用 Inception 结构的网络比没有使用该结构网络的性能要高 2 到 3 倍。

Team	Year	Place	Error (top-5)	Uses external data
Super Vision	2012	1st	16.4%	no
Super Vision	2012	1st	15.3%	Imagenet 22k
Clarifai	2013	1st	11.7%	no
Clarifai	2013	1st	11.2%	Imagenet 22k
MSRA	2014	3rd	7.35%	no
VGG	2014	2nd	7.32%	no
GoogLeNet	2014	1st	6.67%	no

在 ILSVRC[⊜] 2014 Classification Challenge 的比赛中，GoogleNet 有着骄人的战绩，top-5 错误率仅有 6.67%。ILSVRC 2014 的分类任务有 1000 个子类，120 万训练图像，5 万验证图像，10 万测试图像。

⊖ Inception 意为"开端"、"初期"。

⊜ ImageNet Large Scale Visual Recognition Competition（ILSVRC）。

除此之外，每年在世界各地还在诞生着各式各样的卷积网络，或者只是个别层有卷积核参与计算的网络结构。最新的相关消息请在搜索引擎上去查找吧，相信会更多更新。

6.7　图片识别

卷积神经网络在近些年来，对于大样本集训练场景下的分类体现出越来越好的效果，也就是比较好的泛化能力。

图片、音频、视频、大段的文字描述等这些模式识别相关的应用场景用以往传统的机器学习应用技术进行处理效果都不甚理想。但是卷积神经网络处理这一类的问题有得天独厚的能力，为什么呢？因为它有卷积核这种东西作为法宝。

（见彩插）

先说人类对于一张照片的认知，或者对于另外一个人的长相认知。我们不会因为照片的尺寸进行了同等的缩放而判断这张照片表示不同的事物，我们同样也不会因为一个人的肤色有了深浅的变化，戴不戴眼镜，或发型有了细微变化就判断这是另外的一个人。为什么呢？我们都有这样的体会，一个事物一旦被我们认识后，只要它发生变化的程度不足以改变我们对它认知的判断，那么我们就仍旧可以对它做"维持原判"的认知。换句话说，这是一种对于细微变化的免疫作用，或者说是对细微变化的不敏感性。

卷积网络中所使用的卷积核在对输入向量进行特征提取的过程是一个把高维向量映射成为低维向量的过程，也是一种有损压缩，这种压缩过程的特点在我们了解了卷积核工作原理后会得知——卷积核提供了一种前一层输入向量（样本或 Feature Map）到后一层输出向量（Feature Map）的刺激能力。而在卷积核滑动的过程中我们发现有一个特性，那就是个别向量值的变化对于刺激的结果影响是极为有限的。这是一种用科学方法、通过量化的手段去表示敏感程度的过程，而且这个量化的程度是通过训练得到的。这简直太美妙了。

当一幅图被卷积核扫描后产生一张 Feature Map A，如果我们改变这张图的少量像素，无论是改变其颜色还是改变线条，又或者是涂鸦几点，甚至是进行微小的角度旋转，重新经过卷积核扫描产生的 Feature Map B 中，这些向量值改变的很少，即便是旋转这样的动作只要不是太夸张，向量值改变的幅度也非常有限。而在多层卷积核扫描后，这种差异在网络较深的层面已经非常不敏感了。就好像被打过马赛克的图片，即便之前有少许差异，但是在打过马赛克后这些差异中区别不大的成分都会抹去，进而对后面层的网络产生近似的刺激。

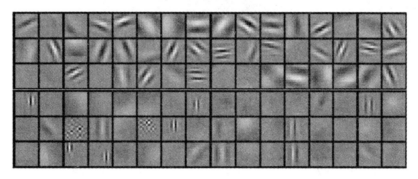

如果你试着将 Feature Map 中的内容进行可视化的话，你将会看到类似这样的一些光斑。看上去是不是非常模糊？这就是我们刚刚说的这种好像是打过马赛克的效果，其实也就是一种特征提取或者抽象过的信息表示。

这意味着什么呢？至少可以得到以下这样几个观点。

1）少量的噪声、讹误对深度卷积神经网络的分类影响是非常有限的，它具有更强的容错能力。

2）由于卷积神经网络这样一种特性，也使得其泛化性更好，因为即便分类对象跟训练样本库的特征有一定差异，这种"模糊化"处理的结果会使得它们在较深的网络中有类似的刺激结果。

所以，从这种原理分析上来看，我们可以发现神经网络的工作原理更像是在"记忆"，"记忆"一个"大概"的印象，而不像是"思考"或者"推理"，对不对？你在训练样本中直白地告诉我的样例，我会很好地记下来，并能够让它有一定的泛化性，但是复杂的、带有一定分析和判断的能力，神经网络自身是不会有的。好了，听了这么多理论层面的分析，下面我们就在实践中认识一下 CNN 的使用特性。

6.8　输出层激励函数——SOFTMAX

6.8.1　SOFTMAX

在前一章我们接触过了一种激励函数，就是 Sigmoid 函数。这种函数的含义其实就是似然度，在前面已经做过推导和说明了。这次我们介绍一种新的激励函数——SOFTMAX。我们先来看看这种激励函数出现的输出层是什么样子：

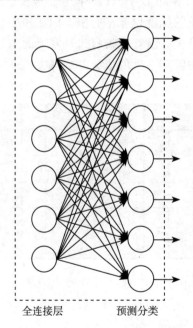

全连接层　　　　预测分类

从样子上来看这种方式跟普通的全连接层没有什么区别，但是激励函数的形式却大大不同。

首先后面一层作为预测分类的输出节点，每一个节点就代表一个分类，那么这 7 个节点就最多能够表示 7 个分类的模型。任何一个节点的激励函数都是

$$\sigma_i(z) = \frac{e^{z_i}}{\sum_{j=1}^{m} e^{z_j}}$$

其中 i 就是节点的下标次序，而 $z_i = w_i x + b_i$，也就是说这是一个线性分类模型的输出作为自然常数 e 的指数。最有趣的是最后这一层有这样一个特性，那就是

$$\sum_{i=1}^{j} \sigma_i (z) = 1$$

也就是说最后一层的每个节点的输出值加和是 1。这种激励函数从物理意义上可以解释为一个样本通过网络进行分类的时候在每个节点上输出的值都是小于等于 1 的，是它从属于这个分类的概率。在训练的时候方法大家可能也已经猜到了，就是拿到一个训练样本和给分类标签一个下标序号，然后对应的节点给 1，其他给 0。举个例子，如果我有 7 张不同的图片，分别代表飞机、汽车、轮船、猫、狗、鸟、太阳。那么按照顺序，这些图片分别应该被标记为

$$\text{飞机：}\begin{pmatrix}1\\0\\0\\0\\0\\0\\0\end{pmatrix} \quad \text{汽车：}\begin{pmatrix}0\\1\\0\\0\\0\\0\\0\end{pmatrix} \quad \text{轮船：}\begin{pmatrix}0\\0\\1\\0\\0\\0\\0\end{pmatrix} \quad \cdots\cdots \text{鸟：}\begin{pmatrix}0\\0\\0\\0\\0\\1\\0\end{pmatrix} \quad \text{太阳：}\begin{pmatrix}0\\0\\0\\0\\0\\0\\1\end{pmatrix}$$

训练的时候依次把图片和其对应的向量标签放入网络训练就可以了。

而一张待分类的图片输出的时候其实会产生类似这样一个形式：

$$\begin{pmatrix}0.005\\0.005\\0.030\\0.620\\0.101\\0.020\\0.219\end{pmatrix}$$

不要觉得奇怪，这就是我们刚才说的那种情况，每个维度就是这个样本所对应类别的概率解释，届时可以选择输出值最大的那个就可以了，意为该图片属于这种分类的可能性最大。是不是从意义上也很好理解呢？

这种激励函数通常用在神经网络的最后一层作为分类器的输出，有 7 个节点就可以做 7 个不同样本类别的判断，有 1000 个节点就可以做 1000 个不同样本类别的判断——例如就像 VGG-16 那样，应该说这个概念不难理解。不过，这种充当分类器的网络的残差应该怎么定义呢？我们继续往下看。

6.8.2 交叉熵

SOFTMAX 这种激励函数使用的损失函数看上去比较特殊，叫做交叉熵（cross entropy）

损失函数。什么叫交叉熵损失函数呢，如何理解这种函数呢？我们要一点一点把这个概念叙述清楚。

说到交叉熵就要说一下"信息熵"这个概念，如果你对信息论或者基于统计的机器学习有一定基础的话这个概念应该不会太陌生。如果没有概念的话，请跟我读完下面这段内容。信息熵如果要用平民语言说得尽可能直白的话，我觉得可以说成是信息的杂乱程度或者意外程度的量化描述。

我们先给公式吧：

$$H(x) = -\sum_{i=1}^{n} p(x_i)\log_2 P(x_i),\ \text{其中}\ (i=1, 2, \cdots, n)$$

解释：前面的 x 我们当成一个向量吧，就是若干个 x_i 把每个可能项产生的概率乘以该可能性的信息量，然后各项做加和。

也许有的朋友在其他资料上会看到这里的 log 是取以 10 为底的对数 lg，或者自然常数 e 为底的 ln 自然对数。这里强调一下，在我们应用的过程中用任何一个值做底都是可以的，但是注意在某一次应用的整个过程中，参与本次应用的所有信息熵都必须采用同一个底，不能将不同底的对数求出的熵再做加和或者比较，这样完全没有意义（就好像 3 米和 2 英尺，虽然都是长度单位，但是 3 米 +2 英尺既得不到 5 米也得不到 5 英尺）。

1. 示例 1：2 选 1 "一边倒"

为了说得清楚还是具体举例吧，比如中国乒乓球队和巴西乒乓球队比赛。

假设中国乒乓球队和巴西乒乓球队历史交手共 64 次，其中中国队获胜 63 次，$\frac{63}{64}$ 是赛前大家普遍认可的中国队获胜的概率——这个是先验概率。那么这次"中国队获胜"这个消息的信息量有多大呢？

$$H(Xi) = -\log_2 \frac{63}{64} = 0.023$$

"巴西队获胜"的信息量有多大呢？

$$H(Xi) = -\log_2 \frac{1}{64} = 6$$

所以，中国乒乓球队和巴西乒乓球队比赛的结果，这一信息的信息熵约为：

$$0.023 \times \frac{63}{64} + 6 \times \frac{1}{64} = 0.1164$$

对于无限不循环小数我们只能根据需要取一个近似值了，注意这个是一个"2 选 1 的情况，并且确定性相当高"的事件的熵哦。

2. 示例 2：2 选 1 "差不多"

再看一个两者势均力敌的情况，假设德国乒乓球队和法国乒乓球队比赛，双方历史交手 64 次，交手胜负为 32:32，那么 $\frac{1}{2}$ 是赛前大家普遍认可的德国队的获胜概率，同时也是法国队的获胜概率。那么算算结果的信息熵：

德国队获胜的信息量：

$$H(Xi) = -\log_2 \frac{1}{2} = 1$$

法国队获胜的信息量：

$$H(Xi) = -\log_2 \frac{1}{2} = 1$$

则信息熵为：

$$1 \times \frac{1}{2} + 1 \times \frac{1}{2} = 1$$

注意这个是一个"结果2选1且等概率"的熵。

3. 示例3：32选1"差不多"

那好，最后我们再看一下，如果在足球世界杯决赛阶段，就是假设32支球队获得冠军等概率的情况下做一个信息熵的计算。

队伍1获胜的信息量：

$$H(Xi) = -\log_2 \frac{1}{32} = 5$$

队伍2获胜的信息量：

$$H(Xi) = -\log_2 \frac{1}{32} = 5$$

……

队伍32获胜的信息量：

$$H(Xi) = -\log_2 \frac{1}{32} = 5$$

则信息熵为（一共32个）：

$$5 \times \frac{1}{32} + 5 \times \frac{1}{32} + \cdots + 5 \times \frac{1}{32} = 5$$

注意这是一个"32选1的情况，并且等概率"的熵。

4. 示例4：32选1"一边倒"

我们再试着求一下这种情况：

其中队伍1获胜的概率为99%，而其他31支队伍每一支队伍的获胜概率都为$\frac{1\%}{31}$的情况下，比赛结果的信息熵为多少。

队伍1获胜的信息量：

$$H(Xi) = -\log_2 0.99 = 0.0145$$

队伍2获胜的信息量：

$$H(Xi) = -\log_2 \frac{0.01}{31} = 11.60$$

……

队伍 32 获胜的信息量：

$$H(Xi) = -\log_2 \frac{0.01}{31} = 11.60$$

则信息熵为（后面一共 31 个 $\frac{0.01}{31} \times 11.60$）：

$$0.99 \times 0.0145 + 11.60 \times \frac{0.01}{31} + 11.60 \times \frac{0.01}{31} + \cdots + 11.60 \times \frac{0.01}{31} = 0.130$$

从上面这 4 个例子可以看出来，每次比赛这个事件都会产生一个结果消息，这个消息其实是有限个的枚举值。就说中国乒乓球队和巴西乒乓球队比赛吧，要么中国队胜利，要么巴西队胜利。然而这两种情况显然先验概率是不一样的，也就是说根据历史以往的经验，这两种信息产生的可能性是不同的，对体育新闻熟悉的朋友应该很快就能知道，中国队获胜的可能性要远大于巴西队。而具体这个概率是多少一般则是由统计得出的，进而生成一个先验概率。当然了，统计的周期恐怕是因人和场合而异，但总归会得到各自获胜的一个值，也就是中国队获胜的概率和巴西队获胜的概率。这个时候再代入公式就能得到关于这次比赛结果信息的信息熵了。从我们刚才看到的这 4 个例子来看的话会有这种感觉：消息产生的种类越多，概率越均等则信息熵就越大；反之，消息产生的种类越单一，概率产生越偏向其中某一个消息，那么熵值就越小。最极端的情况当然就是只有一种消息，而且概率 100% 的情况，这种情况熵为 0，大家自己也可以在脑子里过一下，究竟什么样的消息系统会产生熵为 0 的情况。

如果信息熵的概念理解没有问题的话，那么交叉熵的概念也就会好理解一些了，先给表达式。

$$Loss = -\frac{1}{n} \sum_{i=1}^{n} y_i (\ln a) + (1 - y_i) \ln(1 - a)$$

$$P(y = 1 \mid x) = a$$

$$a = \frac{1}{1 + e^{-x}}$$

从损失函数（交叉熵损失函数）的形式上来看，会不会觉得比较眼熟？是的，看上去好像在做逻辑回归，因为对于每一种分类都是伯努利分布，要么"是"要么"不是"，当然对于它们中每一个来说表达形式会看着多少有些同源。

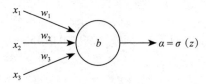

对于最后一层 SOFTMAX 的每一个输出节点来说，都是上面这个样子，有多个 x 输入的向量，有节点上的 w 矩阵跟它做内积，加上偏置 b，再把结果通过 Sigmoid 函数输出一个 0 到 1 之间的概率值。

$$\sigma(z) = \frac{1}{1+e^{-z}}$$
$$\sigma'(z) = \sigma(z)\big(1-\sigma(z)\big)$$

Sigmoid 函数是一个很有趣的函数，当把它对它的自变量 z 求导的时候会得到自身 $\sigma(z)$ 和 $1-\sigma(z)$ 的乘积。不要觉得奇怪，它的导数就是这个结果。然后一步一步做纯数学推导：

$$\frac{\partial Loss}{\partial w_j} = -\frac{1}{n}\sum_x \left(\frac{y}{\sigma(z)} - \frac{1-y}{1-\sigma(z)}\right)\frac{\partial \sigma}{\partial w_j}$$

$$\Leftrightarrow \frac{\partial Loss}{\partial w_j} = -\frac{1}{n}\sum_x \left(\frac{y}{\sigma(z)} - \frac{1-y}{1-\sigma(z)}\right)\sigma'(z)x_j$$

$$\Leftrightarrow \frac{\partial Loss}{\partial w_j} = \frac{1}{n}\sum_x \frac{\sigma'(z)x_j}{\sigma(z)\big(1-\sigma(z)\big)}\big(\sigma(z)-y\big)$$

$$\Leftrightarrow \frac{\partial Loss}{\partial w_j} = \frac{1}{n}\sum_x x_j\big(\sigma(z)-y\big)$$

根据链式法则，我们还是能得到这样一个偏导值。偏导数能帮到我们的就是求出在凸优化时每个待定系数在更新中所移动的大小。我们只说一点好了，请注意这个地方我们如何理解：

$$Loss = -\frac{1}{n}\sum_{i=1}^{n} y_i(\ln a) + (1-y_i)\ln(1-a)$$

在整个训练进行的过程中，我们是把样本向量和标签向量同时放入模型的。在放入的时候自然样本没有特殊理由的情况下都是会将期望的分类维度设置成 1，其余的维度设置成 0，用这样的形式来标记分类标签向量。也就是上面说的这个 y_i。而在拟合的过程中会有这样一个事实，那就是说当 y_i 为 0 的时候，由于 $y_i \ln a$ 失效而（$1-y_i$）$\ln$（$1-a$）这一项是有效的，所以 $\ln$（$1-a$）的大小就是损失值了。这个就很好理解了，本来不应该分成这一类，但是 $1-a$ 却成为了分作这一类的概率，$\ln$（$1-a$）是负数。

"$\ln$（$1-x$）"的图表

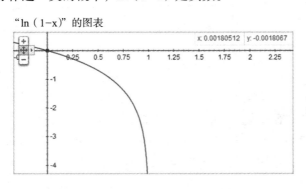

从函数 $y=\ln(1-x)$ 的图像上也能看出来，a 越接近 1 产生的负值的绝对值就越大，也可以解释成拟合所产生的分类概率与实际应该产生的分类概率分歧越大。反之，a 越接近 0 则产生比较小损失值越小。同理，当 y_i 为 1 的时候，$(1-y_i)\ln(1-a)$ 失效而 $y_i\ln a$ 有效，此时产生很类似的情况，a 越接近 1 则损失值越小，a 越接近 0 损失值越大。$\sum$ 里面所包括的内容加和一定是一个负数，而在前面加了 $-\dfrac{1}{n}$ 后则会变成正数，正数越大损失值也就越大。

"ln（x）"的图表

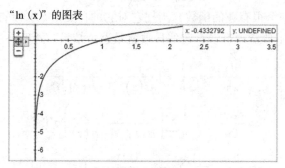

在整个训练的过程中，实际在每个样本进行拟合的时候都会产生这样一个效果，那就是诸如这样一对一对的目标分类向量值和拟合分类向量值之间的差值：

$$\begin{pmatrix} 1 \\ 0 \\ 0 \\ 0 \\ \dots \end{pmatrix} 和 \begin{pmatrix} 0.22 \\ 0.15 \\ 0.40 \\ 0.10 \\ \dots \end{pmatrix}$$

$$\begin{pmatrix} 0 \\ 1 \\ 0 \\ 0 \\ \dots \end{pmatrix} 和 \begin{pmatrix} 0.03 \\ 0.12 \\ 0.22 \\ 0.07 \\ \dots \end{pmatrix}$$

$$\begin{pmatrix} 0 \\ 0 \\ 1 \\ 0 \\ \dots \end{pmatrix} 和 \begin{pmatrix} 0.02 \\ 0.02 \\ 0.85 \\ 0.04 \\ \dots \end{pmatrix}$$

看到这里大概知道"交叉熵"是什么概念了吧？就是一种当前拟合出来的模型分类所产生的信息熵和这种"客观上"的信息熵的差距。

首先，在你创造的这个"小世界"（就是这个网络）里，比如你放进去 10000 张图片做训练，分成 4 类，不论这四类是比较平均的还是某一类比较多，从统计上都会产生一个信息熵，也就是随便来一张图片即便不通过这个网络也会有一个先验概率产生。这个概率就是基于这些图片"天然"分布的一个统计比例，这就和我们在不知道任何其他前提的情况下看到有个骰子扔到空中，当它落地的时候掷到1的概率是—；或者在一个苹果手机市场占有率为70%的地区，随便在街上找到一个人问他的手机是什么品牌，回答为苹果手机的概率为70%是完全一样的情况。根据这种针对"客观世界"的统计产生的分类的"信息熵"就是分类目标的熵，而在拟合过程中产生的熵实际上跟这个熵值是有差距的，这个差距就是在使用交叉熵损失函数的情况下所定义的熵的差距，那么优化的方向就是向着调整待定系数减小"熵差"的方向去运动。现在好理解了吧？而且通过观察你也可以发现这个差值越大导数也就越大，学习的效率也就越高，这当然也是一个非常好的性质。通过训练不断调整众多卷积核中 w 的大小，来决定一个合适的特征提取的量化值，这就是卷积网络训练的基本原理了。

5. 独热编码

这里在交叉熵的最后一个部分补充一个小的概念说明，叫独热编码（one-hot encoding）。什么是独热编码呢？就是一种用一个向量的每一个维度来标识一种性质有无的方式。在前面的例子中我们已经看到了应用，就是标注分类的时候所使用的方法。我们再来看几个例子：

例如，性别这样一个属性，如果要用向量来标识可以怎么做呢？在有的模型解释中可能会直接做成伯努利分布的解释，用1来标识男性，0来标识女性。作为向量输入的时候输入：

$$[1] \text{ 和 } [0]$$

这种方式是可以的。但是如果用独热编码的方式就会表示成：

$$[1,0] \text{ 和 } [0,1]$$

看出区别了吧。

再举一个典型一些的例子。假如在一个模型建立中需要输入几个不同的汽车类别，例如轿车、SUV、MPV、皮卡、大巴、货车、其他这样几个类别。在这里用独热编码就更合适一些，那么这几种车辆分别对应的编码就可以设定为：

轿车：$[1,0,0,0,0,0,0]$

SUV：$[0,1,0,0,0,0,0]$

MPV：$[0,0,1,0,0,0,0]$

皮卡：$[0,0,0,1,0,0,0]$

大巴：$[0,0,0,0,1,0,0]$

货车：$[0,0,0,0,0,1,0]$

其他：$[0,0,0,0,0,0,1]$

这种情况下再使用0、1、2、3、4……这些数字来标注它们就不太合适了。因为这些数字在一个维度上是有着大小关系的，在这样设定表示对象的过程中这种关系被强加给了这些对象，而这样一种关系在被证明存在之前是不应该这样直接赋予对象的，这样会干扰模型对数据认知的归纳过程。而比较好的办法，则是把它们做成独热编码的形式，使得它们成为正交的维度。这种独热编码在深度学习中的应用很广泛，大家可以注意一下。

6.9 小试牛刀——卷积网络做图片分类

这一节，我们来看一个用 CNN 做图片分类的例子，是把 CNN 应用于 CIFAR-10 上的一个实验过程。实验之前我们必须声明一点，普通的全连接 BP 网络跑一下 CIFAR-10 也是有比较好的结果的，只是 CNN 会有更好的收敛速度和更高一些的精确度。

这里说的 CIFAR-10 是由 Geoffrey Hinton 和他的两个学生 Alex Krizhevsky、Ilya Sutskever 所收集的一个用于普适物体识别的数据集，也叫作 CIFAR-10 Dataset。CIFAR 是加拿大政府牵头投资的一个先进科学项目研究所，全称是 Cooperative Institute for Arctic Research，项目主页位于：https://www.cs.toronto.edu/~kriz/cifar.html。虽然看起来样子非常简陋，但是实验用的基本信息一应俱全。

这个项目中包含了 60000 张 32×32 像素的彩色图片，拥有 10 个不同类别的标签。其中 50000 张是训练集，还有 10000 张是测试集，当作实验玩具来说应该是绰绰有余了。包括前面我们提到的 MNIST 数据集在内，它们都是由政府或者大的非盈利组织提供出来供初学者学习或交流所用的，毕竟带有高质量标签的样本是在深度学习中是成本最高的东西了。

数据集在主页上有下载地址，大家自己下载就可以。

TensorFlow 官方同样提供了 GitHub 地址供大家下载 CNN 做 CIFAR10 实验的代码，位置在：https://github.com/tensorflow/models，文件所在目录 models/tutorials/image/cifar10。

本书中附带的代码提供了这样几个文件。

❑ 单 GPU 版本 cifar10_trian.py，以及 cifar10.py、cifar10_input.py。

❑ 多 GPU 版本：cifar10_multi_gpu_trian.py。

先来看单 GPU 版本的文件 cifar10_train.py：

```
1 # Copyright 2015 The TensorFlow Authors. All Rights Reserved.
  ......
44 import cifar10
45
46 FLAGS = tf.app.flags.FLAGS
47
48 tf.app.flags.DEFINE_string('train_dir', '/tmp/cifar10_train',
49 """Directory where to write event logs """
50 """and checkpoint.""")
51 tf.app.flags.DEFINE_integer('max_steps', 1000000,
52 """Number of batches to run.""")
53 tf.app.flags.DEFINE_boolean('log_device_placement', False,
54 """Whether to log device placement.""")
55
56
57 def train():
58 """Train CIFAR-10 for a number of steps."""
59 with tf.Graph().as_default():
60 global_step = tf.contrib.framework.get_or_create_global_step()
61
62 # Get images and labels for CIFAR-10.
63 images, labels = cifar10.distorted_inputs()
64
65 # Build a Graph that computes the logits predictions from the
66 # inference model.
67 logits = cifar10.inference(images)
68
69 # Calculate loss.
70 loss = cifar10.loss(logits, labels)
71
72 # Build a Graph that trains the model with one batch of examples and
73 # updates the model parameters.
74 train_op = cifar10.train(loss, global_step)
75
76 class _LoggerHook(tf.train.SessionRunHook):
77 """Logs loss and runtime."""
78
79 def begin(self):
80 self._step = -1
81
```

```
82 def before_run(self, run_context):
83 self._step += 1
84 self._start_time = time.time()
85 return tf.train.SessionRunArgs(loss) # Asks for loss value.
86
87 def after_run(self, run_context, run_values):
88 duration = time.time() - self._start_time
89 loss_value = run_values.results
90 if self._step % 10 == 0:
91 num_examples_per_step = FLAGS.batch_size
92 examples_per_sec = num_examples_per_step / duration
93 sec_per_batch = float(duration)
94
95 format_str = ('%s: step %d, loss = %.2f (%.1f examples/sec; %.3f '
96 'sec/batch)')
97 print (format_str % (datetime.now(), self._step, loss_value,
98 examples_per_sec, sec_per_batch))
99
100 with tf.train.MonitoredTrainingSession(
101 checkpoint_dir=FLAGS.train_dir,
102 hooks=[tf.train.StopAtStepHook(last_step=FLAGS.max_steps),
103 tf.train.NanTensorHook(loss),
104 _LoggerHook()],
105 config=tf.ConfigProto(
106 log_device_placement=FLAGS.log_device_placement)) as mon_sess:
107 while not mon_sess.should_stop():
108 mon_sess.run(train_op)
109
110
111 def main(argv=None): # pylint: disable=unused-argument
112 cifar10.maybe_download_and_extract()
113 if tf.gfile.Exists(FLAGS.train_dir):
114 tf.gfile.DeleteRecursively(FLAGS.train_dir)
115 tf.gfile.MakeDirs(FLAGS.train_dir)
116 train()
117
118
119 if __name__ == '__main__':
120 tf.app.run()
```

120 行，启动 TensorFlow。

111 ～ 116 行，启动 TensorFlow 后首先调用 main 函数，下载 cifar10 dataset，创建目录。

59 行，使用默认图。

60 行，全局步数变量。

63 行，获取训练数据和其对应的标签。

67 ～ 74 行，创建网络 Op，loss Op，训练 Op。

100 ～ 106 行，这里使用 MonitoredTrainingSession 可以设置钩子函数在开始训练之前，每次运行之前，以及运行过程中设置回调函数处理变量，输出信息。

107～108 行，开始训练，传入 train Op 直到 FLAGS.max_steps 停止上方代码有设置：
tf.train.StopAtStepHook（last_step=FLAGS.max_steps）。

80 行，开始训练之前设置当前步数。

83 行，每次运行之前更新当前步数。

85 行，运行一个 step，传进 loss Op。

89 行，loss Op 的返回结果。

90～97 行，运行时每 10 个 step 输出信息。

cifar10.py 文件：

```
1 # Copyright 2015 The TensorFlow Authors. All Rights Reserved.
  ......
45
46 import cifar10_input
47
48 FLAGS = tf.app.flags.FLAGS
49
50 # Basic model parameters.
51 tf.app.flags.DEFINE_integer('batch_size', 128,
52 """Number of images to process in a batch.""")
53 tf.app.flags.DEFINE_string('data_dir', '/tmp/cifar10_data',
54 """Path to the CIFAR-10 data directory.""")
55 tf.app.flags.DEFINE_boolean('use_fp16', False,
56 """Train the model using fp16.""")
57
58 # Global constants describing the CIFAR-10 data set.
59 IMAGE_SIZE = cifar10_input.IMAGE_SIZE
60 NUM_CLASSES = cifar10_input.NUM_CLASSES
61 NUM_EXAMPLES_PER_EPOCH_FOR_TRAIN =
   cifar10_input.NUM_EXAMPLES_PER_EPOCH_FOR_TRAIN
62 NUM_EXAMPLES_PER_EPOCH_FOR_EVAL =
   cifar10_input.NUM_EXAMPLES_PER_EPOCH_FOR_EVAL
63
64
65 # Constants describing the training process.
66 MOVING_AVERAGE_DECAY = 0.9999 # The decay to use for the moving average.
67 NUM_EPOCHS_PER_DECAY = 350.0 # Epochs after which learning rate decays.
68 LEARNING_RATE_DECAY_FACTOR = 0.1 # Learning rate decay factor.
69 INITIAL_LEARNING_RATE = 0.1 # Initial learning rate.
70
71 # If a model is trained with multiple GPUs, prefix all Op names with tower_name
72 # to differentiate the operations. Note that this prefix is removed from the
73 # names of the summaries when visualizing a model.
74 TOWER_NAME = 'tower'
75
76 DATA_URL = 'http://www.cs.toronto.edu/~kriz/cifar-10-binary.tar.gz'
77
```

```
78
79 def _activation_summary(x):
......
95 tf.nn.zero_fraction(x))
96
97
98 def _variable_on_cpu(name, shape, initializer):
99 """Helper to create a Variable stored on CPU memory.
......
109 with tf.device('/cpu:0'):
110 dtype = tf.float16 if FLAGS.use_fp16 else tf.float32
111 var = tf.get_variable(name, shape, initializer=initializer, dtype=dtype)
112 return var
113
114
115 def _variable_with_weight_decay(name, shape, stddev, wd):
......
131 dtype = tf.float16 if FLAGS.use_fp16 else tf.float32
132 var = _variable_on_cpu(
133 name,
134 shape,
135 tf.truncated_normal_initializer(stddev=stddev, dtype=dtype))
136 if wd is not None:
137 weight_decay = tf.multiply(tf.nn.l2_loss(var), wd, name='weight_loss')
138 tf.add_to_collection('losses', weight_decay)
139 return var
140
141
142 def distorted_inputs():
......
152 if not FLAGS.data_dir:
153 raise ValueError('Please supply a data_dir')
154 data_dir = os.path.join(FLAGS.data_dir, 'cifar-10-batches-bin')
155 images, labels = cifar10_input.distorted_inputs(data_dir=data_dir,
156 batch_size=FLAGS.batch_size)
157 if FLAGS.use_fp16:
158 images = tf.cast(images, tf.float16)
159 labels = tf.cast(labels, tf.float16)
160 return images, labels
161
162
163 def inputs(eval_data):
......
176 if not FLAGS.data_dir:
177 raise ValueError('Please supply a data_dir')
178 data_dir = os.path.join(FLAGS.data_dir, 'cifar-10-batches-bin')
179 images, labels = cifar10_input.inputs(eval_data=eval_data,
180 data_dir=data_dir,
181 batch_size=FLAGS.batch_size)
182 if FLAGS.use_fp16:
```

```
183 images = tf.cast(images, tf.float16)
184 labels = tf.cast(labels, tf.float16)
185 return images, labels
186
187
188 def inference(images):
......
202 # conv1
203 with tf.variable_scope('conv1') as scope:
204 kernel = _variable_with_weight_decay('weights',
205 shape=[5, 5, 3, 64],
206 stddev=5e-2,
207 wd=0.0)
208 conv = tf.nn.conv2d(images, kernel, [1, 1, 1, 1], padding='SAME')
209 biases = _variable_on_cpu('biases', [64], tf.constant_initializer(0.0))
210 pre_activation = tf.nn.bias_add(conv, biases)
211 conv1 = tf.nn.relu(pre_activation, name=scope.name)
212 _activation_summary(conv1)
213
214 # pool1
215 pool1 = tf.nn.max_pool(conv1, ksize=[1, 3, 3, 1], strides=[1, 2, 2, 1],
216 padding='SAME', name='pool1')
217 # norm1
218 norm1 = tf.nn.lrn(pool1, 4, bias=1.0, alpha=0.001 / 9.0, beta=0.75,
219 name='norm1')
220
221 # conv2
222 with tf.variable_scope('conv2') as scope:
223 kernel = _variable_with_weight_decay('weights',
224 shape=[5, 5, 64, 64],
225 stddev=5e-2,
226 wd=0.0)
227 conv = tf.nn.conv2d(norm1, kernel, [1, 1, 1, 1], padding='SAME')
228 biases = _variable_on_cpu('biases', [64], tf.constant_initializer(0.1))
229 pre_activation = tf.nn.bias_add(conv, biases)
230 conv2 = tf.nn.relu(pre_activation, name=scope.name)
231 _activation_summary(conv2)
232
233 # norm2
234 norm2 = tf.nn.lrn(conv2, 4, bias=1.0, alpha=0.001 / 9.0, beta=0.75,
235 name='norm2')
236 # pool2
237 pool2 = tf.nn.max_pool(norm2, ksize=[1, 3, 3, 1],
238 strides=[1, 2, 2, 1], padding='SAME', name='pool2')
239
240 # local3
241 with tf.variable_scope('local3') as scope:
242 # Move everything into depth so we can perform a single matrix multiply.
243 reshape = tf.reshape(pool2, [FLAGS.batch_size, -1])
244 dim = reshape.get_shape()[1].value
```

```
245 weights = _variable_with_weight_decay('weights', shape=[dim, 384],
246 stddev=0.04, wd=0.004)
247 biases = _variable_on_cpu('biases', [384], tf.constant_initializer(0.1))
248 local3 = tf.nn.relu(tf.matmul(reshape, weights) + biases, name=scope.name)
249 _activation_summary(local3)
250
251 # local4
252 with tf.variable_scope('local4') as scope:
253 weights = _variable_with_weight_decay('weights', shape=[384, 192],
254 stddev=0.04, wd=0.004)
255 biases = _variable_on_cpu('biases', [192], tf.constant_initializer(0.1))
256 local4 = tf.nn.relu(tf.matmul(local3, weights) + biases, name=scope.name)
257 _activation_summary(local4)
258
259 # linear layer(WX + b),
260 # We don't apply softmax here because
261 # tf.nn.sparse_softmax_cross_entropy_with_logits accepts the unscaled logits
262 # and performs the softmax internally for efficiency.
263 with tf.variable_scope('softmax_linear') as scope:
264 weights = _variable_with_weight_decay('weights', [192, NUM_CLASSES],
265 stddev=1 / 192.0, wd=0.0)
266 biases = _variable_on_cpu('biases', [NUM_CLASSES],
267 tf.constant_initializer(0.0))
268 softmax_linear = tf.add(tf.matmul(local4, weights), biases, name=scope.name)
269 _activation_summary(softmax_linear)
270
271 return softmax_linear
272
273
274 def loss(logits, labels):
......
286 # Calculate the average cross entropy loss across the batch.
287 labels = tf.cast(labels, tf.int64)
288 cross_entropy = tf.nn.sparse_softmax_cross_entropy_with_logits(
289 labels=labels, logits=logits, name='cross_entropy_per_example')
290 cross_entropy_mean = tf.reduce_mean(cross_entropy,
                                       name='cross_entropy')
291 tf.add_to_collection('losses', cross_entropy_mean)
292
293 # The total loss is defined as the cross entropy loss plus all of the weight
294 # decay terms (L2 loss).
295 return tf.add_n(tf.get_collection('losses'), name='total_loss')
......
325 def train(total_loss, global_step):
......
339 num_batches_per_epoch = NUM_EXAMPLES_PER_EPOCH_FOR_TRAIN /
                              FLAGS.batch_size
340 decay_steps = int(num_batches_per_epoch * NUM_EPOCHS_PER_DECAY)
341
342 # Decay the learning rate exponentially based on the number of steps.
```

```
343 lr = tf.train.exponential_decay(INITIAL_LEARNING_RATE,
344 global_step,
345 decay_steps,
346 LEARNING_RATE_DECAY_FACTOR,
347 staircase=True)
348 tf.contrib.deprecated.scalar_summary('learning_rate', lr)
349
350 # Generate moving averages of all losses and associated summaries.
351 loss_averages_op = _add_loss_summaries(total_loss)
352
353 # Compute gradients.
354 with tf.control_dependencies([loss_averages_op]):
355 opt = tf.train.GradientDescentOptimizer(lr)
356 grads = opt.compute_gradients(total_loss)
357
358 # Apply gradients.
359 apply_gradient_op = opt.apply_gradients(grads, global_step=global_step)
360
......
369
370 # Track the moving averages of all trainable variables.
371 variable_averages = tf.train.ExponentialMovingAverage(
372 MOVING_AVERAGE_DECAY, global_step)
373 variables_averages_op = variable_averages.apply(tf.trainable_variables())
374
375 with tf.control_dependencies([apply_gradient_op, variables_averages_op]):
376 train_op = tf.no_op(name='train')
377
378 return train_op
......
```

59～62行，CIFAR10 dataset 图片大小，分类数目，训练和验证数据每个 epoch 的数据数量。

66～69行，训练参数。

74行，如果使用多 GPU 进行训练，就使用 TOWER_NAME 作为 Op name 的前缀。

76行，CIFAR10 dataset 下载地址。

98～112行，在 CPU 上创建变量。

109行，指定在 cpu:0 上创建变量。

111行，获取一个已经存在的变量或者创建一个新的。

115～139行，创建 weight 变量并且保存 weight decay。这里补充说一下，weight decay 也翻译成权值衰减。这是一种防止过拟合的手段，在每一次更新后，权值 w 会乘以一个衰减系数，就是这个 weight decay，通常是一个略小于 1 的数字，以压制 w 值的大小。关于为什么压制会有比较好的防止过拟合的效果后面我们也会讨论。

132～135行，在 CPU 上创建变量。

136 ~ 138 行，根据 Cross-Entropy L2 regularization 方程：

$$C = -\frac{1}{n}\sum_{x_j}[y_j\ln a_j^L + (1-y_j)\ln(1-a_j^L)] + \frac{\lambda}{2n}\sum_w w^2$$

在计算 Loss 的时候需要加上正则化项：

$$\frac{\lambda}{2n}\sum_w w^2$$

这个地方突然出现"正则化项"这个概念相信让不少读者朋友摸不着头脑——天上掉下个不认识的东西。不过没关系，大家别紧张，先记住这里加了一个正则化项，在下一章很快我们就会有关于正则化项的介绍出现，它是用来防止过拟合的一种工具。

这里 137 行就是计算上面的 L2 Regularization，138 行把计算出来的数值保存到 collection 里，相当于值 append 到列表的结尾。

142 ~ 160 行，获取训练数据和其对应的标签，多 GPU 用，分配到多个 GPU 上。

163 ~ 185 行，获取训练数据和其对应的标签，单 GPU 用。

188 ~ 271 行创建训练 CIFAR10 的网络模型。

203 行，conv1/Variable/read:0。

204 ~ 207 行，创建变量过滤器（filter）。

208 行，创建 2-D 卷积层 Op。

209 行，创建变量偏向，在 cpu 上。

210 行，添加偏置。

211 行，过激励函数。

215 行，池化 1。

217 行，归一化 1。

241 ~ 249 行，全连接层 3。

243 行，把 batch 上的每条数据平铺成 1-D，因为要做全连接。

244 行，随便获取 batch 上的一条数据的维度，其他全部一样。

274 ~ 295 行，计算 Loss，然后把 Loss 添加到 collection，相当于把值 append 到列表的结尾，295 行计算总损失估计根据 Cross-Entropy L2。

regularization 方程：

$$C = -\frac{1}{n}\sum_{x_j}[y_j\ln a_j^L + (1-y_j)\ln(1-a_j^L)] + \frac{\lambda}{2n}\sum_w w^2$$

这里需要把所有 loss 加和再加上：

$$\frac{\lambda}{2n}\sum_w w^2$$

325 ~ 378 行，训练模型。

343 ~ 347 行，学习率在学习过程中指数下降，慢慢减小。

354～356 行，计算梯度依赖 loss_averages_op 就是先计算 loss_averages_op 再计算梯度。

359 行，把计算完的梯度放回去。

371～373 行，计算训练过程中所有变量的移动平均值。

375～376 行，计算 train_op 时需要先计算 apply_gradient_op，variables_averages_op。

381～398 行，下载数据，解压数据。

多 GPU 版本文件 cifar10_multi_gpu_train.py：

```
1 # Copyright 2015 The TensorFlow Authors. All Rights Reserved.
......
49 import tensorflow as tf
50 import cifar10
51
52 FLAGS = tf.app.flags.FLAGS
53
54 tf.app.flags.DEFINE_string('train_dir', '/tmp/cifar10_train',
55 """Directory where to write event logs """
56 """and checkpoint.""")
57 tf.app.flags.DEFINE_integer('max_steps', 1000000,
58 """Number of batches to run.""")
59 tf.app.flags.DEFINE_integer('num_gpus', 1,
60 """How many GPUs to use.""")
61 tf.app.flags.DEFINE_boolean('log_device_placement', False,
62 """Whether to log device placement.""")
63
64
65 def tower_loss(scope):
......
74 # Get images and labels for CIFAR-10.
75 images, labels = cifar10.distorted_inputs()
76
77 # Build inference Graph.
78 logits = cifar10.inference(images)
79
80 # Build the portion of the Graph calculating the losses. Note that we will
81 # assemble the total_loss using a custom function below.
82 _ = cifar10.loss(logits, labels)
83
84 # Assemble all of the losses for the current tower only.
85 losses = tf.get_collection('losses', scope)
86
87 # Calculate the total loss for the current tower.
88 total_loss = tf.add_n(losses, name='total_loss')
89
90 # Attach a scalar summary to all individual losses and the total loss;
91 # do the same for the averaged version of the losses.
92 for l in losses + [total_loss]:
93 # Remove 'tower_[0-9]/' from the name in case this is a multi-GPU training
94 # session. This helps the clarity of presentation on tensorboard.
```

```
95 loss_name = re.sub('%s_[0-9]*/' % cifar10.TOWER_NAME, '', l.op.name)
96 tf.contrib.deprecated.scalar_summary(loss_name, l)
97
98 return total_loss
99
100
101 def average_gradients(tower_grads):
......
114 average_grads = []
115 for grad_and_vars in zip(*tower_grads):
116 # Note that each grad_and_vars looks like the following:
117 # ((grad0_gpu0, var0_gpu0), ... , (grad0_gpuN, var0_gpuN))
118 grads = []
119 for g, _ in grad_and_vars:
120 # Add 0 dimension to the gradients to represent the tower.
121 expanded_g = tf.expand_dims(g, 0)
122
123 # Append on a 'tower' dimension which we will average over below.
124 grads.append(expanded_g)
125
126 # Average over the 'tower' dimension.
127 grad = tf.concat(grads, 0)
128 grad = tf.reduce_mean(grad, 0)
129
130 # Keep in mind that the Variables are redundant because they are shared
131 # across towers. So .. we will just return the first tower's pointer to
132 # the Variable.
133 v = grad_and_vars[0][1]
134 grad_and_var = (grad, v)
135 average_grads.append(grad_and_var)
136 return average_grads
137
138
139 def train():
140 """Train CIFAR-10 for a number of steps."""
141 with tf.Graph().as_default(), tf.device('/cpu:0'):
142 # Create a variable to count the number of train() calls. This equals
143 # the number of batches processed * FLAGS.num_gpus.
144 global_step = tf.get_variable(
145 'global_step', [],
146 initializer=tf.constant_initializer(0), trainable=False)
147
148 # Calculate the learning rate schedule.
149 num_batches_per_epoch = (cifar10.NUM_EXAMPLES_PER_EPOCH_FOR_TRAIN /
150 FLAGS.batch_size)
151 decay_steps = int(num_batches_per_epoch * cifar10.NUM_EPOCHS_PER_DECAY)
152
153 # Decay the learning rate exponentially based on the number of steps.
154 lr = tf.train.exponential_decay(cifar10.INITIAL_LEARNING_RATE,
155 global_step,
156 decay_steps,
```

```
157 cifar10.LEARNING_RATE_DECAY_FACTOR,
158 staircase=True)
159
160 # Create an optimizer that performs gradient descent.
161 opt = tf.train.GradientDescentOptimizer(lr)
162
163 # Calculate the gradients for each model tower.
164 tower_grads = []
165 for i in xrange(FLAGS.num_gpus):
166 with tf.device('/gpu:%d' % i):
167 with tf.name_scope('%s_%d' % (cifar10.TOWER_NAME, i)) as scope:
168 # Calculate the loss for one tower of the CIFAR model. This function
169 # constructs the entire CIFAR model but shares the variables across
170 # all towers.
171 loss = tower_loss(scope)
172
173 # Reuse variables for the next tower.
174 tf.get_variable_scope().reuse_variables()
175
176 # Retain the summaries from the final tower.
177 summaries = tf.get_collection(tf.GraphKeys.SUMMARIES, scope)
178
179 # Calculate the gradients for the batch of data on this CIFAR tower.
180 grads = opt.compute_gradients(loss)
181
182 # Keep track of the gradients across all towers.
183 tower_grads.append(grads)
184
185 # We must calculate the mean of each gradient. Note that this is the
186 # synchronization point across all towers.
187 grads = average_gradients(tower_grads)
188
189 # Add a summary to track the learning rate.
190 summaries.append(tf.contrib.deprecated.scalar_summary('learning_rate', lr))
191
192 # Add histograms for gradients.
193 for grad, var in grads:
194 if grad is not None:
195 summaries.append(
196 tf.contrib.deprecated.histogram_summary(var.op.name + '/gradients',
197 grad))
198
199 # Apply the gradients to adjust the shared variables.
200 apply_gradient_op = opt.apply_gradients(grads, global_step=global_step)
201
202 # Add histograms for trainable variables.
203 for var in tf.trainable_variables():
204 summaries.append(
205 tf.contrib.deprecated.histogram_summary(var.op.name, var))
206
207 # Track the moving averages of all trainable variables.
```

```
208 variable_averages = tf.train.ExponentialMovingAverage(
209 cifar10.MOVING_AVERAGE_DECAY, global_step)
210 variables_averages_op = variable_averages.apply(tf.trainable_variables())
211
212 # Group all updates to into a single train op.
213 train_op = tf.group(apply_gradient_op, variables_averages_op)
214
215 # Create a saver.
216 saver = tf.train.Saver(tf.global_variables())
217
218 # Build the summary operation from the last tower summaries.
219 summary_op = tf.contrib.deprecated.merge_summary(summaries)
220
221 # Build an initialization operation to run below.
222 init = tf.global_variables_initializer()
223
224 # Start running operations on the Graph. allow_soft_placement must be
225 # set to True to build towers on GPU, as some of the ops do not have GPU
226 # implementations.
227 sess = tf.Session(config=tf.ConfigProto(
228 allow_soft_placement=True,
229 log_device_placement=FLAGS.log_device_placement))
230 sess.run(init)
231
232 # Start the queue runners.
233 tf.train.start_queue_runners(sess=sess)
234
235 summary_writer = tf.summary.FileWriter(FLAGS.train_dir, sess.graph)
236
237 for step in xrange(FLAGS.max_steps):
238 start_time = time.time()
239 _, loss_value = sess.run([train_op, loss])
240 duration = time.time() - start_time
241
242 assert not np.isnan(loss_value), 'Model diverged with loss = NaN'
243
244 if step % 10 == 0:
245 num_examples_per_step = FLAGS.batch_size * FLAGS.num_gpus
246 examples_per_sec = num_examples_per_step / duration
247 sec_per_batch = duration / FLAGS.num_gpus
248
249 format_str = ('%s: step %d, loss = %.2f (%.1f examples/sec; %.3f '
250 'sec/batch)')
251 print(format_str % (datetime.now(), step, loss_value,
252 examples_per_sec, sec_per_batch))
253
254 if step % 100 == 0:
255 summary_str = sess.run(summary_op)
256 summary_writer.add_summary(summary_str, step)
257
258 # Save the model checkpoint periodically.
```

```
259 if step % 1000 == 0 or (step + 1) == FLAGS.max_steps:
260 checkpoint_path = os.path.join(FLAGS.train_dir, 'model.ckpt')
261 saver.save(sess, checkpoint_path, global_step=step)
262
263
264 def main(argv=None): # pylint: disable=unused-argument
265 cifar10.maybe_download_and_extract()
266 if tf.gfile.Exists(FLAGS.train_dir):
267 tf.gfile.DeleteRecursively(FLAGS.train_dir)
268 tf.gfile.MakeDirs(FLAGS.train_dir)
269 train()
270
271
272 if __name__ == '__main__':
273 tf.app.run()
```

273 行，启动 TensorFlow。

26 ～ 269 行，启动 TensorFlow 后首先调用 main 函数，下载 CIFAR-10 dataset，创建目录。

141 行，使用默认图。

144 ～ 146 行，全局步数变量。

149 ～ 150 行，计算每个 epoch 需要多少个 batch。

161 行，使用随机梯度下降优化算法。

164 ～ 184 行，把一个 batch 训练数据分配到多个 GPU 上，每个 GPU 上的网络都完全一样，叫做一个 tower，初始参数 w 和 b 也是一样的，做 feedforward，计算 $Loss$ 和梯度。

187 行，GPU 上的每个 tower 计算完毕以后，把梯度保存下来，放回 cpu:0 上计算平均梯度。

200 行，应用平均梯度。

65 ～ 98 行，计算每个 GPU 上的 $Loss$，也就是每个 tower 的 $Loss$，计算方法和单 GPU 一样。

101 ～ 136 行，计算平均梯度，就是就平均值。

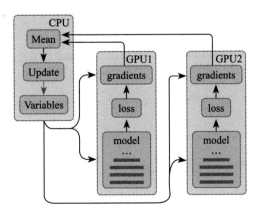

运行方式是分别执行以下代码：

```
python cifar10_trian.py
python cifar10_multi_gpu_trian.py
```

这两段程序在 CPU 和 GPU 上进行训练，然后就可以看到运行结果了。

6.10　小结

卷积神经网络最重要的核心部分就是卷积核。在很多复杂的应用中，对于同一个输入的向量由不同尺寸的卷积核扫描，产生不同的特征描述 Feature Map 输入到后端，也可能在不同的层用不同尺寸的卷积核去提取特征。

卷积神经网络的特征就是有卷积层，进而带来的好处就是收敛速度比较快并且泛化能力会显得比较好。卷积核的优良特性使得它在很多网络中都有使用，它可能会由于模型上的需要仅仅出现在一个网络中的某几层的位置，也可能会在一个模型的多层中出现，总而言之应用起来还是非常灵活的。而是不是用了卷积核的网络都会被称作卷积神经网络这个倒是未必，至少很多网络由于其中应用了许多其他的结构而使得网络体现出来很多更为独特的特性的时候，命名时会更倾向使用标新立异的方式，后面我们看看深度残差网络就知道了。

在看完了 BP 网络和 CNN 网络在 TensorFlow 中的实现程序后你可能会发现和你以前见过的 Python 程序有那么一丁点不一样。因为 TensorFlow 有它自己的框架和体系，会用它自己更适配的方式来表达描述过程，希望大家在这个过程中好好体会它的妙处。

第 7 章 *Chapter 7*

综合问题

拥有极高 VC 维的神经网络的诞生给机器学习界注入了一股清流，尤其是在大规模计算机并行计算能力与日俱增的时代。围绕着深度学习所做的研究现在在国内外很多大学都在进行，当然了，做得最好的还是像 CMU（卡内基梅隆大学）、MIT（麻省理工学院）、普林斯顿大学等这些世界顶级的大学。最前沿、最尖端的基础问题研究还是要看这些大学的顶级实验室的教授和博士们发表的论文，或者谷歌、微软等这些世界顶级人工智能公司的研究室发表的相关论文或著作。而对于一些他们早已研讨过的问题，那些已经成为深度学习入门中需要注意的问题，则需要我们逐一强调一下。本章将介绍这些基础问题。

7.1 并行计算

并行计算是用来加快深度神经网络训练的最直接的方式了。对于深度神经网络来说，我们最终需要得到的东西是一个网络拓扑结构和各个节点上输入的权值矩阵。

以一个小规模的全连接网络为例，假设有 5 层，每层 10 个节点，输入向量有 1000 维，最后一层是 SOFTMAX 层。那么这个网络中一共有多少个权值需要被训练出来呢？

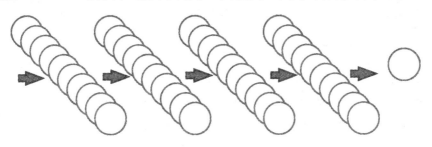

第一层就是 10×1000 个，第二层、第三层、第四层都是 10×10，第五层是 10×1 个，这样加起来一共是 10 000+300+10=10 310 个维度。假设在训练的过程中平均每次在一个维度上挪动 0.001 来做一次迭代，挪动 2 000 次恰好挪动到"合适"的位置，那么需要挪动多少次呢？用乘法算一下应该是 20 620 000 次。在一个独立的进程中，一次挪动和下一次挪动之间是串行的，也就是说需要一共等待 2062 万次的挪动时间才能完成这个训练，而且这个挪动毫无疑问是包含导数计算的时间的。可是如果有 10 个 CPU 内核，那就可以有 10 个进程来处理这个过程，每个 CPU 内核处理其中 $\frac{1}{10}$ 的权值更新即可，这个迭代的速度理论上可以提高 10 倍。

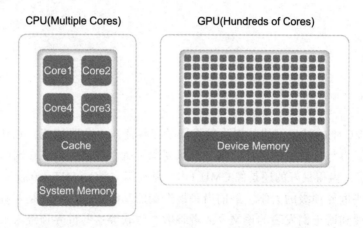

对于一些更大的网络来说，这简直就是灾难，在和一些同行交流的过程中我就听过他们对这种问题的吐槽："用 CPU 运算简直就是折磨，训练一次从理论上需要一年时间，也就是说一年后才知道结果究竟怎么样"。确实，使用 CPU 计算，即便是用 32 核心或者 48 核心的高配工作站也会显得捉襟见肘。在平时我们做练习，用 CPU 熟悉 TensorFlow 的过程一般是无所谓的，然而在工业上如果做项目用 CPU 就显得有点太业余了。

现在业界比较成熟的是使用英伟达（NVIDIA）提供的解决方案，一种在显卡 GPU 中使用的并行计算单元——CUDA（Compute Unified Device Architecture）。在一块带有 CUDA 功能的显卡中，带有数以千计的 CUDA 内核（相当于 CPU 内核），见下表：

型号	CUDA 核心数（个）	显存大小（GB）
GTX1060	1280	6
GTX1080	2560	8
TITAN X	3072	12
K40C	2880	12
P100	3584	16

一般来说，CUDA 核心数量越多，其并行计算能力越强，同等情况下训练速度越快。

而显存越大的显卡对于训练大样本集的数据越有好处，因为在训练的时候样本数据是需要拷贝到显存当中去的，如果你的样本集很大的话会直接撑爆显存导致无法训练。当然，除了这些指标以外还需要参考显存位宽、GPU 主频等影响运算速度的因素。

CUDA 作为英伟达公司的平台级产品架构，它有丰富的开发文档，支持复杂的并行计算编程。不过对于我们这些应用层面的 TensorFlow 使用者来说，这些东西大可不必去看，因为在底层的驱动层面不论是 TensorFlow、Caffe、Torch 还是其他的框架都为我们提供了几乎是透明化的解决方案，只需要在程序中调用 API 的时候做少量修改就可以使用 GPU 的计算资源了，非常方便。我们在本书中也给了几个不同的例子来说明。

在多卡环境下，比如4路或者8路GPU的工作站（服务器）自己不会做也没关系，因为目前在中国大陆也有很多英伟达的认证授权企业在做相关的工程，包括安装显示卡、CPU、内存、风墙，甚至在必要的情况下安装液冷系统也是可以的。可以前往 http://www.nvidia.cn/object/where-to-buy-tesla-cn.html 查看一下官方认证的合作公司，并选取合适的机构作为供货商。大的机构像戴尔、惠普、华为等这些自不必说，小的机构也可以提供一些价廉物美的零售方案。

作为企业技术人员或研究人员，我们应该把更多的精力放在针对业务的研究和改进中去，纯硬件解决方案的工程级问题还是交给专业的人去做好了，充分享受社会大分工为我们带来的生产力提升的红利。

7.2 随机梯度下降

在前面的学习中我们了解到，不管是做线性回归的学习还是深度学习的权值计算，都用到了梯度下降算法（gradient decent）。在这种算法中，就是将待定权值 w 各项之前的系数先算出来，再沿着梯度下降的方向移动各个 w 的每个维度值。

然而在大量训练样本存在的情况下，要计算偏导数的大小需要的计算量是非常惊人的。因为我们在过程 $(w_h)^n = (w_h)^{n-1} - \eta \dfrac{\partial Loss}{\partial w_h}$ 中求偏导数 $\dfrac{\partial Loss}{\partial w_h}$，损失函数是如下这样的：

$$Loss = \frac{1}{2} \sum_{i=1}^{n} \left(y_{oi} - y_i \right)^2$$

其中的 n 表示一共有 n 个样本，在求偏导数的过程中，n 个样本都要参与计算。可是 n 往往非常大，比如数万或者数百万，每个样本的 x 维度也是数万到数百万不等，这种计算量需要花费大量的时间。所以这种情况下就需要有一种方式能够缩短这种计算时间，办法就是使用随机梯度下降算法（stochastic gradient decent）。

随机梯度下降算法其实并没有什么新奇的地方，它的理论基础就是统计学中的抽样（sampling）概念。也就是说，我们可以认为所有的这些作为训练样本的输入向量——不管它是图片还是语音，或者是其他的什么数据类型，我从中提取出一部分样本来，这些样本中的特征已经可以在一定程度上代表整个完整训练集的特征了。就像归纳总结一下人的特征，其实不用把世界上所有的人都进行一遍调查，可以只取有代表性的一部分样本，覆盖所有的人种、年龄、性别……再对他们进行归纳就可以了。这种理论同样可以应用于深度学习中的训练过程的样本选择。

（见彩插）

现在在 TensorFlow 里面我们可以指定一个 Batch 的 Size 来规定每次被随机选择参与归纳的样本数量。在本书的代码中有多处都写到了关于 batch_size 参数的赋值问题，说的就是这个问题。这样一个完整的训练就会变成多轮（epoch）训练，每一轮训练不再输入所有的样本，而是随机抽取其中的一部分作为训练样本，数量由 batch_size 来给定，这就是最大的区别。

这样的好处就像刚才我们说的那样，可以大大加快训练速度，而且完整的数据集越大，这个效果越明显。而且小尺寸的数据集也使得很多本来无法放进 GPU 的训练成为可能，一次只拷贝一部分样本到 GPU 当然压力比全样本要小得多了。

不过这种"以偏概全"的方案也是有代价的，那就是由于每次选择的都是部分样本，所以这部分样本的特征和整体样本的特征实际上是有差别的。这个也好理解，就好比，如果有 1000 个小球，分别标记着 1 ~ 1000 的数字，拿出其中所有的小球并把数字求平均值那就是 500.5。但是你从中抽取 100 个小球，再求平均值的话可就有了偏差了，毕竟这种抽取的随机性会让抽取的结果与真实的情况有差异，极端情况就是抽取 1 个球求平均值。

如果这些小球上所标记的数字是一个以 μ 为中心，以 σ 为标准差的正态分布的实数的话，可能会让结果偏差略小一些，然而终究是有偏差的。所以这种情况也就导致每次对权值 w 更新的时候不一定是向着损失函数最优化的方向前进，可能会绕远，但总体来说还是会向最优化的方向前进。这没有什么神秘的地方，其实就是用精确度换时间的一种代偿方案，大家做个了解也就可以了。在目前绝大部分的工程训练中都会采用随机梯度下降算法，应该说它不完美，但是是性价比很好的一种方案。

7.3 梯度消失问题

梯度消失问题（vanishing gradient）是在早期的 BP 网络中比较常见的问题。这种问题的发生会让训练很难进行下去，看到的现象就是训练不再收敛——$Loss$ 过早地不再下降，而精确度也过早地不再提高。我们还是来看一个具体的例子：

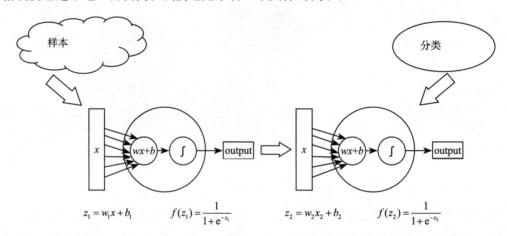

就是两个节点首尾相接组成的神经网络（应该说连"线"都算不上），这其中位于网络前部的 w_1 的更新就需要计算损失函数对 w_1 的偏导数，在这个函数里，根据链式法则我们能够得到，前面的这个神经元的 w_1 的导数是这样一个表达式：

$$\frac{\partial f(x_1)}{\partial w_1} = \frac{\partial f_{x_1}(w_1, b_1, w_2, b_2)}{\partial z_2} \cdot \frac{\partial z_2}{\partial x_2} \cdot \frac{\partial x_2}{\partial z_1} \cdot \frac{\partial z_1}{\partial w_1}$$

其中我们可以发现 $\frac{\partial f_{x_1}(w_1, b_1, w_2, b_2)}{\partial z_2}$ 和 $\frac{\partial x_2}{\partial z_1}$ 这两项实际上是在找 Sigmoid 函数上的斜率。Sigmoid 函数我们肯定不陌生了，前面已经提过很多次了。

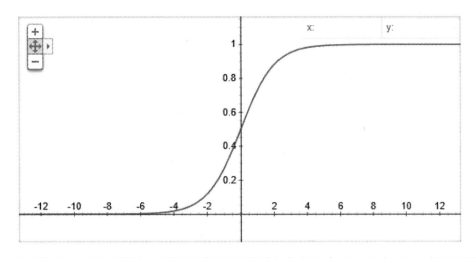

这个函数有个最大的特点，就是我们可以看到在自变量大于 4 和小于 −4 的这两段几乎

呈水平状态——导数接近 0。这就比较麻烦了，如果 $\dfrac{\partial f_{x_1}\left(w_1,b_1,w_2,b_2\right)}{\partial z_2}$ 或 $\dfrac{\partial x_2}{\partial z_1}$ 其中的任何一个

处于这一段的话，会使整个导数的值也是接近 0 的状态，这样误差在向前传递的过程中会
导致网络前端的 w 几乎没什么变化，因为导数乘出来实在太小了，乘以一个 η 就更是微乎
其微的一个值，而且网络层级越多，越往前的隐藏层这种情况就越糟糕——w 变化就越慢，
也就是说，这一层没能学到什么东西。这就是我们所说的梯度消失问题，也叫作梯度弥散
问题。

尝试改进的思路也应运而生。既然是导数小导致的每次更新时候的值过小，那么导数
大就应该是更新的数值比较大，速度比较快。那无非就是要消除这种在链式法则中发生的
连乘式每一项绝对值小于 1 的情况。因为绝对值小于 1 的情况下，层级越多就意味着越多
的绝对值小于 1 的数字相乘，越乘越小，网络稍微一深的话越靠前的层级上 w 移动的速度
越慢，也就是学习率越低。也就是说在这个 2 层的网络中，我们要解决这样一个问题了。

看一下这两个导数值：

$$\frac{\mathrm{d}z_2}{\mathrm{d}x_2} = w_2 , \quad \frac{\mathrm{d}x_2}{\mathrm{d}z_1} = \sigma'$$

这里的 σ' 表示的是 Sigmoid 函数求导的意思，也就是：

$$\sigma(x)' = \sigma(x)\left(1 - \sigma(x)\right) , \text{ 或写成 } \sigma(x)' = \frac{1}{1 + \mathrm{e}^{-x}} \cdot \left(1 - \frac{1}{1 + \mathrm{e}^{-x}}\right)$$

那么要使得 $|w\sigma'| \geqslant 1$ 怎么办呢，可以试试这样两种思路。

方法 1：初始化一个合适的 w。

如果能够把 w 初始化大一些是不是就能解决这个问题了呢？似乎这是个顺理成章的想法。假设我们把 w 初始化成 10，在 Sigmoid 函数为 0 的地方，导数的绝对值是 $|\sigma'(0)| = \frac{1}{4}$，当 $|w|=10$ 的时候 $|w\sigma'|=2.5$。这个值确实够大了，但是大就一定好么，未必。

同样是链式法则的连乘关系，原来是因为导数太小导致网络前端的 w 变化太慢，这么一改之后反过来了，网络前端的变化率太高了，一次的变化量非常大。就拿刚刚这个例子来说，如果有 10 层，10 个 2.5 相乘就是 9536 左右。俗话说"过犹不及"，这就算是一个很小的 η 也能一下子从地下挪到天上去，这种现象叫做梯度爆炸（gradient explording），也叫作梯度膨胀。况且 w 在移动的过程中也是一直在变化的，怎么可能一直保证这种效果的持续性呢？所以这个方法没有看上去那么美。

方法 2：选个合适的激励函数。

解决这个问题现在用的最为成熟的办法就是使用导数值比较合适的激励函数了，比如 ReLU 函数。ReLU 函数在本书前面曾经一笔带过地提了一句，现在我们就可以仔细看看它了，它的全名是 Rectified Linear Units，也翻译成线性修正单元激励函数，简写大家习惯读作"热鲁"函数。你在跟同行交流的时候直接跟人家说"热鲁"长"热鲁"短的也没有问题，不会有人觉得你在那里露怯。

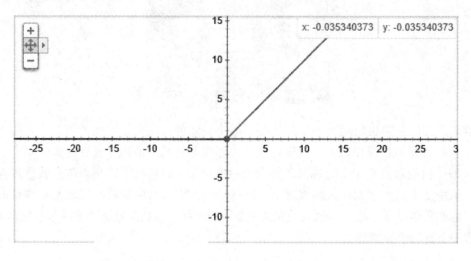

这个函数的形式为 $y = \max(x, 0)$，这个函数在原点左侧部分斜率为 0，在右侧则是一条斜率为 1 的直线。函数在 x 大于 0 的部分是呈现出线性特点的，在小于 0 的时候则是一条直线，这个锋利的弯折提供了良好的非线性特点。尤其注意它在第一象限的这条直线，它的导数恒为 1，这是它的"激活"状态；x 小于 0 的部分导数恒为 0，这是它的"非激活"状态。所以它的优点有两个应该是显而易见的。

其一，在第一象限中不会有明显的梯度消失问题，因为导数恒为 1，而 w 在初始化的时候也是有大有小，连乘的时候不会轻易出现很小或者很大的数值，这就是一个非常好的特性了。

其二，由于导数为 1，所以求解它的导数要比求解 Sigmoid 函数的导数代价要小一些，这里说的代价主要是时间代价。前面咱们说了求导数要在函数的这个点上用 $\dfrac{Loss(w + \Delta) - Loss(x)}{\Delta}$ 的方法来求，这个计算的次数可就比直接拿一个 1 出来麻烦多了，尤其是在损失函数里的 w 很多的时候，一次计算所消耗的计算资源就太多了，速度会变慢。

因而现在的工程人员在近几年的网络中都喜欢大量使用 ReLU 函数。在笔者的工程经验中也是至少 80% 以上的工程都是倾向于优先使用 ReLU 函数作为激励函数的。

7.4 归一化

归一化问题（normalization）是几乎所有机器学习算法在开始训练之前都要考虑的问题。所谓的归一化问题是为了克服这样一种现象所产生的应对方法，是什么呢？我们看一个例子。

要计算中国人和日本人的平均收入有多少，比较一下差距应该怎么做？从统计学的角度来说，肯定应该是在中国人当中随机抽取一定的人数，再在日本人当中抽取一定的人数，比如都是 1000 人，然后把他们的年薪做一个平均值。至少从统计学的角度来说，这种方式相对比较有科学性和说服力。

然后你会发现计算后有可能得到这样的结果。

中国人平均年薪：55 000，日本人平均年薪：2 600 000。

这两个数字相差实在是太大了——相差 46 倍多，如果这个时候得到的结论是日本人平均收入是中国人的 47 倍多未免太过荒唐了。要知道这种统计在获得样本的时候都是以当地的货币标准为计算单位的，中国人的平均年薪 55 000 单位是人民币，日本人的平均年薪是 2 600 000 单位是日元。按照现在人民币对日元的汇率来说，大约 1:16.48，这样换算下来中国人的平均年薪大约可以核算为 90.67 万日元的样子。日本人平均年薪大约仅是中国人平均年薪的 2.87 倍——这听起来就靠谱多了。

货币兑换
55 000 人民币元 =906 625.5 日元

| 55 000 | 人民币 CNY ▾ | ⇄ | 日元 JPY ▾ | 转换 |

作为有货币汇兑常识的人来说，换算过程肯定是不可避免的。然而在计算机系统当中，数字是没有量纲和单位的，只有一个具体的浮点数或者定点数。

在机器学习的过程中，一个由于计数单位的影响导致分布范围较宽广的值和一个分布范围较窄小的值会在训练过程中有着不同的影响能力，结果主要是会引起模型对某些值过于敏感或者不敏感，而这种情况其实是我们不愿看到的一种天然由外界强加给系统的"不公平"的情况。克服的办法也是有的，那就是使用归一化这样一个操作过程——把数据的大小分布压缩或框定在一个比例协调的范围之内。

常见的归一化方法有线性函数归一化（min-max scaling），还有 0 均值标准化（z-score standardization）。目的都是为了让各维度的数据分布经过"拉伸"投射到一个相近的尺度范围去。以线性函数归一化为例

$$X_{norm} = \frac{X - X_{min}}{X_{max} - X_{min}}$$

每一个维度的数值在做归一化的时候，先用这个维度中最大的值与最小值的差来作为分母，用这个值与最小值的差值作为分子，这样得到一个比值，这个比值就是归一化的结果值。每一个数值经过这样一个投射就都变成 0 到 1 之间的数值了，这个值表示自己在整个样本中该维度所处的位置比例。

数据的分布大概会呈现下图这样一种变化的效果，左边的这一幅图是 xy 两个维度的原始数据；中间一幅图是做过 0 中心化的，也就是 x 维度和 y 维度的值都各自减去各自的平均值，这样得到一堆有正有负的值且 0 在中心位置；最右边这一幅图就是归一化以后的图，

很明显数据分布的矩形轮廓不再是一个狭长的形状而是趋近于正方形。

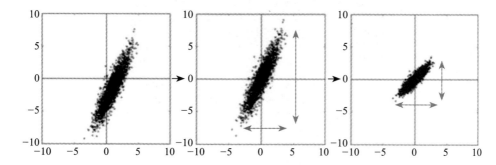

在深度学习中也同样会用到归一化的问题，常见的是使用一种叫 Batch Normalization 的归一化过程，也翻译成批归一化。在整个网络中的任何一层都可以加入批归一化过程，等于将每层网络都看成一个独立的分类模型，这样可以让网络尽可能避免没有数据分布的不同所带来的尴尬。在本书中的例子里没有涉及相关的内容，不过这部分代码也很简单，TensorFlow 里就只需要加入类似一条语句就可以了。

```
def dense_batch_relu(x, phase, scope):
    with tf.variable_scope(scope):
        h1 = tf.contrib.layers.fully_connected(x, 100,
                                               activation_fn=None,
                                               scope='dense')
        h2 = tf.contrib.layers.batch_norm(h1,
                                          center=True, scale=True,
                                          is_training=phase,
                                          scope='bn')
        return tf.nn.relu(h2, 'relu')
```

在工程中加入 Batch Normalization 可以在一定程度上避免过拟合的发生，加强泛化能力。虽然不是在每个项目中都有明显的效果，但至少是一个值得我们注意的地方。

7.5 参数初始化问题

在搭建一个深度神经网络后，在开始正式进行训练之前，有一件事情是不得不做的，那就是要对整个网络中所有的待定系数进行初始化。那么问题来了，究竟应该把这些权值 w 赋值为多少合适呢？

先说结论吧，一种相对来说业界比较认可的说法是把整个网络中所有的 w 初始化成以 0 为均值 μ、以某个很小的值 σ 为标准差的正态分布的方式通常效果会比较好。

在具体初始化的时候最常见的就是用以 0 为均值 μ、以 1 为方差 σ 的分布来随机初始化的，这种分布也可以记做 $N(0,1)$。代码这么写就可以：

```
weights = tf.Variable(tf.truncated_normal([3, 2], stddev=1.0), name='weights')
```

还有一种常见的初始化方法是用以 0 为均值 μ、以 1 为方差 σ 的分布生成后除以当前层的神经元个数的算术平方根来获得并初始化。代码这么写：

```
weights = tf.Variable(
    tf.truncated_normal([500, 25],
    stddev=1.0 / math.sqrt(500)),
    name='weights')
```

也有其他很多种初始化方法，不过大多数都是高斯分布（正态分布）的类似或者变种的方式。

关于应该如何初始化这些 w 更为合适的讨论在业内也是由来已久，也是属于一种见仁见智的思路碰撞过程。目前普遍得到认可的就是我们说的这种基于高斯分布的初始化方法。如果非要问有没有更深层次的理论指导思想，应该说也是有的，思路大概是这样的，在一个模型中对于输入的各个维度的权重设置相当于是一种重视程度或者采纳程度的表示，而在一个模型中那些对判断结果需要作为非常重要的正面因素采纳的是少数，需要作为非常重要的负面因素采纳的也是少数，而其他大部分输入的信息可能就是那些比较中庸的，对判断结果影响都比较小的因素而这部分又最多。

有一些统计学基础或者数据认知素养的朋友应该会有所了解，自然界的大部分数据的统计分布都呈现出高斯分布的特点，这确实是一个非常神奇而且有趣的特点。简单说原因是这样，不论一个单体数据的分布特点如何，在大量单体数据叠加后的宏观数据表现都会呈现出高斯分布的特点。大概的理解是这样的：这些单体数据的分布虽然呈现各种形态的特征，但是在随机过程中这些分布彼此叠加，同时出现极端样态的概率是非常小的，而大多数时候你通过观测会发现这些叠加的结果仍旧会使得它们对外表现出来的值是一个在单体中处于最"平均"状态的值，而这个值被观测到的概率最大。在高斯分布这种概念进化的过程中，不仅仅是高斯[⊖]，还有他之前的一代一代的数学家付出过辛勤的劳动，例如棣莫

⊖　Johann Carl Friedrich Gauss（1777 年 4 月～ 1855 年 2 月），德国著名数学家、物理学家、天文学家、大地测量学家。

弗[1]、拉普拉斯[2]、柯西[3]、切比雪夫[4]等一大批数学界顶级大师，这都是在大学期间让我们又爱又恨的一批数学元老们。在这条探索的道路上同时留下了很多宝贵的财富，其中最著名的就是中心极限定理[5]。中心极限定理的内容就是用数学的语言描述我刚刚说的那一堆大白话——任何独立随机变量和的极限分布为正态分布。

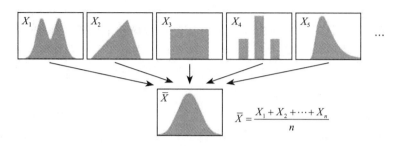

所以也就从学术的角度解释了为什么我们平时看到的任何一种事物都是中庸的比较多，极端的比较少，一个地区人群的收入分布、一个地区成人人群的身高分布、一个城市人口的寿命分布等通常都是近似地服从高斯分布……既然如此，那么也有足够的理由假设在一个模型的训练过程中，输入的向量既然是没有经过什么特殊特征提取的自然的信息，那么这些信息中应该也是会各自有着其自己的重要程度。那么一个向量中的各个维度提供的信息里，特别具有区分价值的东西或者说特征是少数，而大部分信息的特征性不太明显，自然对于他们的采纳程度也会呈现出相应的不同。这大概就是最根本的原因了。不管怎么样，在笔者经历的各种项目中以 0 为均值 μ、以 1 为方差 σ 的分布生成后除以当前层的神经元个数的算术平方根来初始化的情况还是比较多的。

关于在不同的场景中，权重初始化也完全可能有差别，背后也有着场景中独特的理论依据和基本令人信服的实验结果佐证。诸如这些事例大家感兴趣就多去翻阅一些相关的论文吧，数量也不在少数。

7.6　正则化

正则化（regulization）是在机器学习中一个常见的概念，不仅仅是在深度学习中，在传统的机器学习中也是有的。单纯从名字上确实不太好理解这个正则化到底要干什么，不过

[1]　De Moiver,Abraham（1667 年 5 月～ 1754 年 11 月），法国 - 英国数学家。

[2]　Pierre-Simon Laplace（1749 年 3 月～ 1827 年 3 月），法国分析学家、概率论学家和物理学家，法国科学院院士。

[3]　Cauchy，Augustin — Louis（1789 年 8 月～ 1857 年 5 月）数学家、物理学家。

[4]　Пафнутий Льво́вич Чебышёв（1821 年 5 月～ 1894 年 12 月），俄罗斯数学家、力学家。

[5]　中心极限定理（central limit theorem）是概率论中讨论随机变量序列部分和的分布渐近于正态分布的一类定理。

没关系，它的意义也比较简单，一听就能听明白。

在机器学习中，我们是通过大量样本放入模型中训练得到待定系数的，而不论是哪种模型，其实我们都希望这种模型在精确的前提下尽可能简洁。请注意，这里说的精确可不是说在测试集上精确就够了，是指其泛化能力要好，也就是说在验证集以及其他测试集上同样要有好的表现。

不知道大家有没有注意过，我们在日常生活中有这样一个经验，那就是对于观察到的各种认知对象来说，描述共性的东西越抽象、越简洁，其泛化性也就越好；相反，越是精确描述个体的东西，通常"个性化"的特点就非常明显，越具体、越复杂，泛化性也就越差。无论是归纳和描述人、猫、狗这类动物，还是飞机、轮船、汽车这种工业机械，还是更为抽象的种类对象，比如球体、物质等，泛化性越好的东西就越抽象且简洁。

例如，我们在描述一个事物（object），说这个东西是"方的"，那么通常是指这个物体的投影外形是有四条边组成，其中两两平行，并且两两垂直。"方的"这个词的描述就非常简洁，而描述的内容则是忽略掉大小、材质、重量、颜色等诸多性状的。而如果叙述"正方形手帕"这样一个词汇，描述的内容就变多了，你也可以认为参数变多了，而这个时候其实就有了约束性，从而降低了泛化性。因为一旦你说"正方形手帕"，那么这个物体首先材质应该是类似于棉布、纱绸、麻丝一类的织物，其他材质显然和它对不上号，正方形则表示性状的约束更为严格，起码给人的感觉四条边的长短不会有明显的不同。这些就是你加入更多描述之后产生的限制和泛化性缩小的过程。如果你再叙述一个"昨天从淘宝买的由苏州发货的白色双面绣正方形蕾丝手帕"，这个描述更为具体，当然参数也就更多，但是泛化性明显是刚才这几个语汇中最低的一个，你能用它来指代的事物就最少。

刚刚我们看到的是我用语言描述的过程来类比一个泛化性与简洁程度的关系。而正则化这一过程就是帮助我们找到更为简洁的描述方式的量化过程。先看我们对损失函数的改造：

$$C = C_0 + \frac{\lambda}{n} \sum_w |w|$$

这个就是改造完毕后，带有正则化项的损失函数。前面我们已经接触过损失函数这个概念了，这里的 C 是 Cost 的简写，表示损失。不过前面最初我们提到的损失函数其实只有 C_0 这个部分，而没有后面的部分，到了卷积神经网络的实验中才加上了正则化项，而当时没有具体讲加上这个部分能够在一定程度上避免过拟合的原理，现在就来具体讲。从学术上来讲，前半部分的损失函数叫作"经验风险"，后半部分的损失函数（也就是加入的正则化项的部分）叫作"结构风险"。所谓"经验风险"就是指那些由于拟合结果和样本标签之间的残差总和所产生的这种经验性差距所带来的风险——毕竟差距越大模型拟合失效的可能性也就越大，这当然是风险，欠拟合的风险；"结构风险"就是我们刚刚提到的那种概念了，我们希望这种描述能够简洁来保证其泛化性的良好，所以加入一个

$$\frac{\lambda}{n}\sum_w |w|$$

这个因子的含义就是把整个模型中所有的权重 w 的绝对值加起来除以样本数量。其中 λ 不是我们说的学习率（虽然有的资料上会用 λ 做学习率的符号表示），而是一个权重——也可以称为正则化系数或惩罚系数，表示对这个部分有多"重视"。如果我们很重视结构风险，或者说很不希望结构风险太大，那我们就加大 λ，迫使整个损失函数向着权值 w 减小的方向快速移动。换句话说，w 的值越多、越大，整个因子的值就越大，也就是越不"简洁"。

刚才这种正则化因子叫做 L1 正则化项，常用的还有一种叫带有 L2 正则化项的

$$C = C_0 + \frac{\lambda}{2n}\sum_w w^2$$

形式上非常接近，只不过就是 w 做了平方后才做的加和，当然这种情况下也就不存在取绝对值的问题了，因为平方了肯定是非负数。带有正则项的损失函数的导数当然和以前只有经验风险项的损失函数有所区别，那么带有 L1 正则项的导数就是这样的：

$$C = C_0 + \frac{\lambda}{n}\sum_w |w|$$

$$\frac{\partial C}{\partial w} = \frac{\partial C_0}{\partial w} + \frac{\lambda}{n}\mathrm{sgn}(w)$$

$$(w)^n = (w)^{n-1} - \eta\frac{\partial C_0}{\partial w} - \eta\frac{\lambda}{n}\mathrm{sgn}(w)$$

整个导数除了有前面经验风险对 w 求导贡献的部分，还有后面结构风险对 w 求导贡献的部分。$\mathrm{sgn}(w)$ 表示取 w 的符号，大于 0 就是正 1，小于 0 就是 −1。带有 L2 的正则项导数则为：

$$C = C_0 + \frac{\lambda}{2n}\sum_w w^2$$

$$\frac{\partial C}{\partial w} = \frac{\partial C_0}{\partial w} + \frac{\lambda}{n}w$$

$$\frac{\partial C}{\partial b} = \frac{\partial C_0}{\partial b}$$

$$(w)^n = (w)^{n-1} - \eta\frac{\partial C_0}{\partial w} - \eta\frac{\lambda}{n}w$$

而在 L2 正则项中的 $\frac{\lambda}{2n}\sum_w w^2$，求导后正好可以消掉 $\frac{\lambda}{2n}$ 分母中的 2，计算起来要方便一些，这也是在构造这种因子的时候特别设计的 Trick。

说到 Trick，一般我们翻译成"窍门"、"技巧"、"花招"之类，总之让人感觉那么不地道。但是在诸如 TensorFlow、Caffe、Torch 等框架的实现中，有着众多世界顶级大神们的

潜心研究，在处理很多细节上都加入了不同的 Trick 在局部的实现上进行优化，从而改进精度、计算速度、实现复杂度等问题。本来在深度学习工程中的基本思路都来自于学术界的各种基础经典或者论文，但是百分百地跟着论文的方式去做实现会有诸多不便，所以也就会取巧地出现这些 Trick，而且很多情况下没有一些 Trick 的参与，甚至有的计算会让人很伤脑筋。所以说，Trick 是个好东西……总之，正则化项的加入会帮助模型找到描述更为简洁的方式从而提高模型的泛化能力，一定程度上避免过拟合。

最后我们从可视化的角度来看一下正则化的实现过程。

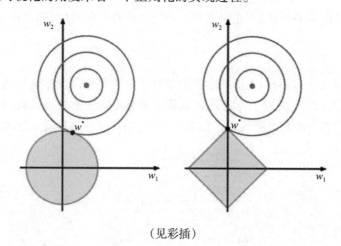

（见彩插）

假设在一个模型中只有两个维度 w_1 和 w_2 作为待定系数，最终的理想解在圆心的位置，当然这里画出来的是在第一象限，但是实际上它也会出现在别的位置。由于初始化的时候 w_1 和 w_2 可能会在别的位置，当然也会在二、三、四象限中。在训练的过程中会逐步从这个初始化的位置向圆心靠拢。

圆心周围的一圈一圈的线其实是损失函数等高线，也就是说当 w_1 和 w_2 所组成的坐标点 (w_1, w_2) 在这一圈上的任意位置都会产生同样大小的损失函数，而由于初始化位置不确定，所以可能会出现在一圈上的任意位置，那么显然远离坐标系圆点 $(0,0)$ 的 (w_1, w_2) 点会产生更大的结构风险，因为其拥有更大的 w_1 和 w_2 值，更为不简洁。

下面的黄色圆圈和正方形分别表示由 L2 和 L1 所产生的损失值，左侧是 L2 的，右侧是 L1 的，边缘的圆圈线和直线分别表示它们各自的损失函数值等高线。在加入这一项之后，损失由两部分产生，所以损失函数在收敛的时候要兼顾"小"和"精确"两个特性。经验损失可以认为是"精确"这个特性，会让解向着圆圈的重心收敛，而结构损失是"小"这个特性，会让解向着圆点收敛，最后解会出现在兼顾两者都比较小的位置上，例如图中所示的 w^* 点。两个 w 值是可以画出来的，如果整个空间里有几百万个 w 值恐怕实在是画不出来，大家就凭想象来描绘一下这样的场景吧，在一个几百万维的空间里 w 被正则化项拉向圆点的过程。

在一次模型搭建的过程中，通常先不加入正则化项，先只用带有经验风险项的损失函数来训练模型，当模型训练结束后，再尝试加入正则化项来进行改进。这个 λ 可以设置为 1、5、10、15、20……这样的方法往下试，也可以用类似 1、100、50、25（75）这种二分法的方法去设置，去观察当前加入的这个 λ 值是不是有效地提高了准确率 Accuracy。这个试探的过程是没办法避免的，请大家注意。

7.7 其他超参数

超参数（hyper parameter）通常指的是那些在机器学习算法训练的步骤开始之前设定的一些参数值，这些参数值通常是没办法通过算法本身来学会的——与其相对的就是在算法中可以学会或学到的那些参数，例如权值 w 和偏置 b。

（见彩插）

例如 K-Means 算法中的簇数 N，还有就是像在深度学习中涉及的学习率 η，其实就是我们刚刚看到的每次挪动的过程中那个步长的基数。这个 η 通常来说是应该给一个比较小的值的。怎么理解呢？当你在闭着眼睛从山谷上面向山谷中行进寻找低点的过程中是没办法预判这个最低点的具体位置的，所以你只能通过向前伸出脚来挪动自己的重心，如果你感觉身体重心降低了那就说明方向走对了，但是当走到谷底附近的时候就有这样一个问题了——如果你的步子迈得太大，那就会迈过谷底。

而由于偏导数方向改变，所以再次挪动的时候会向着谷底方向再挪的，只是由于这个步子还是很大，所以还是会迈过谷底。如此这般多次折返也还是到不了更低的谷底位置，就如图中的浅色箭头这样的纠结，所以 η 是应该设置为较小的值为宜。

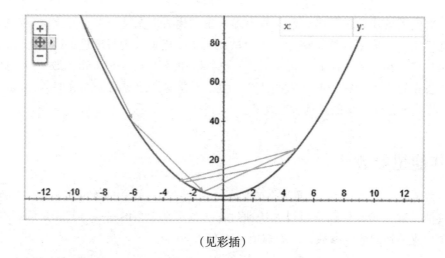

（见彩插）

在我过去的项目经验中，η 取过 0.1、0.05、0.01、0.005 等小值，至于在你的项目中取什么值更为合适则需要经过比较来验证。还是那句话，小一点比较好，虽然收敛看上去比较慢，但是容易使 Loss 值下到更低的位置。

7.8　不唯一的模型

在你兴冲冲地使用深度学习搭建的模型进行训练的时候，你可能会发现一个问题，那就是即便你的训练样本都一样，第一次训练出来的模型和第二次训练出来的模型（即便是经历同样的轮数），得到了相近的损失函数 Loss 的值和准确率 Accuracy 的值，你也很可能得到不完全一样的模型结构。

如果你用 Linux 下的 md5sum 命令去处理这个模型文件来得到一个 MD5 值，你就会发现每次训练完了的结果都不一样，也就意味着每次训练完的模型都是不同的。

原因也比较简单，因为训练的过程中随机性的因素很多，几乎遍布整个训练过程。

首先是在随机梯度下降算法中使用的 Mini Batch，等于从众多的数据中选择了一部分数据用来训练模型，那么从 Loss 较高的位置向哪个方向移动可就跟每一批次被选入的样本特征有关了。虽然我们知道在统计学上这些样本的共同特征会帮助网络进行记忆和学习相关的提取技巧，但从数学角度来说这种收敛的效率和方向是会导致不同的。

我每次都在这里扔石子，但是深色叶子的运动方向我总也说不清

　　除此之外，权值在网络初始化的时候也是随机性地初始化的。在不同的训练过程中不同的神经元的权重会被初始化成不同的权重，这也同样会影响到不同的神经元的收敛方向。换句话说，这些因素导致了同样的训练数据训练出来的网络模型可能会不唯一。

　　但是，即便是这样，我们仍旧看到同样数据集上的实验用同样的网络模型每次训练还是能够得到极为近似的准确率 Accuracy。那是因为整个网络提供的拓扑结构中所蕴含的关系十分丰富，可以提供不止一种方式达成最终的模型能力——所谓"条条大路通罗马"，异构的网络可能会提供出来近似的解。在训练过程中网络中每个神经元的收敛方向虽然每次可能不一致，可是仍旧能够在迭代中形成新的逻辑自洽性，并最终完成训练过程。

7.9　DropOut

　　DropOut 是在深度学习训练中较为常用的方法，主要也是为了用于克服过拟合现象。还记得过拟合现象的原因是什么吗？由于整个网络所蕴含的 VC 维非常高，所以导致它的记忆能力非常强，很多个体上没有泛化能力的特征也会被它记忆下来。这种记忆体现出来就是网络中的 w 会记录下这些细枝末节的特点，使得整个网络的参数过多过大（不简洁）。所以也就容易使得那些在训练阶段被网络记住的这些特性没办法在验证集上通过，进而使我们看到损失函数在训练集上下降而在验证集上反而上升的"奇怪"现象。

　　DropOut——顾名思义是"丢弃"，丢弃什么呢？在一轮训练阶段丢弃一部分网络节点。比如可以在其中的某些层上临时关闭一些节点，让它们不输入也不输出，这样相当于整个网络的结构发生了改变。而在下一轮训练的过程中再选择性地临时关闭一些节点，原则上都是随机性的。

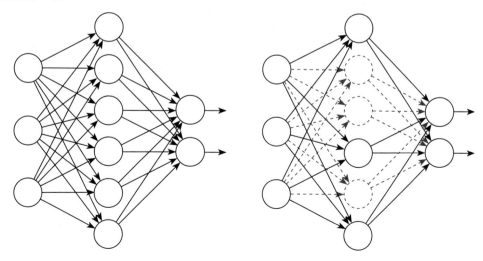

　　这样一来，每一次训练其实相当于网络的一部分所形成的一个子网络或者子模型。而这种情况同时也在一定程度上降低了 VC 维的数量，减小过拟合的风险。

在最终的分类阶段将所有的节点都置于有效状态，这样就可以把训练中得到的所有的子网络"并联"使用，形成一个由多个 VC 维较低的部分的分类模型所组成的完整的分类模型。

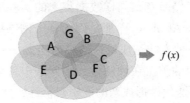

在当前的业界 DropOut 应用仍然非常广泛，在 TensorFlow 中设置训练当中的 DropOut 比例是一件非常容易的事情，只需要加入诸如下面的代码就可以了：

```
keep_prob = tf.placeholder(tf.float32)
h_fc1_drop = tf.nn.dropout(h_fc1, keep_prob)
```

所以你看，这些前人踩过的坑都已经被框架完善得很好了，我们应用起来真是又快捷又不容易出错。

7.10 小结

人们对于神经网络的研究仍旧在继续，不同的学派有着不尽相同的观点，对于建模中的方法和技巧也是各有各的高招。在众多的问题及其解决方案中，我们可以看到有很大比例都是为了处理过拟合或者计算效率的问题。这两个问题几乎是一直困扰深度学习研究者的，各位读者朋友也请时时刻刻牢记在心。

可以说，对于神经网络的理论和技术层面的研究还有非常远的道路要走，有非常多的问题需要克服。以目前的理论水平和计算能力想要模拟哪怕是一个低智的人还差得相当远，不论是金钱成本还是时间成本都使得这件事在现阶段不太可能实现。

有一忧就有一喜，那也就是说我们有很多可以做的事情。与深度学习相关的技术领域研究和工程工作起码应该是还有十几到二十年可以做。还有很多局部的、垂直的、小范围的应用可以落地。撸起袖子努力干吧，别犹豫。

第 8 章 *Chapter 8*

循环神经网络

前面我们已经接触过反向传播神经网络和卷积神经网络，这一章我们来介绍另一种常用的神经网络，循环神经网络（recurrent neural networks，RNN）。一听这名字就有一种画面油然而生，仿佛千回百转纠缠不清的感觉。其实也并不是这样的，循环神经网络与我们前面接触过的前馈神经网络和卷积神经网络最大的不同是有一些"记忆暂存"功能，可以把过去输入的内容所产生的远期影响量化后与当前时间输入的内容一起反应到网络中去参与训练。这也就解决了很多原来的前馈神经网络和卷积神经网络对于上下文有关的场景处理具有局限性的问题。

现在业界使用循环神经网络还是很多的，尤其是在自然语言处理（natural language processing，NLP）方面应用很广泛。在接触这个内容之前，我们先补充介绍一个模型——隐马尔可夫模型，然后再介绍 RNN 的结构与算法，最后通过一个实践案例讲解 RNN 的应用。

8.1 隐马尔可夫模型

隐马尔可夫模型（hidden markov model，HMM）最初由 L.E.Baum 发表在 20 世纪 70 年代一系列的统计学论文中，随后在语言识别、自然语言处理以及生物信息等领域体现了很大的价值。

如果我们在网络去搜一下，还有一个概念叫做"马尔可夫链"（也有写成马尔科夫链或者马尔科夫模型的，是一回事，音译不同而已）。这两者有什么关系呢？马尔可夫链是一个数学概念，因为它由俄国物理学家兼数学家安德烈·马尔可夫⊖（A.A.Markov）提出而得名。马尔可夫链的核心是说，在给定当前知识或信息的情况下，观察对象过去的历史状态对于将来的预测来说预测是无关的。也可以说，在观察一个系统变化的时候，它下一个状态（第 $n+1$ 个状态）如何的概率只需要观察和统计当前状态（第 n 个状态）即可以正确得出。另外我们在一些资料上会看到贝叶斯信念网络的分类模型概念。隐马尔可夫链和贝叶斯信念网络的模型思维方式有些接近，区别在于，隐马尔可夫链的模型更简化，或者我们可以认为隐马尔可夫链就是贝叶斯信念网络的一种特例。而且隐马尔科夫链是一个双重的随机过程，不仅状态转移之间是个随机事件，状态和输出之间也是一个随机过程。

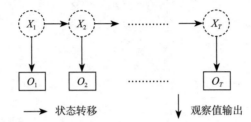

这个图⊜画得还是比较形象的，大致意思我们这样来理解。

在一个完整的观察过程中，有一些状态的转换就是图中用虚线圈表示的 X_1 到 X_T。在观察中，这 X_1 到 X_T 的状态存在一个客观的转化规律，但是我们没办法直接观测到，我们观测到的是每个 X 状态下的能让我们看到的输出 O，就是 O_1 到 O_T 这些输出值。我们需要通过 O_1 到 O_T 这些输出值来进行模型建立和状态转移的概率计算。

我们来看网上一个很有趣的例子，让人比较容易理解整个过程。⊜

假设我手里有三个不同的骰子。

第一个骰子是我们平时常见的骰子（称这个骰子为 D6），6 个面，每个面（1，2，3，4，5，6）出现的概率是 $\frac{1}{6}$。

第二个骰子是个四面体（称这个骰子为 D4），每个面（1，2，3，4）出现的概率是 $\frac{1}{4}$。

第三个骰子有八个面（称这个骰子为 D8），每个面（1，2，3，4，5，6，7，8）出现的概率是 $\frac{1}{8}$。

当然，用其他点数的骰子原理是一样的。三种掷骰子可能产生的结果如下：

⊖ Андре́й Андре́евич Ма́рков（1856 年 6 月～1922 年 7 月），俄国数学家，主要著作有《概率演算》等。

⊜ 图片来源于百度图库。

⊜ 该例子来源于知乎，作者：Yang Eninala，链接：http://www.zhihu.com/question/20962240/answer/33438846，有部分删改。

三种骰子和掷骰子可能产生的结果

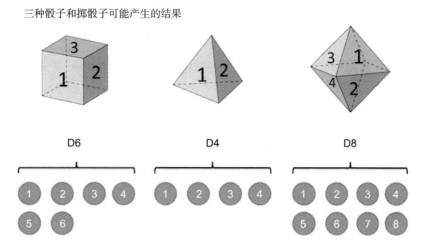

D6　　　　　　　　D4　　　　　　　　D8

假设我们进行下面这个过程，先随机选择一个骰子，然后再用它掷出一个数字，并记录下这个选择和数字。我们先从三个骰子里挑一个，挑到每一个骰子的概率都是 $\frac{1}{3}$。然后我们掷骰子，得到一个数字，1、2、3、4、5、6、7、8中的一个。不停地重复上述过程，我们会得到一串数字，每个数字都是1、2、3、4、5、6、7、8中的一个。

例如我们可能得到这么一串数字（掷骰子10次）：1、6、3、5、2、7、3、5、2、4，这串数字叫做可见状态链，也就是我们记录的这组数字，也是我们前面说的 O_n。但是在隐马尔可夫模型中，我们不仅仅有这么一串可见状态链，还有一串隐含状态链。在这个例子里，这串隐含状态链就是我们选出的骰子的序列。比如，隐含状态链有可能是：D6、D8、D8、D6、D4、D8、D6、D6、D4、D8。如果我们继续选取和投掷还能得到这个状态链上更多的节点。一般来说，HMM中说到的马尔可夫链其实是指隐含状态链，因为实际是隐含状态（所选的骰子）之间存在转换概率（transition probability）。

在我们这个例子里，D6 的下一个状态是 D4、D6、D8 的概率都是 $\frac{1}{3}$。D4、D8 的下一个状态是 D4、D6、D8 的转换概率也都一样是 $\frac{1}{3}$，虽然我们在示例中的 10 次中没有画出来所有的情况，但是从古典概率的角度来分析，应该是这样，而实际上我们也可以从大量的掷骰子实验中得到这样的转换概率的统计结果。这样设定是为了最开始容易说清楚，其实我们是可以随意设定转换概率的。比如，我们可以这样定义，D6 后面不能接 D4，D6 后面是 D6 的概率是 0.9，是 D8 的概率是 0.1。学习的内容，其实是有 10 个，其中 D4 有 2 个，D6 有 7 个，D8 有 1 个，等等。这样就是一个新的 HMM，因为转换概率肯定是与我们当前的例子不同的。而同样的，尽管可见状态之间没有直接的转换概率，但是隐含状态和可见状态之间有一个概率叫作输出概率（emission probability）。

就我们的例子来说，六面骰子（D6）产生 1 的输出概率是 $\frac{1}{6}$。产生 2、3、4、5、6 的

概率也都是 $\frac{1}{6}$。我们同样可以对输出概率进行其他定义。比如，我有一个被赌场动过手脚

的六面骰子，掷出来是 1 的概率更大，是 $\frac{1}{2}$，掷出来是 2、3、4、5、6 的概率是 $\frac{1}{10}$。

隐马尔可夫模型示意图

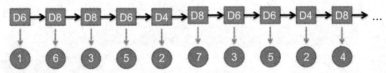

图例说明：

D6　一个隐含状态　　　　→　从一个隐含状态到下一个隐含状态的转换

1　一个可见状态　　　　↓　从一个隐含状态到一个可见状态的输出

隐含状态转换关系示意图

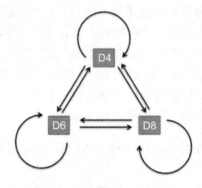

训练一个 HMM 模型是比较容易的，那就是输入这个 X_i 序列和这个 O_i 序列。最后训练是完全通过统计学模型完成的，而得到的模型结果就是最后这个由 D4、D6、D8 所组成的转移矩阵。准确说我们得到了两个矩阵，一个是 X 之间的表示隐含状态转移关系的矩阵，一个是 X 到 O 之间的输出概率矩阵。从整个过程来看，隐马尔可夫模型从给予样本序列到最后训练出来两个矩阵，应该是经历了一个非监督学习过程。

一旦这样的关系得到了，就可以进行一系列的预测工作，例如在知道一次 X_i 后判断 X_{i+1} 和 O_{i+1} 的最大可能性，当然，反推 X_{i-1} 和 O_{i-1} 也没问题。

8.2　RNN 和 BPTT 算法

在了解到隐马尔可夫模型之后，我们知道了这样一个事实，那就是通过统计的方法可以去观察和认知一个事件序列上临近事件发生的概率转化问题。在 RNN 模型中是允许模型在训练中去学习这种前后之间的转化影响的，只不过就是在 RNN 模型中你是无法得到那种标准的隐马尔可夫模型训练中得到的清晰的转化矩阵。闲言少叙，我们来看看 RNN 模型究竟长什么样。

8.2.1　结构

RNN 比起前馈神经网络和卷积神经网络来说显得更为复杂一些，从结构上看就觉得有那么点"个性"。

我们先来看看它的样子吧。

传统的 RNN 从外形上来看就是这样一个结构。下面这个 Vector 是输入向量，我们称之为 X_t，右侧的 Y 是输出向量，在使用的过程中和以前我们看过的卷积网络去做图片分类一样——卷积网络中的图片分类在训练的过程中实际上是把所有的样本和标签一对一对放入网络，图片在"入口"，分类标签在"出口"，用样本图片

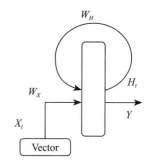

产生的拟合值与"出口"标签的差来定义残差，然后一步一步去挪动网络中的各种权重 w，使得残差向着减小的方向前进。在 RNN 中的计算方式没有什么大的差别，向量 X_t 放在入口的位置，待输出的内容放在 Y 的位置。中间单元（就是图中无字的白方框）中的待定权重一旦设定，就一定会产生一个残差。

这里有两个待定系数，一个是 W_x，一个是 W_H，其中 W_x 会与 X_t 向量做乘积，作为输入的一部分，那么另一部分呢，是由前一次输出的 H_{t-1} 和 W_H 相乘得到。等于说前一次计算输出的 H_{t-1} 需要缓存一下，在本次 X_t 输入的时候参与运算，共同输出最后的 Y。

而 Y 也是一个向量，它是由前面输入的 H_{t-1} 和 W_H 相乘所产生的向量和 W_x 与 X_t 相乘所产生的向量加和后做 SOFTMAX 得到的。SOFTMAX 我们是知道的，输出的是一个多维向量，不论有多少个分量，其加和都是 1，每个向量的分量维度是一个小于 1 的值，而这个值是可以做概率解释的。

我们可以看到在这样一个模型里是蕴含着这样的逻辑的，那就是前一次输入的向量 X_{T-1} 所产生的结果对于本次输出的结果是有一定的影响的，甚至更远期的 X_{T-2}、X_{T-3}……都"潜移默化"地在影响本次输出的结果。这中间的具体量化的逻辑关系是需要我们通过训练得到的，那就是得到待定的 W_x 和 W_H 矩阵。

8.2.2　训练过程

最简单的 RNN 模型在工作的时候是可以一个单元独立工作的，就像前一节描述的那样。从时间维度上做一个展开可以像下面这么画，请注意，这个是在时间维度上展开的，

所以不是 RNN 出了变种，更不是说 RNN 在物理上是这样级联的。

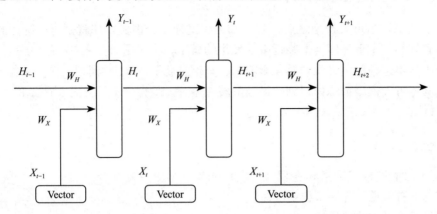

这种 RNN 模型训练的时候是怎么做呢？我们用一个例子来找找感觉。比如我们要训练一个聊天机器人的话，可能会得到这样一个语料库，或者我们称之为话术库：

甲：你好。
乙：你好。
甲：今天天气不错啊。
乙：是的，万里无云。
甲：你打算去哪里玩?
乙：我家里还有一些事情，不想出去。
……

在训练的过程中是会把这些语句一对一对都扔进去做训练的，训练过程看上去就类似这种感觉（见下图）：

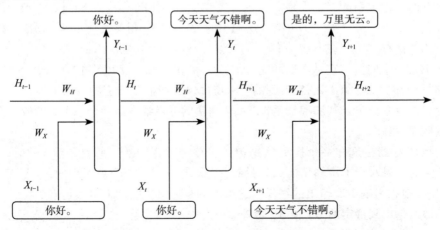

聪明的读者朋友一定能猜出来，往后继续展开就继续这样往里放就可以了。在这个训练的过程中，文字是没办法直接扔进去的，所以都会通过一个"Word to Vector"的功能模块把字或词汇转换成为数字向量。这种功能模块有不少开源的算法支持，也属于比较成熟的技术。这样，当 W_X 和 W_H 这两个矩阵被初始化之后，一定在 Y 一侧有输出的，那就一定有残差产生。设每个样本产生的残差是 E_i，在一次完整的训练中，整个网络的残差就是从第一次扔进去对话的第一句和第二句的时候产生的 E_1，加上第二句和第三句放进去的时候产生的 E_2……一直加到倒数第二句和倒数第一句放进去的时候所产生的残差 E_{n-1}，也就是可以简写成：

$$Loss = \sum_{i=1}^{n-1} E_i$$

然后，下面按照我们学到的套路就应该照猫画虎地求导并更新了，不过事情好像不像我们想得这么顺利。

8.2.3 艰难的误差传递

RNN 的训练过程跟以前我们见过的 BP 神经网络其实没有什么本质的差别，还是一样的思路。

假定整个网络确实有那么一个状态，此时使得 W_X 和 W_H 的值能够满足残差总和最小的情况。那么在我初始化 W_X 和 W_H 的时候我仍然需要把这两个矩阵中的各维度分量值向着减小残差的方向去移动，方向是好确定的——我们说过，最土的方法可以向正方向挪动一个很小的值，然后向负方向挪动一个很小的值，比较一下哪一种产生的残差和更小。而我们前面多次见过的用链式法则求导的过程，目的是为了确定挪多少量更合适，没错吧？

在当前这个网络模型中 W_X 和 W_H 都是我们最终要学习的内容，其实残差总和 $Loss$ 应该来自于两个部分：一部分是由于 W_X 和理想的 W_X 的状态的差距造成的，而另一部分是 W_H 和理想的 W_H 的状态差距造成的。现在就是要求出关于这两个向量的导数——也就是斜率的表达式来确定每次移动多少。可以求吗？可以的，但是会出现一些令人崩溃的问题。

对于整个网络的误差的两部分来源，我们这样来写：

$$Loss = aE_X + bE_H$$

其中 E_X 表示由 W_X 引起的误差，E_H 表示由 W_H 引起的误差，a 和 b 分别表示由样本产生的系数。那我们展开看一下：

$$H_T = W_H f(H_{t-1}) + W_X X_t$$
$$Y_T = SOFTMAX(f(H_T))$$

如果只有一对输入 X_t 和 Y_t，也就是 X_1 和 Y_1，那这个时候的残差是什么呢？

$$H_1^o = W_H f() + W_X X_1$$

$$E_1 = \frac{1}{2}\left(SOFTMAX(f(H_1^o)) - Y_1\right)^2$$

也就是

$$E_1 = \frac{1}{2}\left(W_S(f(H_1^o)) - Y_1\right)^2$$

其中 W_S 是指 SOFTMAX 中的 W_S 矩阵。

那么当有一个样本的时候，我们把它产生的残差写作 E_1，并根据这个残差来求出偏导数的表达式。偏导数我们不应该陌生了，主要是为了求出每次"挪"多少才费这个劲儿的。从上面的表达式我们可以看出来 E_1 作为函数，则待定系数 W_X 和 W_H 都成为了它的自变量，那么就需要分别对它们求偏导数来得到梯度大小。

W_X 的部分是这样的：

$$\frac{\partial E_1}{\partial W_X}$$

$$= \frac{\partial W_s f(H_1^o)}{\partial W_X}$$

$$= W_s \frac{\partial f(H_1^o)}{\partial W_X}$$

$$= W_s \frac{\partial f(H_1^o)}{\partial H_1^o} \frac{\partial \left(W_H f() + W_X X_1 \right)}{\partial W_X}$$

$$= W_s X_1 \frac{\partial f(H_1^o)}{\partial H_1^o}$$

其实不难看出来，当仅有 1 个样本对输入的时候，这残差在 W_X 上的斜率仅仅和 X_1 向量有关。如果你有兴趣展开的话，如果有 2 个样本对，3 个或更多，也仍旧是和 X_1 与 X_2，X_1、X_2 与 X_3 有关，这部分的误差很容易看到，即 X_1 到 X_n。

可是 W_H 的部分就没那么舒服了。

$$\frac{\partial E_1}{\partial W_H}$$

$$= \frac{\partial W_s f(H_1^o)}{\partial W_H}$$

$$= W_s \frac{\partial f(H_1^o)}{\partial W_H}$$

$$= W_s \frac{\partial f(H_1^o)}{\partial H_1^o} \frac{\partial \left(W_H f() + W_X X_1 \right)}{\partial W_H}$$

$$= W_s \frac{\partial f(H_1^o)}{\partial H_1^o} \frac{\partial W_H f()}{\partial W_H}$$

写到这里，细心的朋友可能已经看出问题了，问题就在脱式计算最后的这个部分的最后一个子项目 $\frac{\partial W_H f()}{\partial W_H}$。这个一看就知道化简完了应该是个光秃秃的 $f()$，这表示第一次代入一对输入和输出值的时候，这个部分的值就是初始化的时候给的那个 H_0 值，因为没有输入或者是一个做边缘补齐性的输入，所以写成 $f()$ 问题也不大。因为这个环节在整个网络训练中只出现一次，不会对整体的训练结果有明显的影响。

然而如果是第 3 对输入的值，这个地方会变成什么？

$$\frac{\partial W_H f(H_2^o)}{\partial W_H}$$

可是别忘了

$$H_2 = W_H f(H_1) + W_X X_1$$

这仍然是一个关于 W_H 的函数，所以要继续求导求出 $\dfrac{\partial H_2}{\partial W_H}$ 才能确定这个导数值的大小。

听起来倒是不难，可问题是在训练的过程中可能会有成千上万个向量对会放进去，如果有 1000 个，那就需要求这一系列的导数并连乘起来

$$\frac{\partial H_{1000}}{\partial W_H} \text{、} \frac{\partial H_{999}}{\partial W_H} \text{、} \frac{\partial H_{998}}{\partial W_H} \cdots\cdots \frac{\partial H_2}{\partial W_H} \text{、} \frac{\partial H_1}{\partial W_H}$$

才能确定为了减小第 1000 个向量所造成的误差的导数大小。这简直就是灾难，因为这种一长串的连乘形式组织在一起除了加大了运算的时间复杂度，还会引发梯度消失或梯度爆炸问题。

因此，传统的 RNN 虽然在理论上说得通，但是在训练中的效果是非常不理想的。在对 RNN 的改造中后人发现了一种叫做 LSTM 的算法代替 BPTT 算法来实现 RNN 的训练方式。

8.3　LSTM 算法

LSTM 算法的全称是长短期记忆网络（long short–term memory），由 LSTM 算法对标准的 RNN 进行的改进，会得到 LSTM 网络——这当然也是 RNN 的一种了，不过由于它规避了标准的 RNN 中的梯度爆炸和梯度消失的问题，所以会显得更好用一些，学习速度更快。

现在在工业上，如果考虑使用 RNN 作为模型来训练的时候通常也是直接使用 LSTM 网络，这一点大家可以省点心了。LSTM 网络与传统的 RNN 网络相比多了一个非常有用的机制，就是忘记门（forget gate）[⊖]。这个事例说明几乎是现在所有的 LSTM 算法介绍的资料中都喜欢引用的一个最经典的例子了。

先看一个最基本的 LSTM 单元连接起来的样子，如下图：

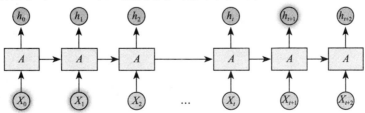

对于一个输入的序列 X_i 来说，某一个 X 值可能会影响一个在时间上或者空间上比较远的 h_j 的输出，训练过程就是要学习到影响的量化关系。上图这种说的是有一层 LSTM 单元

⊖　说明内容来源于 http://colah.github.io/posts/2015-08-Understanding-LSTMs/，有删改。

连接起来的样子，拓扑结构就这样。

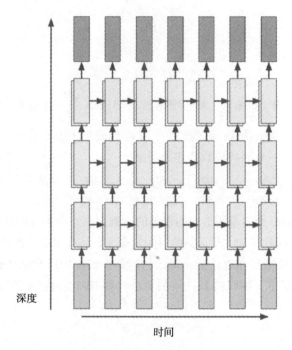

在工业上使用的时候，LSTM 是可以像上面这样成为一个很大的方阵的，其中除了输入层和输出层分别对应着 X_t 和 h_t 的值以外，中间的部分都是一个一个的 LSTM 单元。我们来解剖一下这个单元，看看有什么特别的地方。

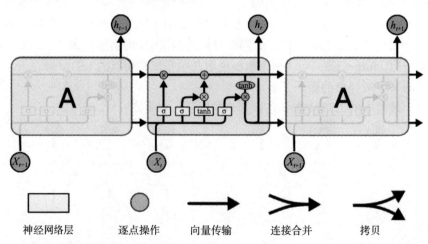

LSTM 的单元看上去就是这样一种效果，一个一个首尾相接，同一层的会把前面单元的输出作为后面单元的输入；前一层的输出会作为后一层的输入。这似乎没有什么太多好说的，那我们来看看具体一个单元中都有什么东西。

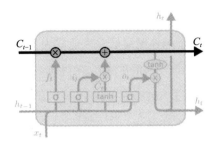

首先从左到右会有这样的一个向量进行传输，从单元的左侧进入我们称作 C_{t-1}，从右侧输出称作 C_t。这上面只有两个交互的部分，一个是左侧的"乘号"，一个是右侧的"加号"。先说加号部分，这就是普通的向量线性叠加，也没什么稀奇的。左边这个乘号是一个乘法器，这个操作相当于左侧的 C_{t-1} 进入单元后，先要被一个乘法器乘以一个系数后，再线性叠加一个数值然后从右侧输出去。

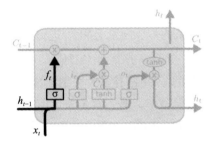

刚刚提到的乘法器乘的这个系数是这样一个来源。可以看到左侧的 h_{t-1} 和下面输入的 x_t 经过了连接操作，再通过一个线性单元，和一个 σ 也就是 Sigmoid 函数之后生成了一个 0 到 1 之间的数字作为系数输出。表达式是这样：

$$f_t = \sigma\left(W_f \cdot [h_{t-1}, x_t] + b_f\right)$$

这个部分就是一个"忘记门"了，所谓"忘记"就是指这个相乘的过程，如果 Sigmoid 函数输出为 1，那就是完全记住，如果输出是 0 那就是完全忘记，中间的值那就是一个记忆的比例或者说忘记的比例问题了。这个 W_f 和 b_f 作为待定系数是要进行训练学习的。

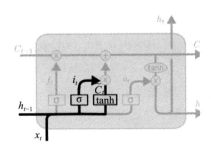

这里有两个小的神经网络层，一个是我们熟悉的 σ 标识的部分，表达式为：

$$i_t = \sigma\left(W_i \bullet [h_{t-1}, x_t] + b_i\right)$$

旁边的这个 tanh 标识也是一个神经网络层，表达式为：

$$\widetilde{C}_t = \tanh\left(W_C \bullet [h_{t-1}, x_t] + b_C\right)$$

这个 tanh 函数在前面只提到过一次，它可以把一个值映射到 −1 和 1 之间，这里的 W_C 和 b_C 也是要通过训练得到的。

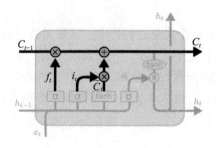

在这之后，由前一次传递过来的 C_{t-1} 向量会和 $\widetilde{C}_t$ 进行线性叠加。

$$C_t = f_t * C_{t-1} + i_t * \widetilde{C}_t$$

到这里其实决定了本次输出的 C_t 究竟有多少采纳本次输入的信息，有多少采纳上一次遗留下来的信息。如果是在语言模型中，那么就是关于前一个主语到当前是否应该被遗忘，而新的主语是否应该代替原先的主语出现。

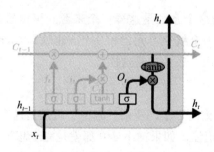

最后的输出有两个部分，从图上就可以看出来是该单元生成的 h_t，一个输出到同层下一个单元，一个输出到下一层的单元上。表达式为：

$$o_t = \sigma\left(W_o \bullet [h_{t-1}, x_t] + b_o\right)$$
$$h_t = o_t * \tanh(C_t)$$

这里其实可以看出来这个要输出的 C_t 向量又经过一个 O_t 忘记门（forget gate）的乘积效果来做输出成为 h_t。在语言模型中，这种影响是可以影响前后词之间词形的相关性的，例如前面输入的是一个代词或者名词，后面跟随的动词会学到是否使用"三单形式"或根据前面输入的名词数量来决定输出的代词是单数形式还是复数形式。

在 NLP 领域 LSTM 应用还是比较成熟的，而且应用也比较广泛，这样的例子是很多的。这里虽然出现了很多的公式，但是不用紧张，这些公式是绝对不要求进行强记的，无论是就业面试还是在实际工作中，我们在这里只是了解一下它内部工作的大致原理。我们只要清楚，一段输入的内容如果上下文有着潜在的影响关系，那么用 LSTM 可以帮我们把这些关系学出来的。最终在实际工程中我们还是会用 TensorFlow 这种封装好的库来实现。

8.4 应用场景

在我们了解到了循环神经网络的原理和作用后，这一节就来看看它的应用场景。

说到 RNN 网络——这里说的 RNN 网络泛指以循环神经网络的方式来实现的网络，包括传统 RNN 或 LSTM 等，其结构比原先的 BP 网络和 CNN 网络都要复杂，尤其是它允许输入和输出都是多个值或者说多个向量，所以它的功能更为丰富。

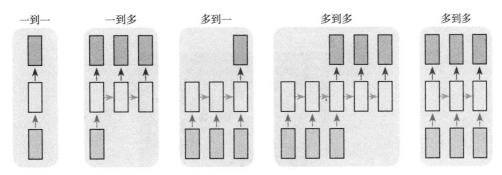

它可以做分类工具，可以做有限状态机（控制程序），可以做翻译器，可以做聊天机器人等看上去很酷炫的事情。

这里有一个 RNN 可以做的事情的"可视化"归纳，大致分就是"一到一"、"一到多"、"多到一"、"多到多"的映射种类。

❑ "一到一"就不用说了，普通的函数能做的事情，RNN 肯定是能够做到的。

❑ "一到多"是一种单一向量输入，多向量输出的场景。具体说起来，例如描述一张图上的信息，微软的识图机器人 CaptionBot 就是比较典型的这种应用，https://www.captionbot.ai/。

像憨豆先生罗温·艾金森（Rowan Atkinson）这样的公众人物还是能够指名道姓地认出来的，其他的大众脸人物基本不大可能。它能够描述场景中有什么人物或者物体，并描述他们之间的关系，这一点是 RNN 所拥有的一个优势。当然了，对于自己不熟悉的场景它就无能为力了，例如最后一张图认成了一个小男孩站在草丛里，这主要是由于美国人没见过采茶姑娘，也没拿这种图片正经训练过机器的原因……

I think it's Rowan Atkinson wearing a suit and tie and he seems

Thank you for your feedback :)

I am not really confident, but I think it's a group of people standing in a subway car.

Thank you for your feedback :)

I am not really confident, but I think it's a little boy that is standing in the grass.

Thank you for your feedback :)

在 Github 上也有一些开源的项目用的就是 CNN+RNN 的模型。其中 CNN 用来提取特征，RNN 用这些特征的 Feature 向量和描述向量来做训练，例如 https://github.com/karpathy/neuraltalk2 等。如下图所示，这种模型是可以标注下面的这些图片中有什么物体（人物），以及他们的状态或者动作。

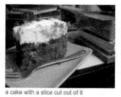

"多到一"可以用于识别视频主题分类。例如，项目"C3D: Generic Features for Video Analysis"就可以实现主题的识别，地址：http://vlg.cs.dartmouth.edu/c3d/。这个项目目前可以比较好地对播放的体育竞技内容进行分类识别。

"多到多"的用例是比较多的，而且也是大家非常热衷研究的一个领域。例如，聊天机器人，可以在客服、问讯系统等场景下应用，减少人工投入。例如，自动翻译机器人，在谷歌和百度这样的巨型互联网公司也已经有了很好的应用，尤其是在有些场景中，翻译的细腻程度已经快可以和较好的人工翻译难分伯仲了。

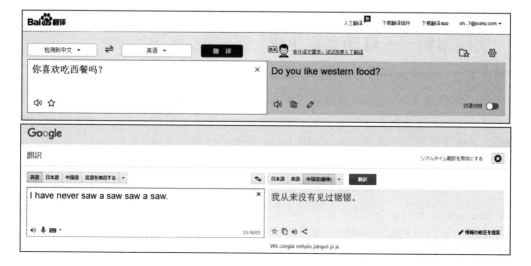

除了措辞有失文采和感人的情绪，通顺程度已经完全可以达到正常阅读的标准了，这不能不说给需要跨语言阅读的人们带来了极大的便利。另外还有一些描述视频段信息的RNN项目，例如 https://github.com/samim23/NeuralTalkAnimator。

这也同样属于"多到多"的应用场景。在这样一个 Demo 视频中，网络能够正确识别出图中有一群人站在绿色的草坪上。

这些项目不管商用程度如何，至少看上去都很"有趣"对不对？如果感觉有趣，那就下载来玩玩看，反正又不要钱。做工程做项目的人经验是很重要的，多接触一些开源项目肯定没有坏处。

8.5　实践案例——自动文本生成

看别人说得再热闹也没有咱自己动手实现来得好，这次我们来看一个自动文本生成的小工程，同样是 TensorFlow 官方提供的最为经典的 RNN 入门案例，我们先感受一下。GitHub 文件位置在 https://github.com/tensorflow/models，文件所在目录：models/tutorials/rnn/ptb。本书中讲解两个文件 ptb_world_lm.py 和 reader.py。

8.5.1　RNN 工程代码解读

1. ptb_world_lm.py

以下是 ptb_world_lm.py 中的实现代码：

```
 1 # Copyright 2015 The TensorFlow Authors. All Rights Reserved.
   ......
64 import reader
65
66 flags = tf.flags
67 logging = tf.logging
68
69 flags.DEFINE_string(
70 "model", "small",
71 "A type of model. Possible options are: small, medium, large.")
72 flags.DEFINE_string("data_path", None,
73 "Where the training/test data is stored.")
74 flags.DEFINE_string("save_path", None,
75 "Model output directory.")
76 flags.DEFINE_bool("use_fp16", False,
77 "Train using 16-bit floats instead of 32bit floats")
78
79 FLAGS = flags.FLAGS
80
81
82 def data_type():
83 return tf.float16 if FLAGS.use_fp16 else tf.float32
84
85
86 class PTBInput(object):
87 """The input data."""
88
89 def __init__(self, config, data, name=None):
90 self.batch_size = batch_size = config.batch_size
91 self.num_steps = num_steps = config.num_steps
92 self.epoch_size = ((len(data) // batch_size) - 1) // num_steps
93 self.input_data, self.targets = reader.ptb_producer(
94 data, batch_size, num_steps, name=name)
95
96
97 class PTBModel(object):
98 """The PTB model."""
99
100 def __init__(self, is_training, config, input_):
101 self._input = input_
102
103 batch_size = input_.batch_size
104 num_steps = input_.num_steps
105 size = config.hidden_size
106 vocab_size = config.vocab_size
107
108 # Slightly better results can be obtained with forget gate biases
109 # initialized to 1 but the hyperparameters of the model would need to be
110 # different than reported in the paper.
111 def lstm_cell():
```

```
112 return tf.contrib.rnn.BasicLSTMCell(
113 size, forget_bias=0.0, state_is_tuple=True)
114
115 attn_cell = lstm_cell
116 if is_training and config.keep_prob < 1:
117 def attn_cell():
118 return tf.contrib.rnn.DropoutWrapper(
119 lstm_cell(), output_keep_prob=config.keep_prob)
120 cell = tf.contrib.rnn.MultiRNNCell(
121 [attn_cell() for _ in range(config.num_layers)], state_is_tuple=True)
122
123 self._initial_state = cell.zero_state(batch_size, data_type())
124
125 with tf.device("/cpu:0"):
126 embedding = tf.get_variable(
127 "embedding", [vocab_size, size], dtype=data_type())
128 inputs = tf.nn.embedding_lookup(embedding, input_.input_data)
129
130 if is_training and config.keep_prob < 1:
131 inputs = tf.nn.dropout(inputs, config.keep_prob)
132
......
142 outputs = []
143 state = self._initial_state
144 with tf.variable_scope("RNN"):
145 for time_step in range(num_steps):
146 if time_step > 0: tf.get_variable_scope().reuse_variables()
147 (cell_output, state) = cell(inputs[:, time_step, :], state)
148 outputs.append(cell_output)
149
150 output = tf.reshape(tf.concat(outputs, 1), [-1, size])
151 softmax_w = tf.get_variable(
152 "softmax_w", [size, vocab_size], dtype=data_type())
153 softmax_b = tf.get_variable("softmax_b", [vocab_size], dtype=data_type())
154 logits = tf.matmul(output, softmax_w) + softmax_b
155 loss = tf.contrib.legacy_seq2seq.sequence_loss_by_example(
156 [logits],
157 [tf.reshape(input_.targets, [-1])],
158 [tf.ones([batch_size * num_steps], dtype=data_type())])
159 self._cost = cost = tf.reduce_sum(loss) / batch_size
160 self._final_state = state
161
162 if not is_training:
163 return
164
165 self._lr = tf.Variable(0.0, trainable=False)
166 tvars = tf.trainable_variables()
167 grads, _ = tf.clip_by_global_norm(tf.gradients(cost, tvars),
168 config.max_grad_norm)
169 optimizer = tf.train.GradientDescentOptimizer(self._lr)
```

```
170 self._train_op = optimizer.apply_gradients(
171 zip(grads, tvars),
172 global_step=tf.contrib.framework.get_or_create_global_step())
173
174 self._new_lr = tf.placeholder(
175 tf.float32, shape=[], name="new_learning_rate")
176 self._lr_update = tf.assign(self._lr, self._new_lr)
177
178 def assign_lr(self, session, lr_value):
179 session.run(self._lr_update, feed_dict={self._new_lr: lr_value})
180
......
205
206 class SmallConfig(object):
207 """Small config."""
208 init_scale = 0.1
209 learning_rate = 1.0
210 max_grad_norm = 5
211 num_layers = 2
212 num_steps = 20
213 hidden_size = 200
214 max_epoch = 4
215 max_max_epoch = 13
216 keep_prob = 1.0
217 lr_decay = 0.5
218 batch_size = 20
219 vocab_size = 10000
220
221
222 class MediumConfig(object):
223 """Medium config."""
224 init_scale = 0.05
225 learning_rate = 1.0
226 max_grad_norm = 5
227 num_layers = 2
228 num_steps = 35
229 hidden_size = 650
230 max_epoch = 6
231 max_max_epoch = 39
232 keep_prob = 0.5
233 lr_decay = 0.8
234 batch_size = 20
235 vocab_size = 10000
236
237
238 class LargeConfig(object):
239 """Large config."""
240 init_scale = 0.04
241 learning_rate = 1.0
242 max_grad_norm = 10
```

```
243 num_layers = 2
244 num_steps = 35
245 hidden_size = 1500
246 max_epoch = 14
247 max_max_epoch = 55
248 keep_prob = 0.35
249 lr_decay = 1 / 1.15
250 batch_size = 20
251 vocab_size = 10000
252
253
254 class TestConfig(object):
255 """Tiny config, for testing."""
256 init_scale = 0.1
257 learning_rate = 1.0
258 max_grad_norm = 1
259 num_layers = 1
260 num_steps = 2
261 hidden_size = 2
262 max_epoch = 1
263 max_max_epoch = 1
264 keep_prob = 1.0
265 lr_decay = 0.5
266 batch_size = 20
267 vocab_size = 10000
268
269
270 def run_epoch(session, model, eval_op=None, verbose=False):
271 """Runs the model on the given data."""
272 start_time = time.time()
273 costs = 0.0
274 iters = 0
275 state = session.run(model.initial_state)
276
277 fetches = {
278 "cost": model.cost,
279 "final_state": model.final_state,
280 }
281 if eval_op is not None:
282 fetches["eval_op"] = eval_op
283
284 for step in range(model.input.epoch_size):
285 feed_dict = {}
286 for i, (c, h) in enumerate(model.initial_state):
287 feed_dict[c] = state[i].c
288 feed_dict[h] = state[i].h
289
290 vals = session.run(fetches, feed_dict)
291 cost = vals["cost"]
292 state = vals["final_state"]
```

```
293
294 costs += cost
295 iters += model.input.num_steps
296
297 if verbose and step % (model.input.epoch_size // 10) == 10:
298 print("%.3f perplexity: %.3f speed: %.0f wps" %
299 (step * 1.0 / model.input.epoch_size, np.exp(costs / iters),
300 iters * model.input.batch_size / (time.time() - start_time)))
301
302 return np.exp(costs / iters)
303
304
305 def get_config():
306 if FLAGS.model == "small":
307 return SmallConfig()
308 elif FLAGS.model == "medium":
309 return MediumConfig()
310 elif FLAGS.model == "large":
311 return LargeConfig()
312 elif FLAGS.model == "test":
313 return TestConfig()
314 else:
315 raise ValueError("Invalid model: %s", FLAGS.model)
316
317
318 def main(_):
319 if not FLAGS.data_path:
320 raise ValueError("Must set --data_path to PTB data directory")
321
322 raw_data = reader.ptb_raw_data(FLAGS.data_path)
323 train_data, valid_data, test_data, _ = raw_data
324
325 config = get_config()
326 eval_config = get_config()
327 eval_config.batch_size = 1
328 eval_config.num_steps = 1
329
330 with tf.Graph().as_default():
331 initializer = tf.random_uniform_initializer(-config.init_scale,
332 config.init_scale)
333
334 with tf.name_scope("Train"):
335 train_input = PTBInput(config=config, data=train_data, name="TrainInput")
336 with tf.variable_scope("Model", reuse=None, initializer=initializer):
337 m = PTBModel(is_training=True, config=config, input_=train_input)
338 tf.scalar_summary("Training Loss", m.cost)
339 tf.scalar_summary("Learning Rate", m.lr)
340
341 with tf.name_scope("Valid"):
342 valid_input = PTBInput(config=config, data=valid_data, name="ValidInput")
```

```
343 with tf.variable_scope("Model", reuse=True, initializer=initializer):
344 mvalid = PTBModel(is_training=False, config=config, input_=valid_input)
345 tf.scalar_summary("Validation Loss", mvalid.cost)
346
347 with tf.name_scope("Test"):
348 test_input = PTBInput(config=eval_config, data=test_data, name="TestInput")
349 with tf.variable_scope("Model", reuse=True, initializer=initializer):
350 mtest = PTBModel(is_training=False, config=eval_config,
351 input_=test_input)
352
353 sv = tf.train.Supervisor(logdir=FLAGS.save_path)
354 with sv.managed_session() as session:
355 for i in range(config.max_max_epoch):
356 lr_decay = config.lr_decay ** max(i + 1 - config.max_epoch, 0.0)
357 m.assign_lr(session, config.learning_rate * lr_decay)
358
359 print("Epoch: %d Learning rate: %.3f" % (i + 1, session.run(m.lr)))
360 train_perplexity = run_epoch(session, m, eval_op=m.train_op,
361 verbose=True)
362 print("Epoch: %d Train Perplexity: %.3f" % (i + 1, train_perplexity))
363 valid_perplexity = run_epoch(session, mvalid)
364 print("Epoch: %d Valid Perplexity: %.3f" % (i + 1, valid_perplexity))
365
366 test_perplexity = run_epoch(session, mtest)
367 print("Test Perplexity: %.3f" % test_perplexity)
368
369 if FLAGS.save_path:
370 print("Saving model to %s." % FLAGS.save_path)
371 sv.saver.save(session, FLAGS.save_path, global_step=sv.global_step)
372
373
374 if __name__ == "__main__":
375 tf.app.run()
```

375 行，启动 TensorFlow。

318 ～ 371 行，启动 TensorFlow 后首先调用 main 函数。

322 ～ 323 行，准备训练、验证和测试数据集。

324 ～ 327 行，获取训练参数和验证相关参数。

205 ～ 266 行，4 组不同的训练参数设置。

335 行，保存训练、验证和测试的参数和数据到 PTBInput 类里，返回数据和对应的标签。

336 ～ 337 行，创建训练网络。

111 ～ 113 行，创建 lstm 单元。

115 ～ 119 行，给 lstm 单元添加 dropout。

120 ～ 121 行，创建多层 lstm。

125 ～ 128 行，每个单词使用一个唯一向量表示，word_embedding。

130～131 行，给输出层添加 dropout。

144～148 行，开始训练循环。

150～154 行，过一层全连接。

155～159 行，计算 loss。

165～176 行，使用梯度下降优化算法计算梯度，更新降低 learing rate，截取一下梯度值。

353～371 行，开始训练

356～357 行，降低更新 learning rate。

359～364 行，分别使用训练数据和验证数据运行一个 epoch。

366～367 行，使用测试数据运行一个 epoch。

369～371 行，保存模型。

2. reader.py 文件

还有一个 reader.py 文件，以下是它的实现代码：

```
1 # Copyright 2015 The TensorFlow Authors. All Rights Reserved.
  ......
 24
 25 import tensorflow as tf
 26
 27
 28 def _read_words(filename):
 29 with tf.gfile.GFile(filename, "r") as f:
 30 return f.read().decode("utf-8").replace("\n", "<eos>").split()
 31
 32
 33 def _build_vocab(filename):
 34 data = _read_words(filename)
 35
 36 counter = collections.Counter(data)
 37 count_pairs = sorted(counter.items(), key=lambda x: (-x[1], x[0]))
 38
 39 words, _ = list(zip(*count_pairs))
 40 word_to_id = dict(zip(words, range(len(words))))
 41
 42 return word_to_id
 43
 44
 45 def _file_to_word_ids(filename, word_to_id):
 46 data = _read_words(filename)
 47 return [word_to_id[word] for word in data if word in word_to_id]
 48
 49
 50 def ptb_raw_data(data_path=None):
  ......
```

```
68
69 train_path = os.path.join(data_path, "ptb.train.txt")
70 valid_path = os.path.join(data_path, "ptb.valid.txt")
71 test_path = os.path.join(data_path, "ptb.test.txt")
72
73 word_to_id = _build_vocab(train_path)
74 train_data = _file_to_word_ids(train_path, word_to_id)
75 valid_data = _file_to_word_ids(valid_path, word_to_id)
76 test_data = _file_to_word_ids(test_path, word_to_id)
77 vocabulary = len(word_to_id)
78 return train_data, valid_data, test_data, vocabulary
79
80
81 def ptb_producer(raw_data, batch_size, num_steps, name=None):
......
97 Raises:
98 tf.errors.InvalidArgumentError: if batch_size or num_steps are too high.
99 """
100 with tf.name_scope(name, "PTBProducer", [raw_data, batch_size, num_steps]):
101 raw_data = tf.convert_to_tensor(raw_data, name="raw_data", dtype=tf.int32)
102
103 data_len = tf.size(raw_data)
104 batch_len = data_len // batch_size
105 data = tf.reshape(raw_data[0: batch_size * batch_len],
106 [batch_size, batch_len])
107
108 epoch_size = (batch_len - 1) // num_steps
109 assertion = tf.assert_positive(
110 epoch_size,
111 message="epoch_size == 0, decrease batch_size or num_steps")
112 with tf.control_dependencies([assertion]):
113 epoch_size = tf.identity(epoch_size, name="epoch_size")
114
115 i = tf.train.range_input_producer(epoch_size, shuffle=False).dequeue()
116 x = tf.strided_slice(data, [0, i * num_steps],
117 [batch_size, (i + 1) * num_steps])
118 x.set_shape([batch_size, num_steps])
119 y = tf.strided_slice(data, [0, i * num_steps + 1],
120 [batch_size, (i + 1) * num_steps + 1])
121 y.set_shape([batch_size, num_steps])
122 return x, y
```

28～30行，读文件里的数据，把 "\n" 换行符换成 "<eos>"，返回所有出现的单词列表。

33～42行，给每个单词对应一个唯一 id。

45～47行，把文件里的单词变成对应的 id。

50～78行，返回训练、验证、测试数据集（单词变成对应 id 之后的结果）和文件里出现的词汇总数。

81～122行，把数据和其对应的标签分成若干个batch返回。

运行方式：

```
python ptb_word_lm.py --data_path data
```

这几乎是一个最简单的RNN应用了，就是一个自动化的文本生成器，也是在深度学习中最为经典的学习案例之一。当然，训练的时候把文本丢给它让它先去"学习"，然后它就会以训练样本的"风格"或"口吻"输出一段文字。

8.5.2 利用RNN学习莎士比亚剧本

我们给一段莎士比亚戏剧的剧本让RNN去学习[⊖]：

......

PANDARUS:
Alas, I think he shall be come approached and the day
When little srain would be attain'd into being never fed,
And who is but a chain and subjects of his death,
I should not sleep.

Second Senator:
They are away this miseries, produced upon my soul,
Breaking and strongly should be buried, when I perish
The earth and thoughts of many states.

DUKE VINCENTIO:
Well, your wit is in the care of side and that.

Second Lord:
They would be ruled after this chamber, and
my fair nues begun out of the fact, to be conveyed,
Whose noble souls I'll have the heart of the wars.

Clown:
Come, sir, I will make did behold your worship.

VIOLA:
I'll drink it.
......

它会帮你生成这样的会话出来：

VIOLA:
Why, Salisbury must find his flesh and thought
That which I am not aps, not a man and in fire,
To show the reining of the raven and the wars
To grace my hand reproach within, and not a fair are hand,

⊖ 引用自 http://karpathy.github.io/2015/05/21/rnn-effectiveness/。

```
That Caesar and my goodly father's world;
When I was heaven of presence and our fleets,
We spare with hours, but cut thy council I am great,
Murdered and by thy master's ready there
My power to give thee but so much as hell:
Some service in the noble bondman here,
Would show him to her wine.

KING LEAR:
O, if you were a feeble sight, the courtesy of your law,
Your sight and several breath, will wear the gods
With his heads, and my hands are wonder'd at the deeds,
So drop upon your lordship's head, and your opinion
Shall be against your honour.
```

8.5.3　利用 RNN 学习维基百科

此外，RNN 同样可以用于生成一段维基百科格式的文本内容，当然前提是你要用维基百科的内容来训练它。例如，生成一段这样的维基百科内容：

```
Naturalism and decision for the majority of Arab countries' capitalide was grounded
    by the Irish language by [[John Clair]], [[An Imperial Japanese Revolt]], associated
    with Guangzham's sovereignty. His generals were the powerful ruler of the Portugal
    in the [[Protestant Immineners]], which could be said to be directly in Cantonese
Communication, which followed a ceremony and set inspired prison, training. The
emperor travelled back to [[Antioch, Perth, October 25|21]] to note, the Kingdom
of Costa Rica, unsuccessful fashioned the [[Thrales]], [[Cynth's Dajoard]], known
in western [[Scotland]], near Italy to the conquest of India with the conflict.
Copyright was the succession of independence in the slop of Syrian influence that
was a famous German movement based on a more popular servicious, non-doctrinal
and sexual power post. Many governments recognize the military housing of the
[[Civil Liberalization and Infantry Resolution 265 National Party in Hungary]],
that is sympathetic to be to the [[Punjab Resolution]]
(PJS)[http://www.humah.yahoo.com/guardian.
cfm/7754800786d17551963s89.htm Official economics Adjoint for the Nazism,
Montgomery
was swear to advance to the resources for those Socialism's rule,
was starting to signing a major tripad of aid exile.]]
```

甚至是生成一段代码：

```
<page>
    <title>Antichrist</title>
    <id>865</id>
    <revision>
        <id>15900676</id>
```

```
<timestamp>2002-08-03T18:14:12Z</timestamp>
<contributor>
    <username>Paris</username>
    <id>23</id>
</contributor>
<minor />
<comment>Automated conversion</comment>
<text xml:space="preserve">#REDIRECT [[Christianity]]</text>
    </revision>
</page>
```

这个事例也被很多博客、参考书大量引用，足见其有着怎样的代表性和典型性。

不过看到这里估计不少程序员朋友会脊梁沟一凉——这机器人要是真的都学写代码了，我们是不是都要失业了？从理论上来说，如果真的给机器人足够多的需求描述和程序代码，机器人恐怕真的能够写出高质量的代码来，而且速度极快（一秒钟几十 MB 上百 MB 的输出）。但是我从来不紧张这样的事情，这种机器代替人的事情在人类发展史上一直都是让人又爱又恨的，不是吗？每次代替都会让人从繁重、重复、低水平的劳动中逐步解放出来，从而进一步让人有更多的时间去从事高档次的劳动和享受生活。人类的智慧到现在为止仍然是得天独厚的一种神奇的存在，在相当长的时间内都不太可能找到替代品。人工智能再厉害，既然是人造出来的，那么人类就有足够的能力去制约它，扬长避短地使用它，让它为我们服务。

8.6　实践案例——聊天机器人

接下来这个 RNN 的案例看上去就更有趣——聊天机器人。

聊天机器人应该说是一类机器人的统称了，这种机器的作用是可以通过与用户的一问一答的对话来完成一轮或者多轮次的对话内容。基于这样一种形式，在很多领域它都会有用武之地。例如在一些类似维基百科这样的词条解释性内容服务商，就会考虑用这种机器人来代替讲解员为用户提供一问一答的讲解方式。在很多大型公司的后台是有着巨量的客服工作内容的，在这样一个重复回答场景占据相当比例的场合下，不少公司都越来越倾向于使用聊天机器人来代替人工客服进行工作。我们先来看这个工程：

它在 GitHub 上有 533 个赞，是个比较靠谱的 Sequence-to-Sequence 生成模型，地址在 https://github.com/Conchylicultor/DeepQA，文件所在目录为 DeepQA。在本书中讲解其中的三个文件内容，chatbot.py、model.py、textdata.py。

我们先来看 chatbot.py 文件：

```
1 # Copyright 2015 Conchylicultor. All Rights Reserved.
......
34 from chatbot.model import Model
35
36
37 class Chatbot:
38 """
39 Main class which launch the training or testing mode
40 """
41
42 class TestMode:
43 """ Simple structure representing the different testing modes
44 """
45 ALL = 'all'
46 INTERACTIVE = 'interactive' # The user can write his own questions
47 DAEMON = 'daemon' # The chatbot runs on background and can regularly be
                called to predict something
48
49 def __init__(self):
50 """
51 """
52 # Model/dataset parameters
53 self.args = None
54
55 # Task specific object
56 self.textData = None # Dataset
57 self.model = None # Sequence to sequence model
58
59 # TensorFlow utilities for convenience saving/logging
60 self.writer = None
61 self.saver = None
62 self.modelDir = '' # Where the model is saved
63 self.globStep = 0 # Represent the number of iteration for the current model
64
65 # TensorFlow main session (we keep track for the daemon)
66 self.sess = None
67
68 # Filename and directories constants
69 self.MODEL_DIR_BASE = 'save/model'
70 self.MODEL_NAME_BASE = 'model'
71 self.MODEL_EXT = '.ckpt'
72 self.CONFIG_FILENAME = 'params.ini'
73 self.CONFIG_VERSION = '0.4'
74 self.TEST_IN_NAME = 'data/test/samples.txt'
```

```
75 self.TEST_OUT_SUFFIX = '_predictions.txt'
76 self.SENTENCES_PREFIX = ['Q: ', 'A: ']
77
......
154
155 def main(self, args=None):
......
172 self.loadModelParams() # Update the self.modelDir and self.globStep, for now,
    not used when loading Model (but need to be called before _getSummaryName)
173
174 self.textData = TextData(self.args)
......
180 if self.args.createDataset:
181 print('Dataset created! Thanks for using this program')
182 return # No need to go further
183
184 # Prepare the model
185 with tf.device(self.getDevice()):
186 self.model = Model(self.args, self.textData)
187
188 # Saver/summaries
189 self.writer = tf.summary.FileWriter(self._getSummaryName())
190 self.saver = tf.train.Saver(max_to_keep=200)
191
......
197 # Running session
198 self.sess = tf.Session(config=tf.ConfigProto(
199 allow_soft_placement=True, # Allows backup device for non GPU-available
    operations (when forcing GPU)
200 log_device_placement=False) # Too verbose ?
201 ) # TODO: Replace all sess by self.sess (not necessary a good idea) ?
202
203 if self.args.debug:
204 self.sess = tf_debug.LocalCLIDebugWrapperSession(self.sess)
205 self.sess.add_tensor_filter("has_inf_or_nan", tf_debug.has_inf_or_nan)
206
207 print('Initialize variables...')
208 self.sess.run(tf.global_variables_initializer())
209
210 # Reload the model eventually (if it exist.), on testing mode, the models
    are not loaded here (but in predictTestset)
211 if self.args.test != Chatbot.TestMode.ALL:
212 self.managePreviousModel(self.sess)
213
214 # Initialize embeddings with pre-trained word2vec vectors
215 if self.args.initEmbeddings:
216 print("Loading pre-trained embeddings from GoogleNews-vectors-
        negative300.bin")
```

```
217 self.loadEmbedding(self.sess)
218
219 if self.args.test:
220 if self.args.test == Chatbot.TestMode.INTERACTIVE:
221 self.mainTestInteractive(self.sess)
222 elif self.args.test == Chatbot.TestMode.ALL:
223 print('Start predicting...')
224 self.predictTestset(self.sess)
225 print('All predictions done')
226 elif self.args.test == Chatbot.TestMode.DAEMON:
227 print('Daemon mode, running in background...')
228 else:
229 raise RuntimeError('Unknown test mode: {}'.format(self.args.test)) #
    Should never happen
230 else:
231 self.mainTrain(self.sess)
232
233 if self.args.test != Chatbot.TestMode.DAEMON:
234 self.sess.close()
235 print("The End! Thanks for using this program")
236
237 def mainTrain(self, sess):
......
245 self.textData.makeLighter(self.args.ratioDataset) # Limit the number of
    training samples
246
247 mergedSummaries = tf.summary.merge_all() # Define the summary operator
    (Warning: Won't appear on the tensorboard graph)
248 if self.globStep == 0: # Not restoring from previous run
249 self.writer.add_graph(sess.graph) # First time only
250
251 # If restoring a model, restore the progression bar ? and current batch ?
252
253 print('Start training (press Ctrl+C to save and exit)...')
254
255 try: # If the user exit while training, we still try to save the model
256 for e in range(self.args.numEpochs):
257
258 print()
259 print("----- Epoch {}/{} ; (lr={}) -----".format(e + 1, self.args.
        numEpochs, self.args.learningRate))
260
261 batches = self.textData.getBatches()
262
263 # TODO: Also update learning parameters eventually
264
265 tic = datetime.datetime.now()
266 for nextBatch in tqdm(batches, desc="Training"):
```

```
267 # Training pass
268 ops, feedDict = self.model.step(nextBatch)
269 assert len(ops) == 2 # training, loss
270 _, loss, summary = sess.run(ops + (mergedSummaries,), feedDict)
271 self.writer.add_summary(summary, self.globStep)
272 self.globStep += 1
273
274 # Output training status
275 if self.globStep % 100 == 0:
276 perplexity = math.exp(float(loss)) if loss < 300 else float("inf")
277 tqdm.write("----- Step %d -- Loss %.2f -- Perplexity %.2f" % (self.
    globStep, loss, perplexity))
278
279 # Checkpoint
280 if self.globStep % self.args.saveEvery == 0:
281 self._saveSession(sess)
282
283 toc = datetime.datetime.now()
284
285 print("Epoch finished in {}".format(
286 toc - tic)) # Warning: Will overflow if an epoch takes more than 24 hours,
    and the output isn't really nicer
287 except (KeyboardInterrupt, SystemExit): # If the user press Ctrl+C while
    testing progress
288 print('Interruption detected, exiting the program...')
289
290 self._saveSession(sess) # Ultimate saving before complete exit
291
......
335 def mainTestInteractive(self, sess):
336 """ Try predicting the sentences that the user will enter in the console
337 Args:
338 sess: The current running session
339 """
340 # TODO: If verbose mode, also show similar sentences from the training
    set with the same words (include in mainTest also)
341 # TODO: Also show the top 10 most likely predictions for each predicted
    output (when verbose mode)
342 # TODO: Log the questions asked for latter re-use (merge with test/
    samples.txt)
343
344 print('Testing: Launch interactive mode:')
345 print('')
346 print('Welcome to the interactive mode, here you can ask to Deep Q&A the
    sentence you want. Don\'t have high '
347 'expectation. Type \'exit\' or just press ENTER to quit the program. Have
    fun.')
348
```

```
349 while True:
350 question = input(self.SENTENCES_PREFIX[0])
351 if question == '' or question == 'exit':
352 break
353
354 questionSeq = [] # Will be contain the question as seen by the encoder
355 answer = self.singlePredict(question, questionSeq)
356 if not answer:
357 print('Warning: sentence too long, sorry. Maybe try a simpler sentence.')
358 continue # Back to the beginning, try again
359
360 print('{}{}'.format(self.SENTENCES_PREFIX[1], self.textData.
          sequence2str(answer, clean=True)))
361
362 if self.args.verbose:
363 print(self.textData.batchSeq2str(questionSeq, clean=True, reverse=True))
364 print(self.textData.sequence2str(answer))
365
366 print()
367
......
```

这个文件的内容确实有点冗长，有 657 行之多，不过其中一些封装过的与主要流程关系不大的内容我们已经和前面的内容一样做了省略处理。

155 行，程序入口函数。

165 行，获取程序运行参数。

172 行，如果有已经保存的模型文件，就重用之前模型文件中对当前模型训练有用的参数。

174 行，准备训练数据读文件，一行输入，下一行为其对应输出，每行再做分词，每个单词有唯一 ID，每个 ID 对应一个唯一单词。

185 ～ 186 行，在指定设备上运行初始化模型。

215 ～ 217 行，如果有已经训练好的 word2vec 模型就用。

219 ～ 236 行，是以测试模型方式运行还是训练模型。

237 行，进行模型训练。

245 行，暂时没用。

256 行，开始训练循环。

261 行，获取一轮训练所有 batch 数据。

266 行，循环每次取一个 batch 数据。

270 行，feed forward。

文件 model.py 如下：

```
1 # Copyright 2015 Conchylicultor. All Rights Reserved.
```

```
......
68 return tf.matmul(X, self.W) + self.b
69
70
71 class Model:
......
79 def __init__(self, args, textData):
......
87 self.textData = textData # Keep a reference on the dataset
88 self.args = args # Keep track of the parameters of the model
89 self.dtype = tf.float32
90
91 # Placeholders
92 self.encoderInputs = None
93 self.decoderInputs = None # Same that decoderTarget plus the <go>
94 self.decoderTargets = None
95 self.decoderWeights = None # Adjust the learning to the target sentence size
96
97 # Main operators
98 self.lossFct = None
99 self.optOp = None
100 self.outputs = None # Outputs of the network, list of probability for
    each words
101
102 # Construct the graphs
103 self.buildNetwork()
104
105 def buildNetwork(self):
......
113 outputProjection = None
114 # Sampled softmax only makes sense if we sample less than vocabulary size.
115 if 0 < self.args.softmaxSamples < self.textData.getVocabularySize():
116 outputProjection = ProjectionOp(
117 (self.args.hiddenSize, self.textData.getVocabularySize()),
118 scope='softmax_projection',
119 dtype=self.dtype
120 )
121
122 def sampledSoftmax(labels, inputs):
123 labels = tf.reshape(labels, [-1, 1]) # Add one dimension (nb of true
                              classes, here 1)
124
125 # We need to compute the sampled_softmax_loss using 32bit floats to
126 # avoid numerical instabilities.
127 localWt = tf.cast(tf.transpose(outputProjection.W), tf.float32)
128 localB = tf.cast(outputProjection.b, tf.float32)
129 localInputs = tf.cast(inputs, tf.float32)
130
```

```
131 return tf.cast(
132 tf.nn.sampled_softmax_loss(
133 localWt, # Should have shape [num_classes, dim]
134 localB,
135 labels,
136 localInputs,
137 self.args.softmaxSamples, # The number of classes to randomly sample per
    batch
138 self.textData.getVocabularySize()), # The number of classes
139 self.dtype)
140
141 # Creation of the rnn cell
142 def create_rnn_cell():
143 encoDecoCell = tf.contrib.rnn.BasicLSTMCell( # Or GRUCell, LSTMCell(args.
                hiddenSize)
144 self.args.hiddenSize,
145 )
146 if not self.args.test: # TODO: Should use a placeholder instead
147 encoDecoCell = tf.contrib.rnn.DropoutWrapper(
148 encoDecoCell,
149 input_keep_prob=1.0,
150 output_keep_prob=self.args.dropout
151 )
152 return encoDecoCell
153 encoDecoCell = tf.contrib.rnn.MultiRNNCell(
154 [create_rnn_cell() for _ in range(self.args.numLayers)],
155 )
156
157 # Network input (placeholders)
158
159 with tf.name_scope('placeholder_encoder'):
160 self.encoderInputs = [tf.placeholder(tf.int32, [None, ]) for _ in
        range(self.args.maxLengthEnco)] # Batch size * sequence
        length * input dim
161
162 with tf.name_scope('placeholder_decoder'):
163 self.decoderInputs = [tf.placeholder(tf.int32, [None, ], name='inputs')
                        for _ in range(self.args.maxLengthDeco)] # Same
sentence length for input and output (Right ?)
164 self.decoderTargets = [tf.placeholder(tf.int32, [None, ], name='targets')
    for _ in range(self.args.maxLengthDeco)]
165 self.decoderWeights = [tf.placeholder(tf.float32, [None, ],
    name='weights') for _ in range(self.args.maxLengthDeco)]
166
167 # Define the network
168 # Here we use an embedding model, it takes integer as input and convert
        them into word vector for
169 # better word representation
```

```
170 decoderOutputs, states = tf.contrib.legacy_seq2seq.embedding_rnn_seq2seq(
171 self.encoderInputs, # List<[batch=?, inputDim=1]>, list of size args.
    maxLength
172 self.decoderInputs, # For training, we force the correct output (feed_
    previous=False)
173 encoDecoCell,
174 self.textData.getVocabularySize(),
175 self.textData.getVocabularySize(), # Both encoder and decoder have the
    same number of class
176 embedding_size=self.args.embeddingSize, # Dimension of each word
177 output_projection=outputProjection.getWeights() if outputProjection else
    None,
178 feed_previous=bool(self.args.test) # When we test (self.args.test), we
    use previous output as next input (feed_previous)
179 )
180
......
185 if self.args.test:
186 if not outputProjection:
187 self.outputs = decoderOutputs
188 else:
189 self.outputs = [outputProjection(output) for output in decoderOutputs]
190
191 # TODO: Attach a summary to visualize the output
192
193 # For training only
194 else:
195 # Finally, we define the loss function
196 self.lossFct = tf.contrib.legacy_seq2seq.sequence_loss(
197 decoderOutputs,
198 self.decoderTargets,
199 self.decoderWeights,
200 self.textData.getVocabularySize(),
201 softmax_loss_function= sampledSoftmax if outputProjection else None # If
    None, use default SoftMax
202 )
203 tf.summary.scalar('loss', self.lossFct) # Keep track of the cost
204
205 # Initialize the optimizer
206 opt = tf.train.AdamOptimizer(
207 learning_rate=self.args.learningRate,
208 beta1=0.9,
209 beta2=0.999,
210 epsilon=1e-08
211 )
212 self.optOp = opt.minimize(self.lossFct)
213
214 def step(self, batch):
```

```
......
224 feedDict = {}
225 ops = None
226
227 if not self.args.test: # Training
228   for i in range(self.args.maxLengthEnco):
229     feedDict[self.encoderInputs[i]] = batch.encoderSeqs[i]
230   for i in range(self.args.maxLengthDeco):
231     feedDict[self.decoderInputs[i]] = batch.decoderSeqs[i]
232     feedDict[self.decoderTargets[i]] = batch.targetSeqs[i]
233     feedDict[self.decoderWeights[i]] = batch.weights[i]
234
235   ops = (self.optOp, self.lossFct)
236 else: # Testing (batchSize == 1)
237   for i in range(self.args.maxLengthEnco):
238     feedDict[self.encoderInputs[i]] = batch.encoderSeqs[i]
239   feedDict[self.decoderInputs[0]] = [self.textData.goToken]
240
241   ops = (self.outputs,)
242
243 # Return one pass operator
244 return ops, feedDict
```

79 ～ 100 行，初始化网络模型参数。

sequence-to-sequence 模型，包含 2 个 RNN 网络：encoder 和 decoder，它们可以共享 weights，或者使用不同的参数集合。

❑ encoder input：ABC；

❑ decoder input：<go>WXYZ；

❑ decoder output 或者 decoder targets: WXYZ<eos>。

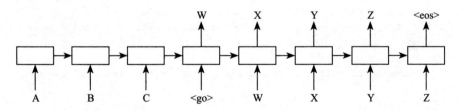

105 ～ 212 行，创建网络。

142 ～ 152 行，创建 LSTM 单元并添加 dropout。

153 ～ 155 行，创建多层 LSTM。

159 ～ 165 行，创建 encoder input，decoder input，decoder output，decoder weights 占位符。

170 ～ 179 行，定义 sequence-to-sequence 网络。

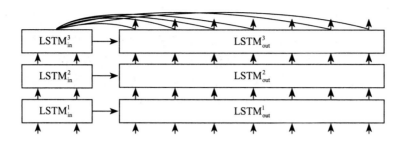

上面这张图是两个三层 LSTM 网络，左边三层，右边三层，左右网络结构一样。LSTM3_in 的输出到 LSTM3_out 的输出再使用全连接，LSTM2_out 每层网络需要接收对应层 LSTM1_in 的输出。

我们的网络使用的是两个两层 LSTM 网络，其他和上图一样。

❑ output_projection：如果你的训练 vocabularies 很大，那么每次 LSTM 的输出就是一个很大的 tensor 包含每种可能性的概率。使用这个参数你可以每次只算一部分 vocabularies 在每种可能性上的概率，最后再映射完整的大 tensor 上。

❑ feed_previous：False，decoder 总是使用 decoder_inputs，True，decoder 只使用第一个 decoder_inputs 元素，之后的每次 decoder input 都是使用前一次 decoder 的输出结果。

179 行，feed_previous 设置成 False 表示。

196 ～ 202 行，定义 loss 函数。

206 ～ 212 行，使用 AdamOptimizer 优化器最小化 loss。

214 ～ 244 行，填充占位符，返回优化器 Op。

请注意，在使用这个聊天机器人之前需要安装一个叫做 nltk 的工具：

```
python3 -m nltk.downloader punkt
```

运行方式（训练）：

```
python3 main.py
```

请注意，这段代码是用 Python 3.x 版本来书写的，所以在"玩耍"它之前请确定自己的 Python 版本为 3.5 或者 3.6 版本。

```
data@ubuntu:~$ python3.6
Python 3.6.0 (default, Mar 28 2017, 20:41:29)
[GCC 5.4.0 20160609] on linux
Type "help", "copyright", "credits" or "license" for more information.
>>>
```

安装方法可以参考后面的附录部分，也很简单。

在训练好模型之后，如果想开始使用或者说测试这个聊天机器人，需要运行：

```
python3 main.py –test interactive
```

最后只强调一点吧，就是聊天机器人训练的时候是严重依赖话术库的。换言之，你拿美剧字幕作为训练样本给机器人，它学出来就是美剧翻译腔；你拿《红楼梦》给它学，它学出来就是《红楼梦》风格；你拿一本婚姻法和一本刑法给它学，它学出来就是法律条文的陈词……总之，这种机器人对于场景是十分敏感的，在应用中这一点要在开始训练之前先考虑好，以免学出来一个除了打岔就是打岔的糊涂机器人。

8.7 小结

RNN 从 20 世纪 80 年代第一次作为一种新的网络连接结构被提以来经过了三十多年的发展，目前的 RNN 理论层面的突破并不快。在 1997 年提出的 LSTM 网络算法直到今天还是工业界最常用的算法模型。

在各公司训练的聊天机器人及其变种也是以深度 LSTM 网络为基础的。应该说在近期相关的"多对一""一对多""多对多"的应用场景仍然是以 LSTM 作为首选。而且由于这种网络的复杂度很高，训练的过程中仍然是以相对固定的场景、具象性比较强的场景作为先决条件比较好。尽量不要做一些适配性强、兼容性广的机器人模型，往往效果很不如人意。

请注意，这种具象性强和场景固定的要求不仅仅是在 LSTM 网络模型中才有，在其他的应用场景中也是希望边界划定清晰、功能单一，这样才比较容易实现应用效果。这样的局限性可以认为是样本的缺乏所带来的问题，也是理论层面没有本质性突破之前深度学习所面临的最严重的问题。

扩 展 篇

Chapter 9 第9章

深度残差网络

随着人们对于神经网络技术的不断研究和尝试，每年都会诞生很多新的网络结构或模型。这些模型大都有着经典神经网络的特点，但是又会有所变化。你说它们是杂交也好，是变种也罢，总之针对神经网络创新的各种办法那真叫大开脑洞。而这些变化通常影响的都是使得这些网络在某些分支领域或者场景下的表现更为出色（虽然我们期望网络的泛化性能够在所有的领域都有好的表现）。深度残差网络（deep residual network）就是众多变种中的一个代表，而且在某些领域确实效果不错，例如目标检测（object detection）。

9.1 应用场景

对于传统的深度学习网络应用来说，我们都有这样一种体会，那就是网络越深所能学到的东西就越多。当然收敛速度同时也就越慢，训练时间越长，然而深度到了一定程度之后就会发现有一些越往深学习率越低的情况。深度残差网络的设计就是为了克服这种由于网络深度加深而产生的学习率变低、准确率无法有效提升的问题，也称作网络的退化问题。甚至在一些场景下，网络层数的增加反而会降低正确率。

关于深度残差网络的介绍资料不算多，至少比起传统的 BP、CNN、RNN 网络的介绍资料就少得多了，我这边参考的是何恺明先生在网上公开的一个介绍性资料"Deep Residual Networks——Deep Learning Gets Way Deeper"。[⊖]

   ⊖ 地址：http://icml.cc/2016/tutorials/icml2016_tutorial_deep_residual_networks_kaiminghe.pdf。

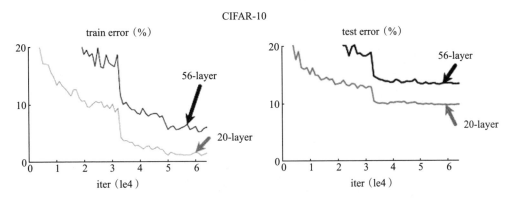

说到对比传统的卷积神经网络在做分类器的时候，在加深网络层数的过程中是会观察到一些出乎意料的现象的。例如在 CIFAR-10 项目上使用 56 层的 3×3 卷积核的网络其错误率无论是训练集上还是验证集上，都高于 20 层的卷积网络，这就尴尬了。通常为了让网络学到更多的东西，是可以通过加深网络的层数，让网络具备更高的 VC 维这样的手段来实现的。但眼前的事实就是这样，加到 56 层的时候，其识别错误率要比在 20 层的时候更加糟糕。

这种现象的本质问题是由于出现了信息丢失而产生的过拟合问题。这些图片在经过多层卷积的采样后在较深的网络层上会出现一些奇怪的现象，就是明明是不同的图片类别，但是却产生了看上去比较近似的对网络的刺激效果。这种差距的减小也就使得最后的分类效果不会太理想，所以解决思路应该是尝试着使它们引入这些刺激的差异性和解决泛化能力为主。所以才会考虑较大尺度地改变传统 CNN 网络的结构，而结果也没有让我们失望，新型的深度残差网络在图像处理方面表现出来的优秀特性确实令我们眼前一亮。

ResNet's object detection result on COCO

到目前为止，在图像分类（image classification）、对象检测（object detection）、语义分割（semantic segmentation）等领域的应用中，深度残差网络都表现出了良好的效果。上面这几张图都是尝试用深度残差网络在一张图片中去识别具体的一个目标，每个目标的属性标注是基于微软的 COCO 数据集⊖的数据标识。物品（人）的框图上还标注了一个小数，这个数字就是概率，或者称确信度（precision），指模型识别这个物体种类的确信度。我们能看到，在这个图片中大部分物体的识别还是非常准确的。

9.2 结构解释与数学推导

深度网络有个巨大的问题，那就是随着深度的加深，很容易出现梯度消失和梯度爆炸的问题。

⊖ http://mscoco.org/，微软的 COCO Dataset。

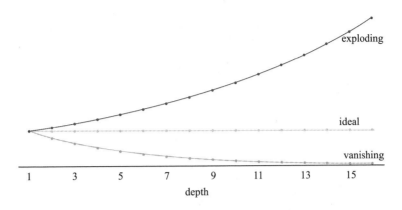

前面我们也提过这个问题，因为网络深度太大所以残差传播的过程在层与层之间求导的过程中会进行相乘叠加，一个小于1或一个大于1的数字在经过150层的指数叠加就会变得很大或者很小，我们自己手算一下也能算出来，0.8的150次方大约是2.9×10^{-15}，1.2的150次方大约是7.5×10^{11}，这两种情况都是极为严重的灾难，任何一种都会导致训练劳而无功。

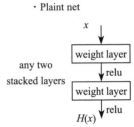

在传统的平网络（plain network）中，一层的网络的数据来源只能是前一层网络，就像上图这样，数据一层一层向下流。对于卷积神经网络来说，每一层在通过卷积核后都会产生一种类似有损压缩的效果，可想而知在有损压缩到一定程度以后，分不清楚原本清晰可辨的两张照片并不是什么意外的事情。这种行为叫有损压缩其实并不合适，实际在工程上我们称之为降采样（downsampling）——就是在向量通过网络的过程中经过一些滤波器（filter）的处理，产生的效果就是让输入向量在通过降采样处理后具有更小的尺寸，在卷积网络中常见的就是卷积层和池化层，这两者都可以充当降采样的功能属性。主要目的是为了避免过拟合，以及有一定的减少运算量的副作用。在深度残差网络中，结构出现了比较明显的变化。

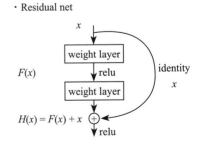

在这种情况下，会引入这种类似"短路"式的设计，将前若干层的数据输出直接跳过多层而引入到后面数据层的输入部分，如图所示。这会产生什么效果呢？简单说就是前面层的较为"清晰"一些的向量数据会和后面被进一步"有损压缩"过的数据共同作为后面的数据输入。而对比之前没有加过这个"短路"设计的平网络来说，缺少这部分数据的参考，本身是一种信息丢失的现象本质。本来一个由2层网络组成的映射关系我们可以称之为$F(x)$的这样一个期望函数来拟合，而现在我们期望用$H(x) = F(x) + x$来拟合，这本身就引入了更为丰富的参考信息或者说更为丰富的维度（特征值）。这样网络就可以学到更为丰富的内容。

这张图比较了三种网络的深度和结构特点，VGG-19、34 层的"平网络"——也就是普通 34 层的 CNN 网络，还有 34 层的深度残差网络。

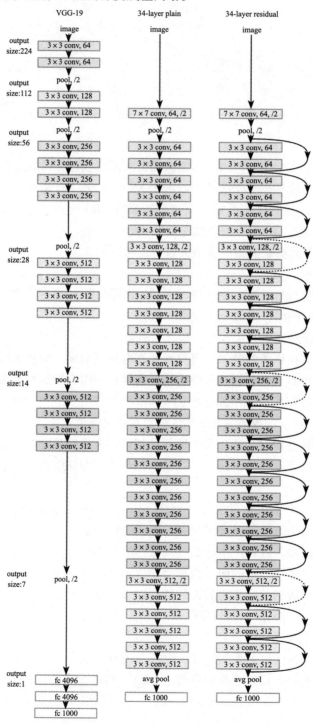

在深度残差网络的设计中通常都是一种"力求简洁"的设计方式，只是单纯加深网络，所有的卷积层几乎都采用 3×3 的卷积核，而且绝不在隐藏层中设计任何的全连接层，也不会在训练的过程中考虑使用任何的 DropOut 机制。以 2015 年的 ILSVRC & COCO Copetitions 为例，以分类为目的的深度残差网络"ImageNet Classfication"居然能够达到 152 层之深，也算是破了纪录了。

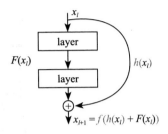

这种短路层引入后会有一种有趣的现象，就是会产生一个非常平滑的正向传递过程。我们看 x_{l+1} 和其前面一层 x_l 的关系是纯粹一个线性叠加的关系。如果进一步推导 x_{l+2} 及其以后层的输出会发现展开后是这样一个表达式：

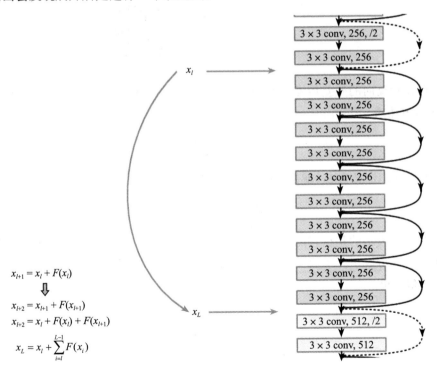

也就是后面的任何一层 x_L 向量的内容会有一部分由其前面的某一层 x_l 线性贡献。

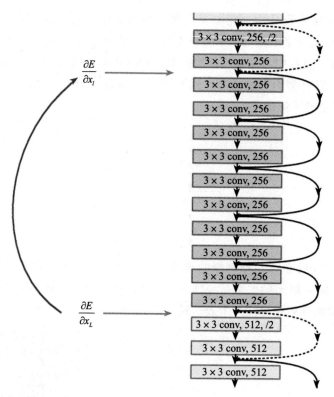

好，现在看反向的残差传递，也是一个非常平滑的过程。这是刚才我们看到的某层输出 x_L 的函数表达式

$$x_L = x_l + \sum_{i=l}^{L-1} F(x_i)$$

那么残差我们定义为 E（就是 $Loss$），应该有

$$E = \frac{1}{2}(x_L - x_{lable})^2$$

后面的 x_{lable} 表示的是在当前样本和标签给定情况下某一层 x_L 所对应的理想向量值，这个残差表示它就可以了。下面又是老生常谈的求导过程了，这里就是用链式法则可以直接求出来的，很简单

$$\frac{\partial E}{\partial x_l} = \frac{\partial E}{\partial x_L}\left(1 + \frac{\partial \sum_{i=1}^{L-1} F(x_i)}{\partial x_l}\right)$$

注意这个地方，用白话解释就是任意一层上的输出 x_L 所产生的残差可以传递回其前面的任意一层的 x_l 上，这个传递的过程是非常"快"或者说"直接"的，那么它在层数变多

的时候也不会出现明显的效率问题。而且还有一个值得注意的地方，后面这项 $1+\dfrac{\partial \sum\limits_{i=1}^{L-1}F(x_i)}{\partial x_l}$，

它可以使得 $\dfrac{\partial E}{\partial x_L}$ 到 $\dfrac{\partial E}{\partial x_l}$ 是一个线性叠加的过程而非连乘，所以它自然也不太可能出现梯度消失现象。这些就是从数学推导层面来解释为什么深度残差网络的深度可以允许那么深，并且还没有出现令人恐惧的梯度消失问题和训练效率问题。

补充说明一下，$E=\dfrac{1}{2}(x_L-x_{lable})^2$ 中的 E 和 x_L 在这里泛指某两个不同层之间的关系，指代它们的残差和输出值。大家请注意，在一个多层的网络中，每一层我们都可以认为是一种分类器模型，只不过每一层分类器的具体分类含义人类很难找到确切的并且令人信服的物理解释。然而每一层的各种神经元在客观上确实充当着分类器的功能，它将前面一层输入的向量进行采样并映射为新的向量空间分布。所以从这个角度去解释的话，$E=\dfrac{1}{2}(x_L-x_{lable})^2$ 可以看成指代任何一个"断章取义"的网络片段也没问题，也就不强调这个损失函数一定是由最后一层传到前面某一层去的了。

9.3　拓扑解释

除了前面我们提到的这种基于网络各层函数表达式的解释以外，深度残差网络的学习能力强、有好的性能表现还有一种解释，我们把这种解释可视化一下。

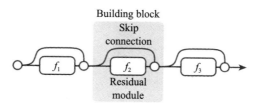

短路项相当于像上图这样把所有的一个一个网络短接了过去，而这些短接过去的部分其实形成了新的拓扑结构。

例如刚刚的 f_1、f_2、f_3 这三个网络通过短接之后其实就演变成了右边这样一个拓扑结构，我们可以清楚地看到，这相当于是多个不同的网络模型做了融合或并联。将前面的向量信息通过多个不同的分类器模型将结构反馈到后面去。而没变化之前只有最下面的一条串联结构，这两种模型的不同正是造成它们学习能力不同的关键。

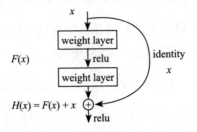

残差网络中的特殊点就在于刚刚的这个结构就是将这样一个一个的带有 ShortCut 部分的单元头尾相接连在一起。笔者在 Keras 这种框架中发现它提供了两种不同的 ShortCut 单元以供使用，一种是带有卷积项的，一种是不带有卷积项的。

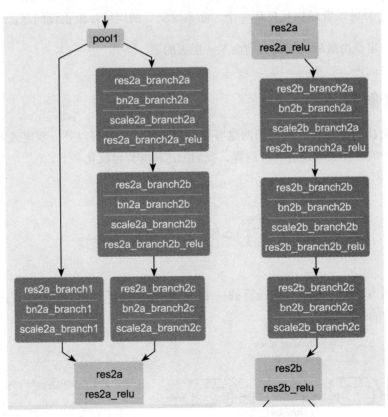

这里提一句 Keras，Keras 也是一个非常好的深度学习框架，或者说"壳子"更合适。它提供了更为简洁的接口格式，能够让使用者在非常短的代码中实现很多模型描述信息。

它的后端支持 TensorFlow 和 Theano 两种框架作为后台实现（backend）。在 TensorFlow 中描述很复杂的过程，可以在 Keras 里封装地非常好，所以在实际工作中笔者也经常使用 Keras "包裹"着 TensorFlow 去做工程，代码可读性会好很多。大家有兴趣可以去试一下，本书后面的附录也提供了 Keras 的安装文档以供参考。

9.4　Github 示例

关于深度残差网络的实现在 Github 上有很多人都上传过，这里我们也尝试过一些版本，例如：

https://github.com/ry/tensorflow-resnet

https://github.com/raghakot/keras-resnet/blob/master/resnet.py

前者还可以从网上下载一个 Pretrained Model，都是模型制作人自己使用一些数据集训练的一些模型状态。我们可以认为它算是具备一定识别能力的 "半成品"。

Pretrained Model

To convert the published Caffe pretrained model, run `convert.py`. However Caffe is annoying to install so I'm providing a download of the output of convert.py:

tensorflow-resnet-pretrained-20160509.tar.gz.torrent 464M

在自己应用的场景中，可以根据需要在将这些 "半成品" 初始化后继续用一些数据集训练，使其更能适配自己所指派的场景。这种方式在工程中也很多见，毕竟要得到人家这个 "半成品" 的水平也要自己花费极多的人力成本和时间成本。

何恺明先生自己也公开了一种实现方式，地址在 https://github.com/KaimingHe/deep-residual-networks，不过是在 Caffe 上实现的，有兴趣研究 Caffe 框架的朋友可以做个参考。具体的代码我们就不展开细讲了。

9.5　小结

应该说，残差网络的发明是对网络连接结构的又一种有益的尝试，而且实际效果还确实不错。曾经有人问过我，如果深度残差网络中不是用一个 ShortCut 跳过两个卷积层，而是跳过 1 个或者 3 个或者其他数量会有什么结果。

这个问题很难回答，但是问题本身并非没有意义。

首先，跳过 1 个也好 3 个也罢，每一种不同的链接方式都是一种新的网络拓扑结构，有着不同的分类能力。由于神经网络本身的构造就非常复杂，经过这样的拓扑结构改变后直接讨论两种具备不同拓扑结构网络的学习能力也就比较困难。不过有一点可以确定，那就是网络发生类似"并联"的情况是会提高网络本身学习的容纳能力的。至于在哪个场景，有多大程度的能力提高，需要在实验中不断尝试和对比，从而总结归纳出一些新的理论成果。所以其实理论上确实不能排除跳过 1 个或者 3 个层来做短接在其他一些分类领域会有更好的效果，这需要具体的实验和论证过程。现在国际上每年出现的一些新的关于网络结构调整的论文也都是基于一些实验而归纳出来的理论，虽然大部分谈不上什么重大突破，不过科研这种东西总要有一个积量变为质变的过程。

我倒是认为，大家在工作的过程中，一方面多关注国际上最新的一些论文和实验成果，一方面也可以在自己掌握的理论基础上大胆提出一些新的观点并进行论证尝试。这同样是一种值得鼓励的科研态度，也是得到经验的好方法。

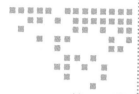

第 10 章 *Chapter 10*

受限玻尔兹曼机

说到受限玻尔兹曼机（restricted boltzmann machine，RBM），一定会有人问"那不受限的玻尔兹曼机"是啥样子的。不受限的玻尔兹曼机肯定是有的，只不过这种"不受限"的玻尔兹曼机在工程上实在是派不上什么用场，所以通常就机器学习领域的研究来说，只学习受限玻尔兹曼机的原理就可以了。

10.1　结构

咱们先来看看这种 RBM 的结构是什么样子的吧。

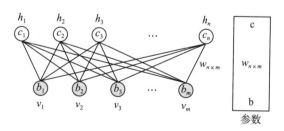

参数

样子看上去土土的是不是，比我们前面看的 BP、CNN、RNN 差远了。它的最简化模型只有两层，一层叫隐藏层（hidden 层），一层叫可视化层（visible 层）。在实际工作中，RBM 是可以多层叠加在一起工作的，不过我们只看这个最简化的模型——两层的模型，看它是怎么工作。

上面的 h_1 到 h_n 是 n 个实数，下面的 v_1 到 v_m 是 m 个实数，这些实数都是 0 到 1 之间的数字，它们各自组成了一个 h 向量和一个 v 向量。中间的每条线上都有一个权重，一共有

$m \times n$ 个权重，也就是一个 $m \times n$ 的 w 矩阵。上面的隐藏层的节点上写了 c_1 到 c_n，下面的可视化层的节点上则写了 b_1 到 b_m，它们分别表示在这些节点上所形成的偏置值。也就是说，在训练的时候会有这样一个映射关系：

$$p(h_i = 1 \mid v) = \sigma\left(\sum_{j=1}^{m} w_{ij} \times v_j + c_i \right), \quad p(v_j = 1 \mid h) = \sigma\left(\sum_{i=1}^{n} w_{ij} \times h_i + b_i \right)$$

这两个表达式看上去不大友好，下面我们用白话解释一下。

当上面所有的 h 输入的时候，v_1 和 h_1 到 h_n 这 $n+1$ 个节点实际上组成了一个小网络，整个 h 向量和 v_1 上这 m 个 w 做了内积——也就是 $h_1 w_{11} + h_2 w_{21} + \cdots + h_m w_{m1}$，后面加上一个 v_1 上的偏置 b_1，之后的和再过一下 $f(x) = \dfrac{1}{1 + e^{-x}}$ 这个函数，最后输出 v_1。同理 v_2 到 v_m 也是一样的计算方法，只不过权重乘的是它们各自连接的权重而已。

等等，还没完。同样，反过来，当下面所有的 v 输入的时候，h_1 的计算就是这样了，v 和 h_1 上的权重 w 做内积，再加上 c_1，之后的和再过一下 $f(x) = \dfrac{1}{1 + e^{-x}}$ 这个函数，最后输出 h_1。同理得到 h_2 到 h_m。过程并不复杂，就是看着表达式略显头晕而已。

这种模型有趣的地方就在于输入输出两侧同时放入样本，可以互为输入和输出形成一个映射关系。

10.2　逻辑回归

在讲玻尔兹曼机的损失函数之前，还是需要先铺垫一个概念，那就是最大似然度以及逻辑回归。我们先来说逻辑回归。有的读者朋友可能已经听说过逻辑回归很多次了，而且在前面我们已经看过它的形式了。

$$f(x) = \frac{1}{1 + e^{-(wx+b)}}$$

这里的 x 是个向量。其实如果把 $wx+b$ 当成一个自变量 z 的话，那么 $y=f(z)$ 的图像就是一个 Sigmoid 函数图像——一个 S 曲线。我们现在的问题是，为什么是这么个东西？它怎么来的？这个我们已经熟视无睹的东西细说起来还是有渊源的，听我慢慢说。

如果你以前接触过"伯努利分布"的话那就会知道，伯努利分布其实就是二项分布。

$$P_n = \begin{cases} p, & n = 1 \\ 1-p, & n = 0 \end{cases}$$

这个分布的含义就是说在有的随机过程中你研究某个事件的发生或出现就是一个"是"或"否"的概念，"是"就是 1，"否"就是 0。简单说，例如，如果我们可以观测到诸如扔硬币这种事情，产生正面记做 1，产生反面记做 0，那么经过若干次之后就会产生一个统计值，就是产生正面的次数 m 与总次数 n 的比值关系，也就是 p，那么背面的比值就是 $1-p$，不存在其他的状态。伯努利分布及其相关的延展讨论都是研究这样一种只有两种可能性的随机过程中事件所表现出来的特性与规律。

令它们的比值 $\dfrac{p}{1-p}$ 为 s，这个 s 的含义就是一个确信程度的含义，或者说是 1 和 0 两种情况的概率比值。取 $t = \ln(s)$，则有如下推导：

$$t = \ln\left(\frac{p}{1-p}\right)$$
$$\Leftrightarrow e^t = \frac{p}{1-p}$$
$$\Leftrightarrow e^t(1-p) = p$$
$$\Leftrightarrow e^t = p + e^t p$$
$$\Leftrightarrow p = \frac{1}{1+e^{-t}}$$

到这里基本就看明白了将 t 代换成为 $wx + b$ 就 OK 了，$f(x)$ 就是 1 产生的概率 p，x 就是一个多维向量。也就是：

$$p = f(x) = \frac{1}{1+e^{-(wx+b)}}$$

逻辑回归的损失函数：

$$Loss = -\frac{1}{n}\sum_{i=1}^{n} y_i \cdot \log f(x_i) + (1-y_i) \cdot \log(1-f(x_i))$$

这个损失函数看上去跟交叉熵损失函数的样子还很像，它的含义也很清晰。这个函数的损失由两部分构成，当标签值 y_i 为 1 的时候，后面的项恒为 0，描述损失的是 $\log f(x_i)$ 项，如果 $\log f(x_i)$ 为 0，$f(x_i)$ 必为 1，如果不是 1 那么 $f(x_i)$ 越小则损失值越大；当标签值 y_i 为 0 的时候，前面的项恒为 0，描述损失的是 $(1-y_i) \cdot \log(1-f(x_i))$ 项，如果 $\log(1-f(x_i))$ 为 0，$f(x_i)$ 必为 0，如果不是 0 那么 $f(x_i)$ 越大则损失值越大。在前面接触交叉熵的过程中我们已经详细说过一次了，在这里就不再赘述。

这里的 $wx+b$ 是一个 x 经过线性变换后映射到一维空间中的情形——这个部分最后输出是一个实数值。如果想不太清楚，就想 $y=kx+b$，这个输出的 y 就是映射到一维空间后的结果，当然 y 的大小直接决定了 $p = f(y) = \dfrac{1}{1+e^{-y}}$ 的值。有没有感觉相当于在计算一个距离，当 $y=0$ 的时候 p 是 0.5，也就是"1"和"0"等概率；而当 y 向正负方向"越走越远"的时候则会令值分别无限趋近于"1"或"0"。

10.3 最大似然度

逻辑回归的含义和推导过程基本上就是上面这些东西了，但是这些东西是不是仍然有一些理论依据呢？其实也是有的，就是统计学中的最大似然度（maximum likelihood）或最大似然估计的概念。用白话来说，就是根据统计学特性估算其最大可能的情况这样一种方法。即在一个已经设定好的环境中，有未知参数向量 θ，概率密度函数为 $P(x)$，那么通过一系列随机取的样本 x_1, x_2, $\cdots$, x_T 的观测来估算参数向量 θ。白话解释：有这么一个观测的过程，有一个未知的参数向量 θ，这是一种条件描述。观测对象数据用 x 来表示，那么在观测的过程中 x 是会有一定的概率分布的。把这个分布表示成 $P(x)$ 的表达式。那么如果你观测到的 x 只有 "1" 或 "0" 两种情况，那么 $P(x)$ 的表达式就是刚刚说的伯努利分布

$$P_n = \begin{cases} p, & n=1 \\ 1-p, & n=0 \end{cases}$$

如果你观测到的 x 是一个以 μ 为平均值、以 σ 为标准差的正态分布，那么 $P(x)$ 就应该表示为：

$$P(x) = \frac{1}{\sqrt{2\pi}\sigma} e^{-\frac{(x-\mu)^2}{2\sigma^2}}$$

总之，$P(x)$ 就用来做概率分布密度的描述。

那么观测值 x_1, x_2, $\cdots$, x_T 的联合密度函数应为：

$$L(x|\theta) = \prod_{t=1}^{T} P(x_t)$$

其中这个 Π 读作 "派"，其实就是圆周率 π 的大写形式，不过大写的 Π 这里表示的不是圆周率而是连乘关系。这个 L 函数的含义就是似然度（likelihood），不是 Loss 的含义。这里表示的是对这个随机过程观测了 T 次，如果是扔硬币的场合可以就认为是扔了 T 次硬币做了 T 次记录。其中我将 $X = (x_1, x_2, \cdots, x_T)$ 视为一个自变量向量。展开 $L(x|\theta)$ 会得到：

$$L(x|\theta) = P(x_1|\theta)P(x_2|\theta)\cdots P(x_T|\theta)$$

请注意这里写法的变化，$P(x_1|\theta)$ 和 $P(x_1)$ 是同样的含义，只不过刚才我们忽略掉了这个待定系数 θ，而在这里我们把它写全了，把 θ 同样当成一个变量向量，就类似于写成 $f(x, \theta)$。这个地方不用太过纠结，因为所有的函数表达式中任何一个项或系数，如果你想把它当作变量来研究变化特性的时候，都可以写作多元函数的形式。例如 $y = f(x) = kx+b$，这里相当于我只研究 y 和 x 之间的关系，而 $y = f(x, k, b) = kx+b$ 则相当于我在这个场合下要研究 y 和 x、k、b 三个变量的关系，仅此而已。

那么对于一个确定项的 $L(x|\theta)$ 函数来说，我们希望求出一个合适的 θ 向量的数值来使得这个连乘式取得最大值，有没有觉得突然又变成了好像前面求 Loss 极值的情况？如果要求这个函数的极值点，其实也就是在偏导数等于 0 的点作为候选点中去找，即

$$\frac{\partial L(x\mid\theta)}{\partial\theta}=0$$

但是连乘式求极值是比较麻烦的事情，多个 θ 的函数相乘会给计算带来不必要的复杂性。就是原来在中学的时候我们也有这样的体会，乘法比除法好做，加减法比乘法好做，加法比减法好做，没错吧？这时候可以做这样一个小的技巧，求对数。

$$y=\ln(x)$$

对数函数的定义域是 $x\in(0,+\infty)$，而概率的定义是 $(0,1)$ 区间，定义域方面是没有问题的，而由于 $y=\ln(x)$ 在 $(0,1)$ 区间是一个单调函数而且是增函数，那么 $L(x\mid\theta)=\prod\limits_{t=1}^{T}P(x_t)$ 产生极值的点与 $\ln(L(x\mid\theta))$ 取得极值的点是一致的，问题也就化简成了求

$$\frac{\partial\ln(L(x\mid\theta))}{\partial\theta}=0$$

　　基于统计的机器学习中有个非常重要的概念就是线性回归概念，在本书的最开始部分，我们用囫囵吞枣的方式学习了一下用计算机怎么来做一个线性回归的过程。当时就是直接把描述残差的损失函数表示成为待定系数 w 和 b 的方程（凸函数），然后用一小步一小步"挪"的方式去找合适的位置来满足损失函数最小。从工程角度来说，这么做当时没有什么问题。从学术的角度来说，对于一个完整的

$$X=w_1x_1+w_2x_2+\cdots+w_nx_n+b+u$$

来说，x_1 到 x_n 也就是我们原来一直说的维度叫作"解释变量"，而 u 叫作"随机扰动项"，是在随机过程中的一种不确定值，且这个不确定值一般是满足正态分布的：

$$u\sim N(0,\sigma^2)$$

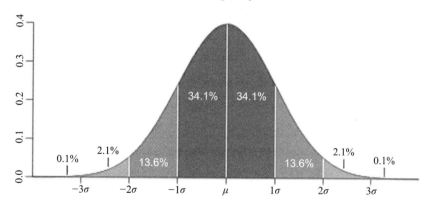

即中心为 0、方差为 σ^2 的正态分布。也就是可以理解为这种观测中产生的误差大部分情况下比较小且接近于 0，有少量概率会使得误差比较大，误差越大的情况概率越小。如此一来，X 的分布就变成了：

$$X\sim N(\mu,\sigma^2),\ \mu=w_1x_1+w_2x_2+\cdots+w_nx_n+b$$

μ 等于就是两项做了一个叠加，μ 这个等式就是 $wx+b$ 的由来。

继续推导：

$$L(w, \sigma^2) = P(x_1, x_2, \cdots, x_T)$$
$$= \prod_{t=1}^{T} P(x_1)$$
$$= \frac{1}{(2\pi)^{\frac{T}{2}} \sigma^T} e^{-\frac{1}{2\sigma^2} \sum_{t=1}^{T} (x_t - \mu_t)^2}$$

求对数：

$$\ln L(w, \sigma^2) = \sum_{t=1}^{T} \left(-\frac{1}{2} \ln(2\pi\sigma^2) - \frac{1}{2\sigma^2} (x_t - \mu_t)^2 \right), \quad t = 1, 2, \cdots, T$$

这里的 t 就代表每个观测样本的序列号。

如果看着实在不大明白也没关系，记住一个跟我们有关的结论就行，一个连乘关系的最大值可以通过求对数极值的方法找到最大值点，而且它最大值的位置和其取对数后的极大值位置是相同的。

10.4　最大似然度示例

有关最大似然度的使用，我们就看一个最简单的例子找找感觉好了。

假设在一个箱子里放置大量的同样大小的白球和黑球，然后随机在里面抽取 1 个，观测再放回，重复 100 次。发现有 80 次是白球，20 次是黑球。问箱子里白球的比例是多少？从感觉上来看，似乎应该是有 80% 的白球才对，但是数学上应该怎么推导呢？来看过程。

首先这是一个典型的伯努利分布求 $P_n = \begin{cases} p, & n=1 \\ 1-p, & n=0 \end{cases}$ 中 p 值的问题，简单解释就是在一个随机过程的观测中会发现一个事件发生的概率为 p，不发生的概率为 $1-p$。根据伯努利分布律来计算：

$$P(x|\theta)$$
$$= P(x_1|\theta)P(x_2|\theta)\cdots P(x_{100}|\theta)$$
$$= p^{80}(1-p)^{20}$$

其中 θ 就是待定的参数，也就是白球的比例。问题就变成了 θ 参数是多大时，$P(x|\theta) = p^{80}(1-p)^{20}$ 能取得极大值。

令

$$f(p) = p^{80}(1-p)^{20}$$

求导：

$$\frac{\mathrm{d}f(p)}{\mathrm{d}p} = 80p^{79}(1-p)^{20} - 20p^{80}(1-p)^{19} = 0$$

$$20(1-p)^{19}p^{79}(4-5p) = 0$$

这里很明显可以看到有几种情况能让等式为 0，等于 0 的地方就是 $f(p)$ 函数的极值点候选位置。

$$p = 1,\ p = 0,\ p = 0.8$$

这三个值是"或"的关系，但是很容易判断出 $p=1$ 和 $p=0$ 是方程的增根，只有 $p=0.8$ 的情况下可以得到解。

　　这就是一个最大似然度在伯努利分布中应用的最简单的例子了，希望能对读者朋友更直观地认识这种方法有帮助。

10.5　损失函数

　　言归正传，继续回来看受限玻尔兹曼机。受限玻尔兹曼机的损失函数叫做对比散度函数（contrasive divergence，CD），虽说听着名字还是不知所云，但学习目标是我们刚才看过的最大似然度——要让网络学习到一个矩阵，使得网络中拟合的概率"全局性"最大。

　　受限玻尔兹曼机是从玻尔兹曼机中演变出来的，其中玻尔兹曼机有一种解释是能量解释，一种基于能量的模型（energy-based model）。这个能量的定义是：

$$E(v,h\,|\,\theta) = -\left(\sum_{ij} w_{ij}v_ih_j + \sum_i b_iv_i + \sum_j c_jh_j\right)$$

其中的 θ 就是参数 w、c 和 b，后面这些表示的能量有三个部分，一个是由于权重 w 连接两侧的节点 v 和 h 产生的，必须三个都为 1 才算有能量的输出；另外两个则是节点上的偏置和节点输入的向量维度值相乘，也是必须都为 1 才算有能量的输出。

$$P_\theta(v,h) = \frac{1}{Z(\theta)}\mathrm{e}^{-E(v,h|\theta)}$$

$Z(\theta)$ 是归一化因子，和损失函数里最前面的 $\frac{1}{N}$ 是一个意思。也就是表示在 θ 确定的情况下，v 和 h 相互拟合的概率。如果只观测 $P(v)$，那么展开就是：

$$P_\theta(v) = \frac{1}{Z(\theta)}\sum_h \mathrm{e}^{(wvh+ch+vb)}$$

而最大化这个函数来确定 θ 就是相当于最大化其对数值：

$$L(\theta) = \frac{1}{N}\sum_{n=1}^{N} \ln P_\theta(v^n)$$

在对比散度函数的思想指导下，只利用这两个公式：

$$p(h_i = 1 \mid v) = \sigma\left(\sum_{j=1}^{m} w_{ij} \times v_j + c_i\right), \quad p(v_j = 1 \mid h) = \sigma\left(\sum_{i=1}^{n} w_{ij} \times h_i + b_i\right)$$

然后让向量在这个网络的两侧不断"反弹"。初始化网络权重 w，用一个向量 v 通过网络映射来得到 h；然后是第一次"反弹"，用 h 通过网络反过来生成 v'；然后是第二次"反弹"，用这个 v' 通过网络来生成 h'。然后根据 L 函数的导数来更新 w。每个向量都如此尝试。

10.6　应用场景

RBM 在处理分类问题、降维、特征提取等场景中都有一些应用。在很多场景中 RBM 可以进行"串并联"的使用，也就是通过多个 RBM 模型来形成一个完整的工作网络。RBM 的应用其实不如现在的 CNN 和 LSTM 网络那么流行，在 Github 的上资源数量和热度也不够多。这里找到了两个例子，大家有兴趣自己翻看一下就好了。

https://github.com/meownoid/tensorfow-rbm，是用来做解码器的（autodecoder）。

https://github.com/Cospel/rbm-ae-tf，这个例子是用来做降维工具的。

10.7　小结

受限玻尔兹曼机在笔者的工作中很少应用，所以很深层面的东西也确实谈不到，也没有掌握其奥义所在。

有关玻尔兹曼机的内容，大家如果感兴趣，还是去找相关的国外文献去看吧。不过可以负责任地告诉大家，在笔者接触过的大中型互联网公司的同行当中我也做过一些调查，还是一些卷积神经网络、LSTM 网络及其变种的应用比较多，可以说是绝大多数场景了。

神经网络的强大能力其中有一个体现就是使用者可以根据自己的喜好和判断来选择各种有性格的拓扑结构以及神经元和激励函数来做尝试，在实验有比较好的效果后就可以总结归纳其中对效果有帮助的地方了。这种尝试的过程在工程项目的研究中是不可避免的，请大家一定要有耐心。

第 11 章　*Chapter 11*

强化学习

　　这一章我们来聊一聊强化学习相关的问题。

　　强化学习（reinforcement learning），也有地方译做"增强学习"，严格说来不算深度学习的讨论范畴，因为深度学习基本是在研究使用深度神经网络在处理各种问题时候的经验与技巧，而强化学习本身是一种人工智能在训练中得到策略的训练过程。

　　何为得到策略？在前面我们接触过的反向传播网络、卷积神经网络、循环神经网络在工作中大部分都是在完成分类的问题——也就是判断一个样本是什么类别标签的问题，或者一个序列到另一序列的 Sequence-to-Sequence 的输入与输出模型。这跟我们平时看到的科幻电影中强大的人形机器人的功能好像不搭界。不仅是这样，就连我们看到的一个功能单纯到只能下围棋的 AlphaGo 都没办法通过这种方式训练出来。是的，如果希望让机器人（不管是人形机器人还是非人形的带有策略指导输出类型的机器人）有学习的功能，那么就需要使用这种学习的方式了。

　　这种方式工作的过程其实一点都不神秘，也非常好理解。记得曾经在跟朋友吃火锅的时候，其中一位朋友在给另一位教古筝的妹子讲强化学习的过程时用了这样一个比喻。"假如你教一个孩子学古筝，啥都不用告诉他，让他自己随便去弹。他可以站着，躺着，趴着，跪着去弹；可以用手弹，可以用脚弹；可以用很大力气弹，也可以用很小的力气去弹……随他的便。而你作为一个老师要做的事情也很简单，就是只有他弹得要领正确的时候你才给他一块糖，弹得不对就大嘴巴抽他。然后让他自己慢慢总结出来要怎么弹就好了……"

　　当时听完这个解释的方法我觉得这位仁兄真是有才，要义还真是说得差不多，只不过这种学习方式对于以人作为对象的方式来说实在是没有可行性，首先不能打孩子，而且这种方式也特别没效率。好了，这个比喻大家心里有数就行了，下面我们来看具体实施起来是怎么个细节步骤。

11.1 模型核心

所有的强化学习的训练场景都可以简化地描述为这样几个模型要素，我们先来看看整个模型涉及哪几个重要的对象。

首先是这个主体，我们可以粗略地理解成机器人，我们就是要训练它的行为策略。

第二个是环境或者状态，这就是主体所处的当时的"情形"。注意这个情形在不同的场合是不一样的，比如对于 AlphaGo 这种东西来说，环境就是当时的围棋棋盘盘面的情况。而对于自动驾驶的无人汽车，这个环境就是当时的路况（周围车辆位置、自身所处经纬度、天气情况）、卫星地图、车速甚至胎压等各种描述当时状况的数据维度。

除此之外还有两个重要的因素，分别是 Action 和 Reward。

Action 可以翻译成"动作"或者"行为"，就是这个机器人所要做出的反应或者输出。比如 AlphaGo 的把棋子下在什么地方，或者汽车自动驾驶仪的一个转向、油门或刹车指令。

Reward 可以翻译成"反馈"或者"奖励"，不过请注意"奖励"可不永远都是奖励，也可以是惩戒。"奖励"作为正值来说那就是奖励，就像得分一样，如果是负数那就表示惩戒，或者罚分。例如在 AlphaGo 的下定一个棋子后，盘面状态会发生改变，这个时候如果盘面的改变比较有利，则得到一个正值的 Reward，有利较为明显则 Reward 会比较大，而有利较小则 Reward 会比较小。相反，如果盘面变得对自己有较大的不利则 Reward 会取绝对值比较大的负值，有小的不利则会取一个绝对值比较小的负值。

这几个概念都还是比较好理解的对吧？那么人要做的工作就只剩下两个了。

第一，把这些奖励和损失定义好，让环境中产生的奖励和损失能够顺利有效地量化反馈给主体。

第二，让主体以较低的成本快速地不断尝试，以总结出在不同的 State 的情形下 Reward 较大的工作方式。

怎么样，思路很简单对不对？那么我通过什么样的方法建模能够得到一个比较靠谱的策略呢？熟悉统计学的读者朋友肯定会很容易想到一个最为简单的思路——是的，那就是用类似隐马尔可夫链的方式来做训练，统计一下状态转换的概率和得到 Reward 的数学期望值，然后寻找一条获取最大 Reward 的路径。嗯，是的，这个思路靠谱。那我们就来看看这个叫做马尔可夫决策过程的方法。

11.2 马尔可夫决策过程

熟悉马尔可夫老先生解决问题思路的人应该一看这个名称就知道，这个决策的过程是个只和当前状态有关，和以前状态无关的决策过程。

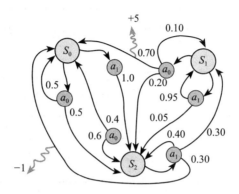

请看上图，马尔可夫决策过程（markov decision process，MDP）从思路上来说基本上只看一种情形就可以了，在一个状态下（就是图中的 S_0、S_1、S_2），会有多大的概率选择某一种动作（就是图中的 a_0 或 a_1），以及每一次状态的迁移会获得多大一个奖励（就是上图中曲里拐弯的箭头上面带着 +5 和 −1 的那种）。整个这个过程是从大量的样本学习中得到的，用表达式来表示这个模型通常写作：$(S, A, P(s, s'), R(s, s'))$ 这样一个四元组。

S 表示状态 State，

A 表示动作 Action，

$P(s, s')$ 表示前后两种状态 s 和 s' 之间的转化概率，

$R(s, s')$ 表示前后两种状态 s 和 s' 之间的转化所获得的奖励 Reward。

对于 MDP 来说，把这 4 个要素描述清楚了，就算是把整个模型描述清楚了。

上面所说的这一切都是基于一系列观测的统计结果，例如你可以观测在象棋博弈中的众多的棋局来得到这样一个统计结果，其中的 S 就是描述棋局盘面的向量（一个 9×9 的向量，每个维度表示一个交叉点，每个维度上有一个棋子的描述信息），A 是描述某个棋子动作的向量（例如车六平二，炮三进一），R 是描述这次状态转化的得失（可以简单用棋子的得失来描述，例如吃掉对方一个车，得 10 分，被对方吃掉一个卒得 −2 分）。最后基于大量的观测统计出来的结果就是一个马尔可夫决策过程的模型。

如果把这个过程描述成一个类似查表过程的方式的话，可以把刚刚这个模型转化一下得到这样一个表格：

	ACTION1	ACTION2	ACTION3	……
STATE1				
STATE2				

（续）

	ACTION1	ACTION2	ACTION3	……
STATE3				
……				

左边横坐标 STATE 是各个状态，上边的 ACTION 是指不同的动作输出，中间交叉的方格中填写的内容请注意还是一个表格，就像下面这样。

Possibility	REWARD	STATE
0.35	3	STATE1
0.12	2	STATE2
0.05	7	STATE3
……	……	……

不过别紧张，这个表格就嵌套这么两层。总结的时候就用统计的方法算出具体的数值填入表格；用的时候就用查表的方式，在第一个表格中用当前的 STATE 找到对应的 STATE 列，在后面找到概率大而且奖励值高的那个状态。如果不是在特殊场景中进行具体讨论，而是单纯从刚刚这个表上来看的话，这个表一定是描述在某个 STATE 下做了某个 ACTION 之后获得的一个统计结果。这个 ACTION 到底靠不靠谱就看后面这些统计出来的值是不是有着足够好的 REWARD。例如这个表中，光看这三行可以得到一个 REWARD 的期望值，用 $0.353 \times 3 + 0.12 \times 2 + 0.05 \times 7$……来得到一个期望值，算出来应该是 1.64。

不过聪明的读者朋友一定是可以推断出来的，既然是一个概率问题，那么 Possibility 的这一列相加之和一定是 1 或 100%——是的，这个结论是正确的。那么最后在第一个表格里去做决策的时候就好办了，就是去比较在当前的 STATE 下，用哪个 ACTION 会得到更为"靠谱"的结果——也就是哪个 ACTION 下面的那个表格（第二个表格）里出现比较大的 REWARD 值。这个思路应该还是比较好获得的，而且定性去看的话肯定是大概率得到大 REWARD 值的那个 ACTION 会更有吸引力一些。这就是整个隐马尔可夫决策过程的叙述了，也并不复杂。从这个过程中也可以看出来，如果第 2 个表格能够退化成为一个只有一行的数据那是最好，也就是说一个 STATE 经过某一个 ACTION 只能变化成为某一个 STATE，而不是以一定的概率转化成众多 STATE 中的一个，那么情况就会简化得多。

除了用在刚在举的棋局的例子上之外，其他的各种决策只要能够把 STATE 向量化，把 ACTION 向量化，把 REWARD 数值化，就都可以使用马尔可夫决策过程来学习，并得到一个从统计角度来看最为有吸引力的决策表。最终让机器人用查表的办法找到当前状态下做什么动作最靠谱来决定下一步的举动，这个思路是不是顺其自然呢？

11.2.1 用游戏开刀

为了让这个训练过程有点具象性，我们还是要找一个假想敌来做说明。

我想，游戏可能是一种再合适不过的场景了，不管是什么类型的游戏理论上都是可以的。由于整个过程中遍布着试错的基因，所以如果试错给我们带来的成本太高那将是一场非常不划算的实验，但是游戏中基本不存在这个问题，只要不是付费的。此外，游戏中带有比较明显的对抗、策略、博弈的特点，适合作为强化学习的环境，并在最终得出一个相对可行的策略。

对于我们八零后的准大叔们来说，任天堂 FC 游戏应该是最亲切不过的了。由于 FC 游戏诞生于 20 个世纪 80 年代，而且几乎是中国当时家庭电子游戏中唯一的候选品，几乎成了那一代孩子们家里的标配。这些游戏现在看来，无论是操控感、画质、复杂性都远不如各种二线的手游。但也正因为如此，针对它的学习可能才更具备一些可行性。

在 FC 游戏上，大体分有"纵版"、"横版"、"固定"、"无限制"等版式类型的游戏。"纵版"就是玩家操纵的人物的移屏操作从下往上，或者从上往下走，比较有代表性的游戏是"敲冰块"。

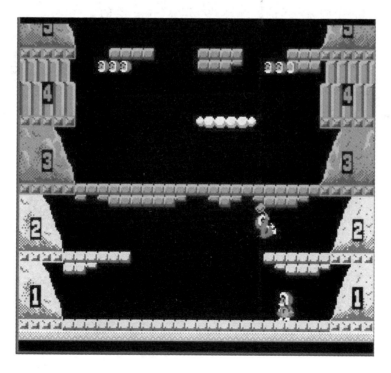

"横版"就是玩家操纵的人物的移屏操作从左往右，或者从右往左走，代表性的作品有"魂斗罗"等。而且魂斗罗这种游戏有的关卡是"纵版"有的则是"横版"，不过它们都是需要玩家自己操纵使得游戏主体发生移屏。

　　"固定"版的游戏也比较多，就是在一个屏幕中展示了场景或者关卡的全部，不需要发生移屏才能使游戏情节向前发展的，例如"90坦克"这一类的。

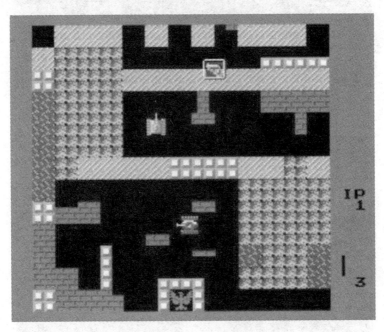

　　"其他"的就是那些会移屏才能发生游戏情节转移，但是方向性不明确的，这种游戏里面寻路的动作成分会比较多，比如像"勇者斗恶龙"和"霸王的大陆"这类游戏，目的和策略都过于复杂。对于人来说可能没什么，但是对于一个只认识向量的计算机来说，处理这种维度的关键——评价一个行为在整个游戏中的收益显得极为困难。

如果真的要用游戏来做训练对象的话，那么请优先选择"固定"版的游戏，而且选择评价相对简单的游戏。因为这些游戏的状态变化维度相对比较少，比起其他复杂游戏来说训练算法理论上讲更容易收敛。

我们要训练的机器人，不论你怎么设计它，它只是一个地地道道的白痴。它在整个过程中根本不知道自己在玩什么，更别说玩游戏玩得开心不开心了，它能理解的只是在一系列和一个环境互动的过程中输入向量的变化，以及自己得到的 Reward 变量值变大变小而已。它自己只能通过一系列的调整去归纳什么情况下做什么动作会得到比较大的 Reward 值，仅此而已。也难怪我一个高中的学霸朋友在读数学专业博士毕业后跟我说"游戏一点也没意思，玩来玩去最后大家就是比一个数……"当时我听完是满脸黑线，原来在数学人物的世界里，万物已经被简化到模型的最本质形态了。我当时如果不是担心他会跟我绝交的话，一定会问吃东西的酸甜苦辣应该也是无所谓，反正只要有足够的氨基酸在被水解成多肽，然后在肝脏被转氨酶转化成别的氨基酸，有足够的多糖水解成单糖再被线粒体氧化，人就基本能够保证不死……这可能是人和机器的最大差别吧，人总是会有一些高于纯物质层面、高于纯理性层面的东西存在。好吧，让学霸们去创造世界，我们来"比数"。

11.2.2　准备工作

理论上讲，如果你真的决定要训练一个适用于 FC 游戏的某一款机器人——比如某游戏一命通关机器人的话，你先要下载一个 FC 模拟器，并在 FC 模拟器之外完成一系列的外挂工作。顺便提一句，你看着"沙罗曼蛇"这种游戏好像是"横版"和"纵版"的混搭游戏，不过其实你算它为"固定"版可能更合适，因为屏幕是自动移动并推动情节发展的，你所操控的小飞机只需要"原地躲子弹"见招拆招就好了。

准备工具 1：FC 模拟器

这个东西要装在 PC 上，不管你是在 Ubuntu 系统上玩还是在 Windows 系统上玩，应该都有相应的 FC 模拟器版本。下载模拟器并下载相应的 ROM 软件（游戏）就可以开始玩了。

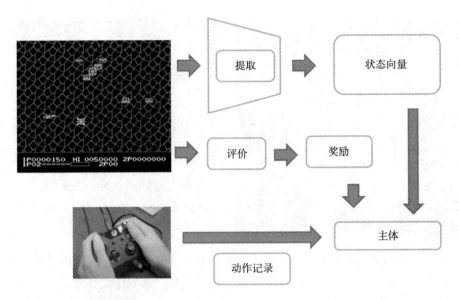

准备工具 2：State 生成器

作为要训练的主体来说，State 是一个描述环境的向量，既然是向量就需要做出某种转化来得到。在这样一个场景中，我们当然是希望以最原始的画面屏幕作为 State 的描述方式。

准备工具 3：模拟手柄

你可能还需要一个模拟的手柄来记录输入的 Action。这个手柄可以是购买的一个 USB 的手柄，也可以是键盘模拟的。但不论是其中的哪一种，都要能够保证通过一个适配器工具把这种按键的记录捕捉到，并传递给主体。而且机器人自己玩耍的过程中，需要极其频繁地与环境交互，这时不得不使用模拟手柄了，例如用 Python 对模拟器发出一个按键动作。

准备工具 4：评价器

评价器的功能很单纯，就是根据当时的 State 所作出的一种评分函数。将当时捕捉到的 State 通过一定的特征提取，无论是画面，还是声音，或者是从游戏某个接口获取到的具体的一个分数或者表示玩家血量的 HP 值等。总之最后当环境当时的状态传输到评价器的时候，评价器能够根据这个状态给出一个比较合适的评价值，或正或负，来评价当前这个状态对玩家的不利或者有利的量化程度。

11.2.3 训练过程

当这一切都完成后就可以考虑开始训练了，一旦开始训练，整个系统的各个部分就开始这样运作起来。

在主体中有刚刚我们设计的那个表。

	ACTION1	ACTION2	ACTION3	ACTION4	ACTION5	ACTION6	……
STATE1							
STATE2							
STATE3							
STATE4							
……							

它是用来表示这样一个含义 $Q(state \times action) \rightarrow value$，也就是一个评价表，最终将在一个状态 State 下通过查表的办法找到当前最有利的回应动作 Action。

然后当游戏开始后，我们就可以开始填充这个表了。

以每秒钟捕捉 5 次屏幕并对应做出 5 次反应，一次 0.2 秒的周期去做反应。那么在一个时刻主体会收到一个 State 和一个 Action（即便没输入也应该算一种 Action，或者成为空操作 Action），同时应该还会得到一个 Reward，或者从时间连贯性上来看，应该是 3 个序列。

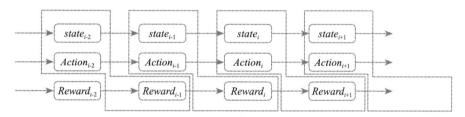

注意一点，当时输入的 $State_i$、$Action_i$ 和 $Reward_i$ 可不是"一起"的。这个 $Reward_i$ 其实是 $State_{i-1}$ 和 $Action_{i-1}$ 及之前的一系列相互作用产生的回报值，所以记录的时候其对应关系应该是如上图所示的逻辑。

这里的 Action 理论上讲应该都是由机器人自己去玩比较好。如果是人玩一些游戏，把人玩的过程加以记录，让机器来学习这个过程也未尝不可，当然玩得好的一些人会帮助机器人在学习中快速收敛，但是这多少有点录像或者模仿的意味，自我尝试和修正的逻辑比较少。而如果由机器人从头开始玩的话，一开始就面临"冷启动"的问题，也就是一开始大脑一片空白的机器人根本不知道应该怎么做，那就……没错，你说对了，只能瞎试。可以用这种模型来进行尝试：

$$Action_{output} = P_r * Random() + (1 - P_r) * Q(state \times action)$$

一个 Action 的输出将有一定概率是由随机函数生成的，还有一定的概率是由已经学习到的 $Q(state \times action)$ 函数，也就是那个矩阵查找得出的。这个概率可以由我们人来控制，总体原则就是最开始 $Q(state \times action)$ 函数里面还什么都没有的时候让随机函数多产生一些比例的 Action，而当 $Q(state \times action)$ 逐渐有一些积累以后就可以考虑由 $Q(state \times action)$ 来生成较大比例的 Action——这算是经验与教训的结晶。如果这个函数已经总结出很多 State 情况下较大的 Reward 值，那么就说明这个算法已经使机器人足够进化，多采用这些已经进化的内容会让它生存得更长久。

最后是这个 Reward 怎么办的问题。Reward 就是一种奖励或者回报，在沙罗曼蛇这种游戏里面，什么是奖励或回报呢？或者说什么会对机器人更有利呢？简单说，只有一个因素——生存，能活到最后就算通关胜利。为了达成这样一个因素，需要哪些因素支持呢？①不被击中，②歼灭敌人，③火力增强。这种游戏好就好在逻辑相对比较简单，要么打怪，要么被怪打。所以呢，评价器的功能只要能根据游戏界面上的一些东西判断出当前的状态，并反馈一个分数，那就很好了。有这样的东西吗？有的。

在屏幕的左下角已经有一个类似仪表盘一样的反馈示数了，左下的 02 表示当前玩家的生命数，死亡就减 1，加命就加 1；右下的这个条表示火力；上面的数字是得分，基本可以反映歼灭敌人的收益。其他的沙罗曼蛇版本可能这些值是以其他形式表示的，没关系，不管什么游戏，不管用什么方式表示，只要你能够用类似截屏、OCR 识别[⊖]、声音特征识别等方式把当前的 State 映射成为一个 Reward 值就可以了，难度视具体游戏的情况而异。

假设这个过程真的能够持续的话，那基本就是在穷举整个所有的游戏中的可能性了。最后我们会得到一个非常长的 STATE × ACTION 列表，表格里的每个值就是一个回报值。等机器人再来玩这个游戏的时候，就可以根据当时的 State 查找所有的 Action 中哪个获利最高，然后直接采用就可以了。嗯，不过看上去好像有点问题……

11.2.4 问题

1. 空间存储问题

State 就是游戏输出画面的完整信息，例如笔者使用的 FC 模拟器默认分辨率就是 256 × 225，也就是 57 600 个像素，用 RGB 表示则每个像素需要 3Byte 空间，也就是 172 800 字节，也就是 168.75KB 来表示一个 State。

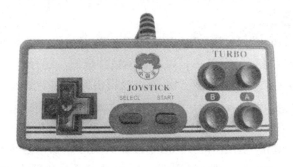

⊖ Optical Character Recognition，光学字符识别技术，将图片、照片上的文字内容，直接转换为可编辑文本的软件或算法。

Action 对于 FC 模拟器来说也是比较有限的，大致上就是"上"、"下"、"左"、"右"、"左上"、"左下"、"右上"、"右下"、"空方向"这样 9 个方向状态，以及"A"、"B"、"AB"、"空发射"4 个状态。所以所有的可能性相加就是 36 个状态，也就是它们的乘积。换句话说，上面 ACTION 一共也就是 36 列。千万别忘了，方向键和 AB 键是可以一起按下去的。

左边的 STATE 大概有多少行呢，以每秒钟捕捉 5 次屏幕并对应做出 5 次反应的情况下，一次 0.2 秒的周期计算，整个"沙罗曼蛇"通关需要 27 分钟，$27 \times 60 \times 5 = 8100$，从头到尾演练一遍都需要 8100 个 STATE，即 1 366 875KB，大约 1.3GB 的样子，这仅仅是前面的状态描述所需要占有的空间大小。还要算一下 36 列乘以一个 1 字节的大小，再乘以 8100 个 State，大约 284.7KB。你可能觉得这个数字并不大，反正对于一个 2TB 大小的主流硬盘来说算是九牛一毛。可是你别忘了一点哦，这些 STATE 都是以像素为单位做记录的，也就是说两个状态中哪怕就是一个像素不同都不能算作同一个 STATE……这么算起来可就太可怕了，在不同次玩沙罗曼蛇的时候，同一次序的帧（0.2 秒）都远远不止一种可能性，这个数量就很难估计了，恐怕几万种都不止。哪怕就是 1 万种，都会使得 STATE 的存储空间陡增至 12.7TB，这连保存都是问题，就别提什么训练了。

2. 查找问题

按照刚刚的假设，这么大的 STATE 的描述向量（172 800 字节一个）当然可以考虑先做一个有损压缩，只要不是用哈希的方法，做了有损压缩对于查找就是有利的。

哈希肯定是万万不可取的，虽然看上去用 MD5 和 SHA-1 这类算法可以把这么长的一个字符串压缩到只有几十个字节。但是一旦用了这样的方法后，原本非常接近的两种 State 就会出现两个完全不一样的哈希值。

```
查询结果：
md5(1234567890,32) = e807f1fcf82d132f9bb018ca6738a19f
md5(1234567890,16) = f82d132f9bb018ca
```

```
查询结果：
md5(1234567891,32) = 0f7e44a922df352c05c5f73cb40ba115
md5(1234567891,16) = 22df352c05c5f73c
```

看两个数字"1234567890"和"1234567891"，虽然我们知道这两个数在数值上的差距非常小，但取过 MD5 后不论是 16 字节的还是 32 字节的，都完全看不出两者有什么关系。这样在 State 的泛化性会非常不好，本来非常相近的 State 应该可以采取类似的 Action 就可以了，但是现在却是以两个完全不同的 State 出现，完全没办法互相"借鉴"，这本身就带来了相当多的"State 冗余"。

当然这么大的数据集进行查找也同样需要使用诸如索引一类的东西来快速找到 State 所

在的行，可是普通的针对字符串和数字的 B-Tree 索引、Hash 索引以及针对枚举的 Bitmap 索引都不能用上。顺序查找理论上可行，但是时间上实际上是不允许的。所以还是要开发一种基于向量相似度的索引结构才行，如果开发不出来也是个问题。

3. 短视问题

这种问题在这种方式的一开始几乎就奠定了不可改变的基因。一个 State 当时所作出的 Action 很可能就是一种应激反应式的 Action，虽然在这一瞬间感觉是不错，但是时间稍微一长就会发现这一步 Action 可能会导致下面更不利的局面。而这个问题在刚才我们提供的这种模型中显然并没有解决，所以这种模型只适合那种盘面变化比较简单，前后逻辑关联相对较弱的情况。

那是不是刚才我们模型整体都有问题呢？

其实也不是，这个模型是有一些问题，但是模型考虑的核心元素没有错，问题在于如何总结和归纳一个空间占用小、查找迅速、眼光长远的算法呢？我们一个一个来解决，先解决其中最为关键性的问题——短视问题，因为除了这个问题以外，其他几乎都是工程性问题而非探索性数据研究问题。看看一种叫做 Q-Learning 算法的东西会为我们带来什么。

11.2.5 Q-Learning 算法

Q-Learning 算法的思路很简单，概括起来也很简洁，就看这样一个表达式即可。

$$Q(s_t, a_t) \leftarrow Q(s_t, a_t) + \alpha \times [r_{t+1} + \gamma MAXQ(s_{t+1}, a_{t+1}) - Q(s_t, a_t)]$$

听听白话解释一下思路就好了。

首先我们还是像原来一样，得到了在时间序列上的 $State_i$、$Action_i$ 和 $Reward_i$ 三个序列，等接收完毕后把它们按时间顺序排好。然后从头到尾一个一个按照这个逻辑去处理。在一个时刻 t，看看这一刻输入的 s_t 和 a_t，如果此时 s_t 和 a_t 没有对应的 Reward 值（也就是说第一次出现）那就直接把这个 s_t 和 a_t 填入表中。

如果下面你按部就班地按照统计的方法去做，那么就是前面的马尔科夫决策过程。不过下面步骤的不同是关键，请注意。

如果当你发现在 s_{t+1} 的情形下，a_{t+1} 所有的可能性中有一个比较大的值，即在 s_{t+1} 的情况下找到那个最大的 Reward 值并乘以一个在 0 和 1 之间的系数 γ，用这个值加上 s_t 和 a_t 这一步本应得到的 Reward 值 r_{t+1} 同时减去前一步的 $Q(s_t, a_t)$ 值来更新 $Q(s_t, a_t)$。这个逻辑其实就是为了避免短视现象的发生。

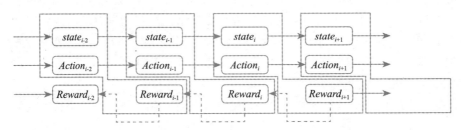

当迭代计算的时候，后面一个 State(s_{t+1}) 下，一个有着更多回报 Reward 的 Action(a_{t+1}) 会把它的回报值 Reward 向前传，传给前一个 State (s_t)，并作为由这个 State (s_t) 下通过该 Action (a_t) 转移到 s_{t+1} 的这个行为的回报值的一部分。

请注意，由于你是在大量的游戏局中获得的 State 和 Action 的序列，并把它们做以记录，所以不太可能形成一个像上图那样的独立的链条。而你发现，哪怕从最开始在一个相同 State 的情况下，都会由于 Action 转化到不同的 State 上去，而每个新的 State 具有同样的特性——它也能由于不同的 Action 转化到不同的 State 上去。

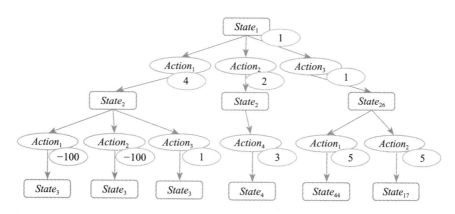

所以整个模型就好像是这样一个棵树，一棵极宽极深的树，学习象棋和围棋的模型在这点上尤为明显。一个 State 就是这样一个树上的节点，当做了一个 Action 后，状态就转移了，就等于从上向下开始进入这棵树，椭圆圈中的数字代表 Reward。当我得到这样一棵树的时候，我当然是期望看到在这个 Action 下面的那些状态中，哪个回报最大我就选择哪个 Action——这个判断逻辑非常的自然。但是由于一个转移样本而做出的 Reward 值其实描述非常片面，简单说就是，你在玩沙罗曼蛇的过程中这一步为了吃个枪而导致下一步撞死的话，这个枪的意义就不存在了——例如左边这两个分支就是类似的情形，最后 −100 代表一个严重的惩戒。所以下一步产生的奖励值或者惩罚值应该顺着这棵树向上回溯往根部靠拢，因为我们要让整个一条 "Action 链" 看上去更靠谱的话，那就是寻找靠近根部的点更靠谱的情况，而为了修正这个评价才引入的这样一个机制。不然用类似贪心法的方式去做的话，会走 $State_1$、$Action_1$、$State_2$、$Action_3$ 这样一个路径，而这样似乎不是收益最好的途径，我们用肉眼看都知道最右侧的两条路径比它更强。注意，这里的 $State_3$ 或 $State_{26}$ 这类不见得是第 3 个或者第 26 个出现的状态，这只是代表一个 State 的标号值。

$$Q(s_t, a_t) \leftarrow Q(s_t, a_t) + \alpha \times [r_{t+1} + \gamma MAXQ(s_{t+1}, a_{t+1}) - Q(s_t, a_t)]$$

后面展开就可以写作：

$$Q(s_t, a_t) \leftarrow (1-\alpha)Q(s_t, a_t) + \alpha \times [r_{t+1} + \gamma MAXQ(s_{t+1}, a_{t+1})]$$

比较明显地可以看出来，α 这个系数代表了对远期收益的重视程度，如果取得小一些，相当于比较注重当前的收益值。取 0 那么就会仅仅看到从一个转移中获得的 Reward，而完全忽视远期传播过来的 Reward ；取 1 则完全没有重视当前已经获得的收益效果，而完全采纳了后面 $r_{t+1} + \gamma MAXQ(s_{t+1}, a_{t+1})$ 的内容。γ 表示对远期 Reward 的重视程度，理论上说 γ 大一些会使得复杂的局势演化中远期 Reward 向树根部集中的趋势会明显。后面的 $\gamma MAXQ(s_{t+1}, a_{t+1})$ 的含义就是找到这个 State 下可能取得的最大的 Reward 值，比如 $State_2$ 下面虽然两个状态都得到了非常严重的惩戒（−100），但是一息尚存啊——右边还有个 1，也就是说，转化到 $State_2$ 这个状态产生的 Reward 其实是可以采纳 $Action_3$ 带来的 1 的。收益看最大的那一项，而不是最小的，因为在众多的选择中还有机会不选那个最小的，能有更好的收益没有理由去选那个小的收益项，不是吗？

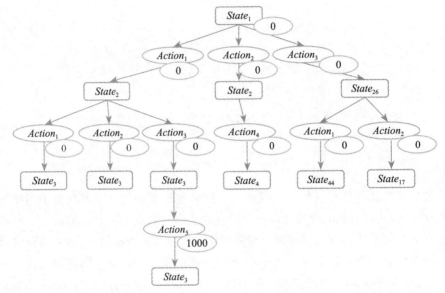

注意这里有个现象，如果在这个过程中，即便我无法获得实时性的 Reward——也就是如果没办法做到每次做一个 Action 就获得一个 Reward，在这种情况下，在最终结束游戏的时候，只要把一个较大的正值 Reward 放在最后一个状态作为 Reward 时，理论上讲整个树也能够通过迭代一步一步把这个 Action 链学习出来。反正就是通过一轮一轮的学习把这个 Reward 值向上传递就可以了，那当然能够找到这条最合适的路径。例如上图也能够通过 Q-Learning 算法找到

$$State_1 \rightarrow Action_1 \rightarrow State_2 \rightarrow Action_3 \rightarrow State_3 \rightarrow Action_5 \rightarrow State_3$$

这样一条路径的，回溯会把 Reward 值向上传递，使得在前面碰到的 State 在 Q-Learning 算法的学习下会让那些最终只能引导到获得较大回报路径的 State 看上去更为 "靠谱" 一些，而最终引导获得较大惩戒的 State 看上去更为 "不靠谱" 一些，通过这样的比较可以让机器人按照更靠近树的根部的一些 State 就已经能够看出来哪条路径在远期更容易获得较大的 Reward。这个 Reward 在这里我示意性地给了一个 1000，但是不是说必须要给一个这么悬殊的值才能训练出来，其他的中间过程已经都给了 0 了，其实这个地方给一个 1 都可以训

练得到结果，因为哪怕 Reward 就差零点几也是可以在 $MAXQ(s_{t+1}, a_{t+1})$ 这个部分比出大小并进行传递的。

回看整个训练过程，你会发现套路也非常清晰。在某一步获得的 Reward 比较大，那么就推断它的前一步的那个 State 和 Action 比较靠谱，从而提高对前一步 State 的 Reward 评价。在大量的样本训练下，那些经常反复出现的有着高的 Reward 的状态会被大量验证和强化，从而学出一些靠谱的路径来。这些路径由一系列的 State 和 Action 构成，形成一套复杂的决策程序。

整个这个部分讨论的内容都属于动态规划（dynamic programming）的范畴，这种树也有个学名，叫做蒙特卡洛树（monte carlo tree）。大家感兴趣的话可以去找一下相关的教科书，推导比这个要严谨，也更为复杂一些。

11.3 深度学习中的 Q-Learning——DQN

使用 TensorFlow 是不是也能够帮助我们完成类似的 Q-Learning 算法呢？可以训练吗？答案是肯定的。

DQN 就是一种这样的网络，全称为 Deep Q-Network，使用一个深度神经网络来拟合一个算法。以前我们见到的例子已经非常多了，定义一个网络结构，定义一个损失函数来描述误差，最后迭代的结果就是令整个网络的损失函数逐步减少到足够小。那么用 TensorFlow 也应该是同样的套路，按照前面我们接触过的各种各样奇奇怪怪的神经网络所总结出来的经验来看，应该是一个 STATE 的向量作为网络的输入，而最终输出的结果是一个 ACTION 的向量就可以了。这种情况下，每次用 STATE 通过网络从而获得一个 ACTION 的输出，用网络中复杂的权重关系来拟合这个复杂的决策选择过程。可是这里有个奇怪的地方，就是好像我们一下子想不到应该用什么东西来充当损失函数，怎么来描述一个所谓的"残差"而让"残差"经过凸优化向着减小的方向去运动呢？没关系，我们还是可以踩在先贤们的肩膀上来看世界。

根据著名数学家理查·贝尔曼[⊖]的贝尔曼方程，可以有这样一个推导：

$$Q_t^*(S_t, A_t) = E\left[r_{t+1} + \max_{a_{t+1}} Q_{t+1}^*(S_{t+1}, A_{t+1}, a_{t+1}) \mid S_t, A_t\right]$$

即 Q-Learning 的收敛过程就是一个不断迭代，把整个树靠下部分的 Reward 向靠上的部分去移动的过程，这个刚才在前一节中已经看到了。

也就是要最小化：

⊖ 理查德·贝尔曼（Richard Bellman，1920 年 8 月 26 日—1984 年 3 月 19 日），美国应用数学家、美国国家科学院院士、动态规划的创始人。

$$E\left[r_t + \max_{a_{t+1}} Q^*_{t+1}(S_{t+1}, A_{t+1}, a_{t+1}) - Q_t(S_t, A_t; \theta)\right]^2$$

或者直接写作最小化：

$$E\left[Q^*_t - Q_t(S_t, A_t; \theta)\right]^2$$

这个 θ 就和我们在统计学中用的那个表示条件的 θ 是一个含义，表示一个参数，用来描述你实验环境中的敏感因素。简单说就是，每次迭代计算都会发生 Reward 值的从"叶子"向"根部"的传播，而这个误差被定义成了传播的量。让网络的映射关系不断调整，使得这个映射满足从一个 State 到一个 Action 的映射关系，并使得这个传播的量最小化。在一些参考资料上也会写：

$$Loss(w) = E[r + \gamma \max Q(s', a', w) - Q(s, a, w)]^2$$

请注意，整个网络在这里的表达式被写作为：

$$Q(s, a, w)$$

w 就不用说了，就是来泛泛地描述整个网络中的所有权重参数；s 就是 State 向量化后传入网络的值，a 就是 Action 的描述向量。

想想看，这个网络的目的是为了做一个决策，也就是最好是这样：输入一个 State，输出一个最靠谱的 Action，应该是这样一个结构。但是这个表达式和我们要的方式不大一样，我们还需要做一个改造。

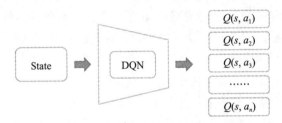

既然我们需要这样一个功能的网络，那就构造一个输入为 State，输出为 Action 的网络。只不过 Action 输出的时候不是以它的原始面貌出现的，输出的是 $Q(s, a)$ 的形式，也就是一个多维向量。这个向量的维度有 n 个，n 是 Action 的种类数量，每个维度都是一个 Q 值，或者你干脆理解成一个 Reward 值。而最终网络收敛结束后，在拟合的过程中会输出这个 n 维向量，向量的哪个维度的 Q 值最高，那就选用哪个 Action 作为决策的结果。

到这里的思路还是一气呵成的，so far so good，不过技巧性问题在后面。

第一个问题，$Loss(w) = E[r + \gamma \max Q(s', a', w) - Q(s, a, w)]^2$ 意味着什么？

这个损失函数的含义就是指在全局范围内，后面一项由这个 Action 引导到的 $State_{t+1}$ 的 Reward 评估值（也就是 Q 值），要尽可能和 $State_t$ 的 Reward 评估值接近。那也就是意味着在训练的过程中，某个状态 $State_t$ "不是一个人在战斗"，$State_t$ 和 $State_{t+1}$ 要"同时"经过这张网络来构造出这个损失函数的结果，就像下图这样的感觉。

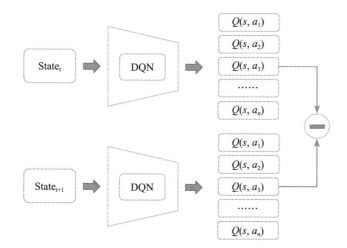

第二个问题，我们拿到的原始样本是各种各样的不带有任何远见的 Reward 标记值的 $Q(s, a)$。这种 $Q(s, a)$ 如果就这么直接输入到网络中去的话，那就算是彻底毁了。想想也知道，这个时候的 $Q(s, a)$ 还没有通过这个传播过程把远期的收益传播到靠近树根部的 State 状态去，那么在上图中描述的这个差值最小化也就没有意义了。这里说的 $Q(s, a)$ 指的是前面 Q-Learning 算法中的那个表，而 $Q(s, w)$ 是指 DQN 网络的表达式，要素由输入的状态 s 和待定系数 w 构成。那么整个网络 $Q(s, w)$ 拟合出来的是一个稳定的 State 到 Q 值的映射关系。这里的 Q 还没有稳定之前拟合的结果根本不能保证决策的可靠性，因为远期的 Reward 压根就没考虑。

怎么办呢？还能怎么办，把 Reward 从后往前传呗。按照经典论文《 Playing Atari with Deep Reinforcement Learning 》的算法说明，这个训练过程大致是这样的[⊖]：

1）初始化一个经验池（experience replay），就是样本集。

2）初始化刚才我们说的这个 $Q(s, w)$ 网络。

3）做 M 轮下面的工作，相当于做 M 个 mini batch。

下面要初始化一个盘面 x_t。

3.1）以一个概率 ε 做一个 Action——a_t，以 $(1-\varepsilon)$ 的概率选取一个 Q 值最大的 Action。

这个步骤中给的这个 ε 就是希望帮助机器有一定的概率学习到新的东西。如果每次都是取 Q 值最大的 Action，那就会陷入一种"先入为主"的困境，那在最初的阶段就有极大的概率刚巧执行了一个 Reward 并不大的 Action，然后就一直在这个 State 的情况下永远去尝试用这个 Action 作为决策结果，这当然很不靠谱。

3.2）根据 x_t 和 a_t 在环境中的反馈获得相应的 Reward 值 r_t 和盘面 x_{t+1}。

3.3）把 x_t、a_t、x_{t+1}、r_t 这个序列存放在经验池里面。

3.4）从经验池中随机选择部分序列 x_j、a_j、x_{j+1}、r_j，生成一个 y_j 标记，y_j 的定义原则如下：

⊖ 为了简化描述，与原文表述略有出入。

❑ 如果 x_{j+1} 已经是最后一个状态（没有发现有下一个状态），那么 $y_j = r_j$；

❑ 如果 x_{j+1} 不是最后一个状态，那么 $y_j = r_j + \gamma \max Q(x_{j+1}, a'; \theta)$，相当于进行了一次 Q 值的向前（在树上就是向上）传播。

3.5）对 $(y_j - Q(x_j, a_j; \theta))_2$ 用梯度下降法做优化。等于这个过程中一边生成样本，一边进行 Q 值传递，一边对损失函数进行优化。

以上部分要重复做若干次。

这样一个描述其实说的是在线学习的概念，也叫联机学习，等于在环境中一边通过试探生成新的学习样本，一边学习调整策略。还有一种方式效率更高一些，叫离线学习（或者叫脱机学习），就是先准备大量的历史数据样本作为经验池，然后直接根据这些历史数据信息来学习。

在了解到整个 DQN 的工作原理后会发现，它的这一特点是与以往我们使用深度学习网络的用法显得最不同的地方，也是最有趣的地方，大家好好体会一下。网络拟合出来的是一个评价值，训练过程是伴随着那个由短视慢慢通过 Reward 传播来形成的不短视的过程中的 State 到 Q 最大值的映射逻辑。而损失函数是描述一个差距，就是一个 State 到它后面的一个 State 评估的差距，让它最小化我们的目的就实现了。

Q-Learning 这样的算法和实现过程要我们自己从零开始想当然会很困难，让我们来搭建环境去实现这个过程也会非常花时间，但是不要紧，现在有很多大神们在做的事情就是帮我们造免费的"玩具"。如果要快速上手接触新鲜事物的话，当然还是通过找现成的玩具最为快捷。下面我们就来介绍一个开源项目 Gym。

11.3.1 OpenAI Gym

2015 年 12 月 16 日，特斯拉 CEO 埃隆·马斯克（Elon Musk）和创业孵化器 Y Combinator 总裁山姆·奥特曼（Sam Altman）创建了人工智能公司 OpenAI，并表示将其研究成果开源分享给研究人工智能的每一个人。国外知名科技媒体《连线》杂志发表评论文章，称开源的 OpenAI 的成立将人工智能研究推向高潮，同时也转变了目前由谷歌、Facebook 等巨头引领的人工智能领域竞争格局。未来，OpenAI 有望成为这一领域的监管者，将其引向对人类更为安全的发展轨迹上来。

谷歌和 Facebook 正在将人工智能推向新的时代，OpenAI 至少还可以监督它们，当然还会监督其他人。深度学习初创企业 Skymind.io 的联合创始人克里斯·尼科尔森（Chris Nicholson）说："马斯克和 OpenAI 已经看到了人工智能的势不可挡，他们唯一希望的是改变其发展轨迹。"

2016 年 4 月 28 日，Open AI 对外发布了人工智能一款用于研发和比较强化学习算法的工具包 OpenAI Gym，正如 Gym 这词所指的意思（健身房）一样，在这一平台上，开发者可以把自己开发的 AI 算法拿出来训练和展示，获得专家和其他爱好者的点评，共同探讨和研究。不管马斯克希望把所有 AI 技术进行开发的梦想多么远大和浪漫，其背后的真正动机是什么，至少，在 OpenAI Gym 里，可以看到 AI 开放化的步伐正在渐渐加快。

如果 OpenAI 能够坚守他们的使命，让所有人都能接触到新技术理念，那么它至少将是对谷歌、Facebook 等巨头的一次考验。

最近，OpenAI 研究人员 John Schulman 与 NVIDIA 的 GPU 计算软件首席技术员 Mark Harris 分享了一些关于这个组织的细节，以及 OpenAI Gym 将如何让 AI 研究者更容易地设计、迭代、优化他们下一代的应用程序。

John 在加州理工大学修习物理学，随后在加州大学伯克利分校继续深造。在伯克利，继短暂地学习了神经科学之后，他师从 Pieter Abbeel 研究机器学习与机器人学，最终将强化学习作为他的主要研究兴趣。[⊖]

我们现在可以登录 Gym 的官方网站 https://gym.openai.com/ 来获取更多的相关信息。在这个网站上，我们将看到很多有趣的研究项目，主要是游戏或类游戏场景相关的。

过去对于强化学习研究无法高效地开展主要是有很多非算法层面的问题无法解决，例如主体和环境的交互这个环节就比较复杂，要记录这些环境向量，要能够给环境有效的 Action，要能够在比较短的时间内完成大量的样本收集和测试。这些除了要对算法有相当的了解，还要对环境适配工作的工程问题有相当的解决能力才行，这不是轻易能做到的。此外，和传统的分类应用类的场景不一样，强化学习没有标准化而且高质量的 Benchmark[⊖] 可以做，这也是阻碍其发展和进步的一个因素。当然这些已经在 Gym 的帮助下有了一定程度的解决，起码我们可以在这个项目中获得大量有效的高质量的样本数据集和测试集。

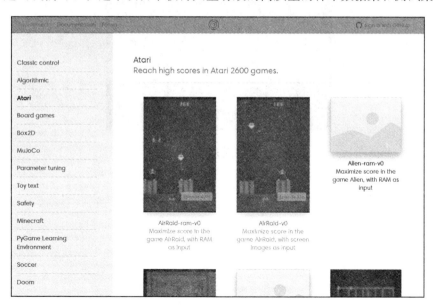

───────────────

⊖ 来源于 tech.163.com，有删改。

⊖ 基准，参照。一般在信息领域就是俗称的跑分或者刷榜，以一定的标准数据或者环境作为对比基准，不同的产品在其上的表现作为评价的一种对比机制。

在这个项目中有这样一些实验场景，"Classic Control"经典控制类，就是工业控制中用的一些在重力系中保持小棍晃动但是直立不倒的。

Episode 343

说明：

❑ "Algorithmic"模仿计算方法。

❑ "Atari"是模拟老一代的 Atari 游戏机的游戏环境的。

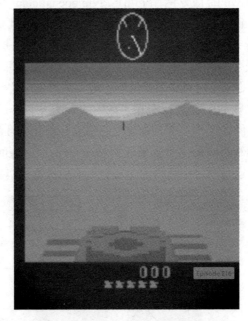

❑ "Board games"是一些棋盘游戏，目前看到的主要是围棋。

❑ "Box 2D"是模拟在一些 2D 环境的沙箱中做连续控制类的。

此外还有"MuJoCo"、"Toy text"等项目，甚至有像玩"Doom"（毁灭公爵）这类"高难度"游戏的实验场景。

11.3.2　Atari 游戏

现在网上传得比较火的是关于用 TensorFlow 玩 Atari 游戏的一些论文，例如《Playing Atari with Deep Reinforcement Learning》以及相关的一些实现代码 https://github.com/kuz/ DeepMind-Atari-Deep-Q-Learner。在大多数的简单游戏上，基于 DQN 的表现已经超过了人类。毕竟一旦算法收敛后，这种东西需要的"机械反应"的时间比人要短得多。

Atari 游戏比起任天堂的 FC 游戏来说要好训练一些。笔者在幼年时玩过一次 Atari 游戏（不经意间暴露了年龄），说实在的，现在真的是忘了当时是一股什么力量支撑自己在玩，反正现在回过头来看这种游戏有点太抽象了，里面的各种物体表示太过简单（估计是为了节省空间），除了让机器人做训练简单一点，几乎没啥好玩的地方———一切靠脑补。整个控制器就是一个竖立的摇杆掌管方向，还有一个红色的按钮管"Action"。

这种网络最后设计起来就是要拟合一个输出，一个从 State 到 Action 的输出。

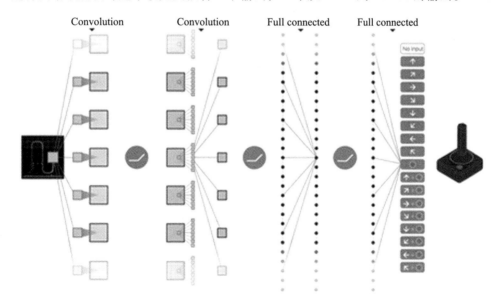

238 ❖ 扩 展 篇

DQN 的前 3 层都是卷积层用来提取特征,输入为 $84 \times 84 \times 4$ 的图片(就是屏幕截图),最后是两个全连接层,输出结果是 8 个方向与空输入——9 个状态,和是否按红色按钮 2 个状态,一共 16 个输出。具体细节就不展开了,大家有兴趣自己下载代码编译着玩吧,代码的位置在 https://github.com/openai/gym。好在 Gym 项目已经提供了很好的 Enviornment,可以用很少量的代码就初始化能够和主体互动的环境以提供反馈。还可以把自己提供的算法模型上传到该网站去以供世界范围内的爱好者研究与交流。

11.4　小结

本章我们简单接触了强化学习的大致思路,作为一个完整的解决机器人自我学习的过程来说,强化学习是一套行之有效的严整的理论体系。作为其中的一种实现方式,TensorFlow 提供了一些离线学习的思路,也就是拿着大量的样本来做 Batch 学习的。

以目前的计算能力来说,输入为图片和声音,输出结果为具体 Action 的整个过程收敛是非常慢的。尤其是 Action 越复杂,学习起来越慢,复杂度是几何级数增长的。所以在理论层面没有突破的情况下,如果想要训练一个能够有比较高胜率的"王者荣耀"玩家机器人,哪怕是一个"超级玛丽"一命通关的机器人都需要消耗大量的 GPU 资源,当然了这背后都是无法估计的时间和金钱。

到本书截稿的时间为止,笔者与身边的小伙伴仍旧在研究使用 DQN 来玩 FC 模拟器或对弈类游戏的方法中,并已经取得了一定的阶段性成果。相信在不久的将来我们也会有更多的内容可以与大家分享。

对 抗 学 习

一个崭新的名词通常都会让人感觉神秘。我们对不了解的东西都会感到陌生，或者不知所措。对抗学习也是这样一种从名字上完全无法判断用途的东西。

我们现在说的对抗学习通常特指生成对抗网络（generative adversarial networks，GAN），在 2014 年由 Ian Goodfellow 博士提出并在随后的几年作为一股新的深度学习热潮奔涌向前，一时间各种 GAN 的变种和演进版本如雨后春笋般出现。

由于 GAN 的出现比较晚，研究成果也没有 CNN 或 RNN 多。公开的资料看来看去也就是那几篇经典的论文而已。这一章我们就试着讨论一下对抗学习的基本重点问题，做个概要性了解好了。

12.1　目的

从数据科学的角度来说，人们的一切关于数学的研究行为都是为了解决量化和认知的问题。不论是哪种方法，只要它是科学的那就万变不离其宗。

GAN 存在的目的是为了通过一定的手段，模拟出一种数据的概率分布的生成器（生成手段），使得这种概率分布与某种观测数据的概率统计分布一致或尽可能接近。可以说，这是一种尝试着用伪装的手段，凭空地以假乱真地生成一些向量（矩阵）的技术，也算作 AI 的一个分支领域，而且听起来似乎确实非常有趣。

最简单的例子，是不是可以有这样一种情形：假如我给计算机一些红玫瑰花的图片让它学习，然后通过学习让它"凭空地"生成一张玫瑰花的图片，这张图片不是刚才学习样本中的任何一个，但还要让我能够较大概率地认为这张玫瑰花的图片是真实的而不是造出来的？有这样的手段吗？ GAN 所做的事情与这非常类似。

12.2 训练模式

在这个工作模式中，从数理和统计层面去解释，这个模型的目的是要生成出两个模型，一个叫 G 模型（generative model）和一个 D 模型（discriminative model），即生成模型和判定模型。这两个模型中 D 模型是我们以前司空见惯的一种模型，比如像 CIFAR-10 项目中的判断模型就是典型的 D 模型，用来提取特征判断图片的分类标签。G 模型是个新面孔，它就是用来生成样本的。

我们就以图片为例，D 模型的目的是要尽可能不要误判图片的分类，而 G 模型是要尽可能根据图片分类中样本向量的统计学特性捏造一些样本图片，使这些样本能够顺利通过 D 模型并被判定为正确样本。这里就有个问题了，如果 D 模型的能力很强——火眼金睛，G 造出来的图片都能识别出来是"假的"，那么就说明 G 这个网络比较弱；而相反，如果 G 模型的能力很强——所有捏造的图片都能让 D 模型误认为是"真的"，那就说明 D 模型的归纳能力仍然有问题——没有很好地抓住分类的本质。那么怎么才叫训练好了呢？判断标准是什么？要回答这个问题我们要先引入一个概念，叫做二元极小极大博弈（minimax two-player game）问题。

12.2.1 二元极小极大博弈

极小极大博弈问题是博弈论中的一个比较基本的概念，是著名数学家博弈论鼻祖冯·诺依曼（Von Neumann）提出的。

为了通俗易懂，我们还是用具体的场景化的描述来解释一下什么叫做二元极小极大博弈问题。

假如有两个贪吃的家伙来分吃一块蛋糕，而你是负责给他们分发的人，那就会比较麻烦了。这里强调贪吃的意思是指，两个人对方案评价的策略是一致的，都是得到的越多则越好。那这种情况下，你不管怎么切怎么分，都会至少引得一个人的不满，他会认为自己分到的那块蛋糕比较小（哪怕是小一点点）。那如何是好呢，也简单，就用一个看上去更为"公平"的方法，让这两个家伙都参与到这个决定博弈的过程中。由于是两个人独立参与的博弈，博弈的结果是两个人都会认同的。

我们称这两个家伙一个叫 A，一个叫 B。首先让 A 来切蛋糕，而后让 B 先来选。我们把几种可能产生的情况列在一个表格里。

	B 选择，A 得到
A 切两块一样大小	一半，一半
A 切得一大一小	大，小

对于心智（对于大小判断正常）和最后目的（所得尽可能大）一致的两个人来说，B 先挑则一定会挑选那个大块的，而留给 A 小块的，这指的是其中的"极小"这个概念；而 A 在切的时候由于其主动，所以要尽可能在最开始保证自己的蛋糕尽可能大，这是"极大"的概念。而"极小极大"的概念就是 A 已知 B 会选大块的，所以会把较小的一块切得尽可能大一些，对 A 来说最好的结果就是表格中上面的"一半，一半"的情形了。这个就是确定平衡点位置的思想根源了。

在这里再补充一个叫做纳什均衡（nash equilibrium）的博弈论概念。纳什均衡是一种策略组合，使得同一时间内每个参与人的策略是对其他参与人策略的最优反映。假设有 n 个局中人参与博弈，如果某情况下无一参与者可以独自行动而增加收益（即为了自身利益的最大化，没有任何单独的一方愿意改变其策略），则此策略组合被称为纳什均衡。所有局中人策略构成一个策略组合（strategy profile）。纳什均衡，从实质上说，是一种非合作博弈状态。

还是刚才这个例子，还是 A 来切，B 来选的情况。A 应该采用什么策略呢？A 如果切成"一半，一半"的情形，这时候由 B 选，那么 B 得到一半。这种策略是 A 得到一半，B 也得到一半，双方都有一个"尚可"的结果，或者说即便不满意但是选择其他的方案并不比当前的方案更好。而如果 A 变化策略但 B 不变化策略，也就是说 A 切成两个不一样大的，而 B 仍旧会拿走大的部分，则 A 的策略变化反而会减小自己的收益，所以 A 没有变化策略的动机。B 同样没有变化策略的动机，既然是他先挑选，为了收益最大化，不论 A 怎么切肯定不会选择较小的那一个。所以 A 切成"一半，一半"的策略属于纳什均衡的状况。

说到这里我想起一个有趣的历史故事，这事情说起来是在北宋时期。北宋这个朝代在大多数人的眼里可能更多的听说的是一些例如"澶渊之盟"、"靖康之耻"的屈辱历史，或者是"梁山起义"、"方腊造反"一类的社会动荡。但是北宋总体从治国上还是涌现出一大批极具智慧的治世能臣的——赵普、寇准、张齐贤⊖、包拯、司马光、王安石、欧阳修、范仲淹等。其中在宋真宗时期张齐贤有过这样一次办案经历。有这么两位皇亲是兄弟关系，由于分家庭财产闹起了纠纷。双方都说自己分得太少对方分得太多，所以就闹到官府。但是皇族之间的纠纷地方官们肯定是不敢轻易插手的，得罪了谁都吃不了兜着走。直到事情闹到了皇帝宋真宗的面前，皇帝也没有办法做判断，手心手背都是肉，向着谁都不好。无奈的皇帝把事情告诉了张齐贤，张齐贤就主动替皇帝承包这个断案的工程。张齐贤这个时候已经是枢密副使了，在宋朝就相当于我们俗称的宰相。然后张齐贤就把诉讼双方找来问："你们是不是都认为对方分得的财产多，自己分得的财产少？"双方都说是。张齐贤就说："那 OK，你们立个字据签名画押，三天以后我来宣判。"等双方立好字据后张齐贤最后宣判："你们两家既然都觉得对方的财产多，那就各自搬家到对方的府邸里去，只许带人不许带财产。房契田契双方做个交换就行了。既然你们都觉得对方的财产多，那这样你们两家肯定

⊖ 北宋著名政治家，先后担任通判、枢密副使、兵部尚书等要职。

就都满意了。"然后又派了不少官吏和家丁监督他们搬家。两兄弟真是有苦难言,可是画押的字据又在张相爷的手上,不敢反悔,也不敢上告,只得认了。

插播的这个小故事是不是很有趣呢?其实在这个案例中,两个皇亲只不过是都想额外多得到一些财产或者从对方那里多分得到一些财产而已,他们并不是真的认为对方的财产比自己多。当然了,如果事实上真的是双方都觉得对方的财产比自己多,那只可能是双方对于财产的估算手段不一样而导致的偏差了。好了,故事就讲到这里,这也是博弈论范畴中的一个小案例,大家想系统学习博弈论的话还是要去看经典的书籍。我们言归正传继续讲对抗学习。

12.2.2 训练

从二元极小极大博弈的观点来看,双方要达到一个都比较"爽"的平衡应该是一个类似于"满意度最大化"的过程,双方都别搞得太差了。那么在对抗网络模型中就是让 G 网络生成的样本有一半可以通过 D 网络的检测,而有一半无法通过检测。双方在这个过程中不断调整自己的参数进行伪造和反伪造的对抗,对抗网络也因此得名。

这样一种检验方式不由得让我想起南北朝时期著名的暴君——赫连勃勃⊖用过一种类似的手段来强化兵器制造和筑城术的应用。在其筑统万城⊜的时候,命令工匠们制造兵器。据《晋书·赫连勃勃载记》记载"阿利性尤工巧,然残忍刻暴,乃蒸土筑城,锥入一寸,即杀作者而并筑之"。大概意思就是筑城的土都经过蒸熟,筑成后用铁锥刺土法检验其硬度,凡刺进一寸,便杀筑者;凡刺不进去便杀刺者。据说城坚硬可以磨刀斧。

不知道这个暴君是不是具备这样的学术思想,但是他的逻辑就是说在这样一个竞争的环境中是可以同时得到极为坚固的城垣和极为尖利的刀斧的。在工程标准不好确定的情况下,这可能也不失为一种好的标准。不过老实,讲以我有限的眼界大概只能做这样一个判断,一种双方竞争中产生的势均力敌的对抗性模型应该是穷尽了当时双方最好的水平来构成的平衡结构,是一种全局"最努力"的评价结果。

我们回来再看 GAN 的模型,如图所示,左侧的这个就是 D 网络,通过复杂的函数映射过程让一个图片的向量 x 在通过后形成一个分类标签。右侧这个部分表示一个 z 向量通过一个网络然后将输出一个 x 向量,使得它可以通过 D 网络的检测。评价函数写出来是这样:

$$\min_{G} \max_{D} V(D,G) = E_{x \sim Pdata(x)}\left[\log D(x)\right] + E_{z \sim Pz(z)}\left[\log(1 - D(G(z)))\right]$$

其中的 $x \sim Pdata(x)$ 和 $z \sim Pz(z)$ 指 x 和 z 分别满足各自的分布律;

这里的 $D(x)$ 是指真实的图片被判断为真实的概率;

这里的 $G(z)$ 是指一个 z 噪声输入到 G 网络,并输出一个图片的构造过程;

⊖ 赫连勃勃(381 年—425 年),原名刘勃勃,十六国时期胡夏国(又称赫连夏)建立者。

⊜ 统万城为东晋时南匈奴贵族赫连勃勃建立的大夏国都城遗址,也是匈奴族在人类历史长河中留下的唯一一座都城遗址,是中国北方较早的都城。

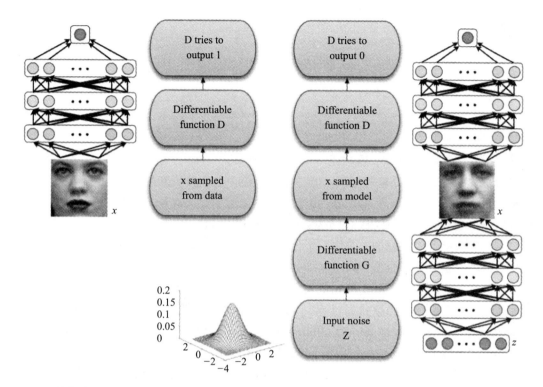

$D(G(z))$ 是指由 G 网络生成的图片，被识别为真实图片的概率。

$D(x)$ 和 $1-D(G(z))$ 各自取了对数以后会各自产生一个负值，可以看出 $D(x)$ 和 $1-D$ $(G(x))$ 有任何一个接近 0 的话都会产生一个绝对值非常大的负值，导致评价 $V(D, G)$ 很低。

在训练的过程中，D 网络和 G 网络是交替进行训练的，两者的目的也不一样。D 的训练是希望尽可能好地正确提取 x 的特征，增大正确判断的概率 $D(x)$；G 的训练是希望尽可能伪造出一些图片让 D 误以为是真的，也就是增大 $1-D(G(z))$。

而实际上 $Pdata(x)$ 和 $Pz(z)$ 吻合的时候是会有最优解的。这个地方我们就定性展开一下也很快能得到这个结论，这相当于在求 $\ln x + \ln(1-x)$ 的最大值，等价于求解 $e^{\ln x + \ln(1-x)}$ 的最大值，求解 $e^{\ln x} \cdot e^{\ln(1-x)}$ 的最大值，求解 $x(1-x)$ 的最大值。这是一个开口向下的抛物线，极值的位置是 $x = \dfrac{1}{2}$ 的位置。

可能大家也看到了，在这样的网络模型中是没有损失函数的概念的，而是为了寻求一个最大值。在整本书里也就只有这样一个小分支领域里没有损失函数，但是有一个待优化的评价函数，那么等于是对这个评价函数用梯度上升的方法做"凹优化"。其实很好理解，相当于头朝下拿着大顶看一个凸函数，损失函数越小的情况相当于评价函数越大的情况，一个是误差的大小，一个是收益的多少，这样理解就可以了。过程也比较简单：

做 k 次[⊖]：

$$\nabla_{\theta d}\frac{1}{m}\sum_{i=1}^{m}\Big[\log D\big(x^{(i)}\big)+\log\big(1-D\big(G\big(z^{(i)}\big)\big)\big)\Big]$$

再做 1 次：

$$\nabla_{\theta g}\frac{1}{m}\sum_{i=1}^{m}\Big[\log\big(1-D\big(G\big(z^{(i)}\big)\big)\big)\Big]$$

重复做这个过程若干次，次数是一个指定的整数。

这里的表达式虽然看起来复杂，但是实际上跟损失函数更新的过程很类似，对评价函数求导数，然后用梯度上升来更新。m 是指样本个数，做 k 次更新的是 D 网络的 w（公式上写的是 θd），做 1 次更新的是 G 网络的 w（公式上写的是 θg）。

不过 GAN 也是有问题的，其中一个比较重要的问题是不收敛问题（non-convergence）。GAN 网络的目的是做一个 D 网络和 G 网络的纳什均衡，然而只有保证评价函数是凹函数的情况下才能保证纳什均衡，换句话说就是这个函数可能会收敛到一个令我们不满意的歪斜的状态（不是 50% 的检测通过率）。这篇论文的英文原版是《 Generative Adversarial Networks 》，作者就是大神 Ian Goodfellow 和他的小伙伴们，大家有兴趣可以下载这篇 GAN 领域的开山力作 https://arxiv.org/pdf/1406.2661.pdf。

不管怎么样，虽然 GAN 在尝试的过程中有着这样或那样的问题，它仍然为我们带来了很多新的东西，尤其是这种构造模型的对抗方法，这足以让我们眼前一亮了。

12.3 CGAN

如果 GAN 的基本思路没有问题，那么 CGAN 的概念应该也不难理解。

条件生成式对抗网络（CGAN，conditional generative adversarial networks）是对原始 GAN 的一个扩展，生成器和判别器都增加额外信息 y 为条件，y 可以是任意信息，例如类别信息或者其他模态的数据。通过将额外信息 y 输送给判别模型和生成模型，作为输入层的一部分，从而实现条件 GAN。在生成模型中先验输入噪声 $P(z)$ 和条件信息 y 联合组成了联合隐层表征。对抗训练框架在隐层表征的组成方式方面相当地灵活。类似地，条件 GAN 的目标函数是带有条件概率

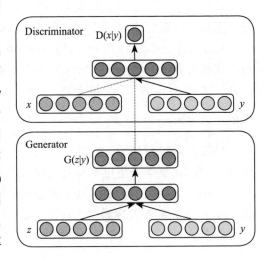

的二元极小极大博弈：

$$\min_G \max_D V(D, G) = E_{x \sim Pdata(x)}\big[\log D(x \mid y)\big] + E_{z \sim Pz(z)}\big[\log(1 - D(G(z \mid y)))\big]$$

跟前面传统的 GAN 的评价函数相比

$$\min_G \max_D V(D, G) = E_{x \sim Pdata(x)}\big[\log D(x)\big] + E_{z \sim Pz(z)}\big[\log(1 - D(G(z)))\big]$$

差别并不大，仅仅是在 D 网络和 G 网络上加了条件。

了解过朴素贝叶斯的读者朋友对这样的写法应该不会感到非常陌生。它工作起来的方式也比较好理解，就是在 D 网络和 G 网络分别进行处理的过程中，让输入加入一个 y 向量。加入一个 y 向量会有什么影响呢？y 相当于是一个有标注功能的向量，也就是相当于我们在前几章看到的 $P(x \mid \theta)$ 中的 θ——是一回事儿。这种限制或者说参数的出现会让网络学习到在不同参数的情况下，生成规则的不同。

我们来看例子，例如在 MNIST 数据集上以类别标签为条件（one-hot 编码）训练 CGAN，可以根据标签条件信息，生成对应的数字。生成模型的输入是 100 维服从均匀分布的噪声向量，条件变量 y 是类别标签的 one-hot 编码。噪声 z 和标签 y 分别映射到隐层（200 和 1000 个单元），在映射到第二层前，联合所有单元。最终有一个 Sigmoid 生成模型的输出（784 维），即 28×28 的单通道图像。这个时候的 x 就是指输入的 MNIST 中表示某一个数字的图片向量，y 就是 0 ～ 9 的类别标签 one-hot 编码向量，输出是该样本来自训练集的概率。

除此之外 CGAN 还可以应用于多模态学习，比如用于图像自动标注。自动标注图像（automated tagging of images），使用多标签预测。使用 CGAN 生成 tag-vector 在图像特征条件上的分布。数据集：MIR Flickr 25 000 dataset[⊖]。语言模型：训练一个 skip-gram 模型，带有一个 200 维的词向量，这个就不是 one-hot 了，因为可以同时出现多个位上是 "1" 的情况。

（1）生成模型输入 / 输出

⊖ 官网位置：http://press.liacs.nl/mirflickr/。

输入：

噪声数据 100 维 =>500 维度，

图像特征 4096 维 =>2000 维，

这些单元全都联合地映射到 200 维的线性层。

输出：

生成的词向量（200 维的词向量）

（2）判别模型的输入 / 输出

输入：

500 维词向量，

1200 维的图像特征。

输出如下图所示，第一列是原始像，第二列是用户标注的 tags，第三列模型 G 生成的 tags。

	User tags + annotations	Generated tags
	montanha, trem, inverno, frio, peopele, male, plant life, tree, structures, trans-port, car	taxi, passenger, line, transportation, railway station, passengers, railways, signals, rail, rails
	food, raspberry, delicious, homemade	chicken, fattening, cooked, peanut, cream, cookie, house, made, bread, biscuit, bakes
	water, river	creek, lake, along, near, river, rocky, treeline, valley, woods, waters
	people, portrait, female, baby, indoor	love, people, posing, girl, young, strangers, petty, women, happy, life

其实在 CGAN 的应用中我们也能看到，不光是图片，文字也可以进行"伪造"。这种对抗学习的方式使得所有的传统深度学习的输入样本（向量）都可以成为可以生成的东西。而且 CGAN 对 GAN 进行扩展的方式不知道大家有没有注意到，那就是引入条件 y 之后可以在训练的过程中让模型学习多种不同分类的样本生成过程，根据 one-hot 编码生成不同的指定类别的对象，而不再是像 GAN 一样只能判断输入是否为某一种或一类的这样一个命题。这是一件非常有趣并值得尝试的事情。

12.4 DCGAN

还有一种新的 GAN 网络族的变种，叫做 DCGAN（deep convolutional generative adversarial networks，深度卷积生成对抗网络）。在 2016 年有一篇著名的论文《Unsupervised Representation Learning with Deep Convolutional Generative Adversarial Networks》论述过一些相关的研究工作成果。

DCGAN 这篇论文的提出看似并没有很大创新，但其实它的开源代码现在越来越多地被使用和借鉴，包括笔者在项目的工作中也在尝试应用它。在 GAN 进化的过程中有很多里程碑式的研究成果，LAPGAN（laplacian pyramid of adversarial networks，拉普拉斯金字塔生成式对抗网络）⊖就是其中之一。LAPGAN 具有很多优良的特性，生成图像的物体结构更清晰，物体边界更显著。而 DCGAN 则更具有鲁棒性，也就是说 DCGAN 指出了许多对于 GAN 这种不稳定学习方式重要的架构设计和针对 CNN 这种网络的特定经验。

1）既然之前有一种叫做 Strided Convolutional Networks 的网络可以从理论上实现和有 pooling 的 CNN 一样的功能和效果，那么 Strided Convolutional Networks 作为一个可以完全可微的 Generator G，这样在 GAN 中会表现得更加可控和稳定。大家不要小看这个"可微"，因为可微是个非常重要的特性，它能让评价函数或者损失函数有比较好的收敛效果。

2）本来 Facebook 的 LAPGAN 中指出 Batch Normalization（BN，批归一化）被用在 GAN 中的 D 上会导致整个学习的崩溃，但是 DCGAN 中则成功将 BN 用在了 G 和 D 两个网络上。这些工程性的突破给人带来了很多的惊喜，也是由于这种理论被验证使得更多人选择 DCGAN。

3）他们在 Visualize Generative Models（可视化生成模型）也有许多贡献。比如他们学习了 ICLR 2016 论文《Generating Sentences From a Continuous Space》中的 interpolate space（空间篡改）的方式，将生成图片中的中间隐含状态都做了显示，这样可以看出图像逐渐演变的过程。

不知道大家有没有体会到，这几点是非常重要和关键的。在前面介绍的传统的 GAN 网络上是有着一些先天障碍的，就是它的评价函数不是一个标准的凹函数，不仅不是凹函数而且不可微，所以训练的过程中就会出现不能稳定向一个方向收敛的问题。而在 DCGAN 里函数的可微起码可以让函数平滑收敛。在这里稍微补充一下关于可微和可导的解释，这样大家可以有点感性认识。

以一个一元函数 $y = f(x)$ 为例，可微是指它连续，这种性质比不可微的函数要好，因为如果函数不连续的话，那么用迭代法去试探其左右的高低就会困难得多。比如一个分段函数：

$$f(x) = \begin{cases} 1, & x >= 0 \\ -1, & x < 0 \end{cases}$$

⊖ 具体可以参阅此论文《Deep Generative Image Models using a Laplacian Pyramid of Adversarial Networks》，https://arxiv.org/pdf/1506.05751.pdf。

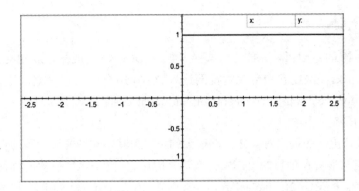

这就是一个在 x=0 点不可微的函数——它断开了。如果一个函数的断开点更多（大家想象一个断开成几万段不连续的函数图形）且不单调，那么它来充当评价函数将会非常糟糕，因为非常难用一个靠谱的迭代方法找到函数的极值位置。

而可导的要求则更为苛刻，它要求这个函数的曲线更为圆滑不能出现"锋利"的转角。比如我们以前接触过的 ReLU 函数，就是一个典型的处处可微但是在 x=0 处不可导的函数。因为可导要求在任何一个点的左右两侧函数导数的极限值是一样的。ReLU 显然不是，在 0 的左侧导数为 0，右侧导数为 1。

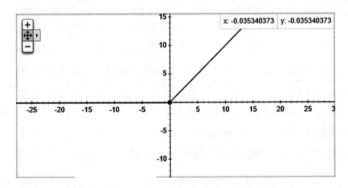

我们继续说论文《Generating Sentences From a Continuous Space》中所描述的一些重要成果。在实验中，他们也将向量计算运用在了图像上，得到了如下的一些结果。

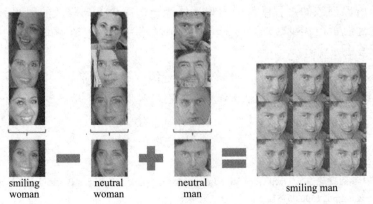

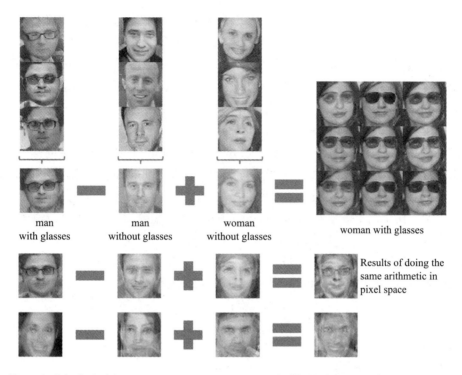

man
with glasses

man
without glasses

woman
without glasses

woman with glasses

Results of doing the
same arithmetic in
pixel space

以第一组图形为例，"smiling woman"——微笑的女人，"减去"一个"neutral woman"——中性的女人，再"加上"一个"neutral man"——中性的男人，"等于"一个"smiling man"微笑的男人。大致上可以这样理解，这种计算就好像在"情绪"这个维度上用 smiling 表示 1，用 neutral 表示 0，在性别这个维度上用 man 表示 1，用 woman 表示 −1一样。情绪这个维度一次减一次加都是中性，所以结果仍旧是 smiling；性别则是 woman 减去 woman 得到一个中性的描述，再加上 man 就是男性描述了。

与监督学习相比，CNN 在无监督学习上的进展缓慢。这篇论文结合 CNN 在有监督学习方面的成功经验以及无监督学习的特点提出一类被称为深度卷积生成对抗网络（DCGANs）的模型，分别使用生成模型和判别模型，从物体物件到场景图像学习到一种层次的表征。最后，使用学习到的特征实现新任务——也就是阐明它们可以用于生成图像的表征。

无监督学习模型用来学习表征，而将其结果用于有监督学习。通过 GAN 构建表征，然后重用部分生成模型、判别模型作为有监督学习的特征提取器。由于 GAN 是最大似然方法的一个有吸引力和优势的替代方法，所以这种基于最大似然法的生成模型用 GAN 应该是非常好的一个方案。而且对于表征学习来说，无需启发式损失函数是有吸引力的。

GAN 有一个通病，前面我们也提过，训练过程的不稳定性（论文中多次提到过"unstable"这个词）会经常导致生成器产出无意义的输出。目前所有的研究在试图理解和可视化 GAN 在学习中究竟学到什么以及多层 GAN 的中间隐藏层标准方面的成果是非常有限的。

历史上使用 CNN 对 GAN 模型进行一些扩展的尝试都不是很成功，所以这促使 LAPGAN

的作者开发一种替代方法：尝试迭代地升级低分辨率图像，也就是平时我们说的尝试用 GAN 解决超分辨率的问题。当然在试图使用各种文献和参考资料中提及的通常用于有监督学习的 CNN 架构扩展 GAN 时遇到了不小的困难。不过最终找到了一类方法可以在多种数据集上稳定地训练，并且产生更高分辨率的图像，这就是深度卷积生成网络（DCGAN）。

核心方法就是采用并修改了三种最近的 CNN 结构加以改进。

（1）使用全卷积网络（all convolutional net）

在判别模型中，使用带步长的卷积（strided convolutions）取代了的空间池化（spatial pooling），容许网络学习自己的空间下采样（Spatial Downsampling）。其实这种形式等于允许更多的前层信息传输到后层上去。

生成模型，使用微步幅卷积（fractional strided），容许它学习自己的空间上采样（spatial upsampling）。

（2）在卷积特征之上消除全连接层

全局的平均池化有助于模型的稳定性，但损害收敛速度。

输入：服从均匀分布的噪声向量，100 维；

输出：一个 $64 \times 64 \times 3$ 的 RGB 图像。

激励函数：

生成模型：输出层用 Tanh 函数，其他层用 ReLU 激励函数。

判别模型：所有层使用 Leaky ReLU 函数。

（3）批归一化（batch normalization）

解决因糟糕的初始化引起的训练问题，使得梯度能传播更深层次。批归一化证明了生成模型初始化的重要性，避免生成模型崩溃：生成的所有样本都在一个点上（样本相同），这是训练 GAN 经常遇到的失败现象。

100 维的噪声被投影到一个小空间幅度的卷积表征中。有四个微步幅卷积，然后将这些高层表征转换到 64×64 像素的 RGB 三通道图片。没有全连接层，没有池化层。原文对 DCGAN 的网络结构介绍的不是很清楚，《Semantic Image Inpainting with Perceptual and Contextual Losses》这篇文章使用了 DCGAN 进行图像修复，对网络结构和参数介绍得比较清楚。如下图所示：

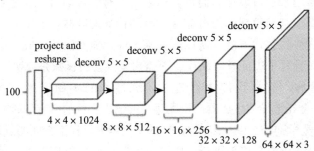

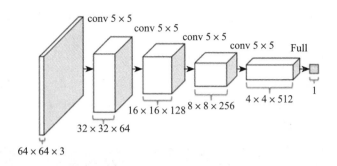

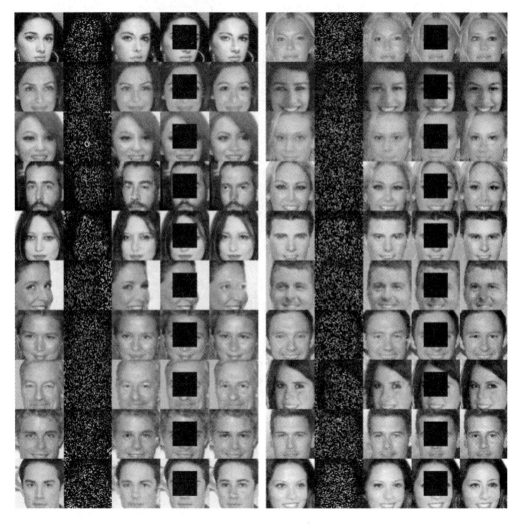

在 CelebA 数据集上有 202 599 张人脸图片，为了测试，从里面拿掉 2000 张。把测试集和训练集图片中间一个 64×64 大小的区域去掉。

在实验中有两种破坏，一种是随机去掉 80% 的像素，或者是中间丢失一个大的像素区域。两种任务都非常具有挑战性，前者有 80% 的像素信息需要从非常少的信息中恢复回来；而后者，需要恢复一个内容温和的信息——眼睛、鼻子、嘴巴、眉毛等。当然最后总体来说这种方式是成功的，这些破损的图片被高质量地恢复了。

在 Github 上也有 DCGAN 的一些代码，这里选取了其中的一个：https://github.com/carpedm20/DCGAN-tensorflow，大家可以下载来玩玩。项目封面上也有一些奇形怪状的小鬼脸，一看便知就是 DCGAN 的杰作。

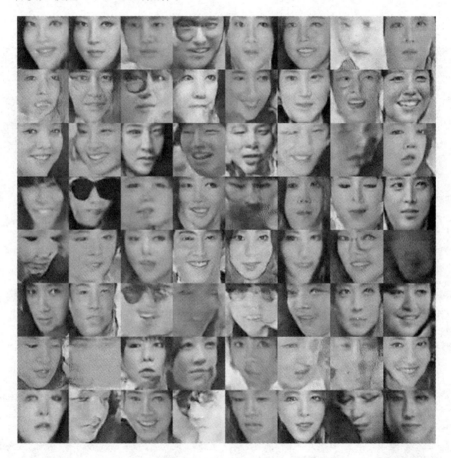

12.5 小结

在本章我们简单接触了生成对抗网络的原理与应用。

深度生成对抗网络在整个深度学习界都算是比较新的概念，相关的研究成果也还是比较少，远没有传统的深度学习的网络成果来的多。到目前为止，深度生成对抗网络的相关资料中绝大部分来源于英文论文，大家如果想找相关资料请到 https://arxiv.org/ 去查询。现在网上能够查到的中文资料基本也都是这些英文论文的翻译版或者片段截取的内容转述。

深度生成对抗网络给我们带来的最大的启发，我感觉还是这种研究方式本身、这种思路。在两个矛盾模型的对抗中使得两者都有很好的表现，从而达到一个全局的最优状态。这让我们有了很多的想象，以后或许可以考虑用它来做一些其他应用中的对抗模型。例如垃圾邮件生成和反垃圾邮件、写稿机器人和甄别机器生成稿件的机器人、活体检测伪装机器人和反活体检测伪装机器人等，这些或许都是可以期待的领域。

还是那句话，深度生成对抗网络是个比较新的研究范畴，未来能够应用于什么场合还很难说。虽然现在已经有了一些"成果"，但这些成果离真正的商用还是有一段差距的。就刚刚的这个 DCGAN 的例子来说，虽然在实验中，那些图片被"高质量"地还原了，可是在人眼看来这些图片仍然怪怪的，还不能商用。所以说在这个领域的研究还差得很远，大家感兴趣就多多努力研究吧。

第 13 章

有趣的深度学习应用

在深度学习技术不成熟的年代很多研究机构都是用什么 SVM（支持向量机）呀，什么 KNN（K Nearest Neighbors）算法，等等。现在是鸟枪换炮了，现在计算机的计算能力和十几年前绝对不可同日而语，所以大规模神经网络的应用就可以在人脸识别领域得到实现。不仅仅是网上追逃，包括安防监控领域的监测应用，网上银行的无人值守窗口活体检测，甚至包括娱乐性的应用，都有着非常好的落地实例。这些大量代替人类繁琐劳动的工程在现实业务中获取了极大的剩余价值，也吸引着一批又一批的工程技术人员不断研究。

13.1　人脸识别

人脸识别也是现在非常火的一个领域，除了测颜值软件、测年龄软件这种"玩具"以外，在安防监控、金融等多个领域都有应用。

有关人脸识别的研究其实也是由来已久，在我上大学的时候就听说过有一些研究机构在尝试做人脸检测相关的研究。主要是做个体识别，并想办法将它应用到网上追逃（抓捕逃犯）或相关领域去。

说起来，人脸识别这个词汇其实有多重的含义，而各个含义确实侧重不同，在落地时看到的场景也不一样。

有的软件可以找出图中所有的人脸，有的则可以识别出多幅图中相同的人。还有的可能是输入一个人的照片，让机器在数据库里查找他究竟是谁，这些都算人脸识别这个大范畴下的不同侧面。

不论是哪一种应用，几乎都分不开这样几个步骤的工作。

第一，人脸检测（face detection）

这个部分工作就是在输入的图片中查找有没有人脸并找到人脸所在的位置。当然，用方框标出，以及数一下有几个人脸，这些问题自然不在话下。

第二，人脸跟踪（face tracking）

这个做的就是要"跟踪"人脸了，不过这个跟踪可不仅仅是人脸在图片中发生移动能识别这么简单，它通常是针对一个视频流，在这个视频流中实时捕捉到这个人脸上主要特征点的位置。这样就能得到一个内容比较丰富的、立体的人脸信息。也能够从中识别出表情上的细腻变化。

 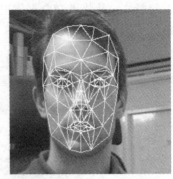

第三，人脸识别（face identification，face recognition）
简单说就是认出谁是谁，大概用得比较多的场景就是身份认证了。

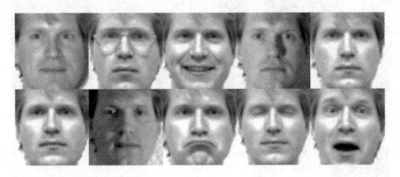

无论这个是什么表情，戴不戴眼镜，或者是脸有点侧，光线昏暗与否，甚至是年龄有了变化也能够认出来。这个的难度应该是这三种小任务里面最难的一种了。

这几种任务远在深度学习走红之前就一直有人在研究，当然是用传统的机器学习、基于图像数字矩阵的特征提取等各种方法。

今天我们说说关于使用深度学习做人脸识别的一些基本思路吧。首先，我们参考谷歌的那篇著名论文《FaceNet: A Unified Embedding for Face Recognition and Clustering》。在这篇论文中提到，使用论文中所使用的网络结构进行人脸识别的话可以在 LFW（Labeled Faces in the Wild）数据集上有高达 99.63% 的准确率，这个准确率确实相当高。在 YouTube 网站的人脸数据库中，这个指标也能高达 95.12%，应该说表现还是非常不错的。

在这篇论文中，他们定义了一个三位一体的人脸识别系统，可以识别是否为同一个人，认出这个人是谁，并且在多个人脸图片中找到这个人。方法就是使用深度卷积网络来学习每张图片中的 Euclidean embedding[⊖]——我们可以理解成为一种脸部的几何特征，然后使得相同人的脸部几何特征之间的欧氏距离最小，而不同人的脸部几何特征之间的距离最大。

　　⊖　没有找到很确切的中文翻译，权且翻译成为"欧式几何嵌入"吧。

这个就是最终的原则了。只要这种提取的方式确定，那么就可以生成这种表示脸部几何特征的几何向量，然后就转化成了 k-NN[⊖]问题。

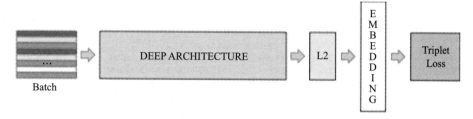

整个网络的结构有这样几个部分：一个是 Batch Input（批输入层）；另一个是带有一个 L2 正则化项的深度 CNN 网络，这一层的输出就已经是面部特征化向量了；最后是一个 Triplet Loss 函数，充当损失函数。别看这个网络这么多层，但是前面这些都不用解释，因为我们都见过了，没什么新鲜的。批输入层——跟普通的 Batch 没什么区别；深度 CNN 网络也跟以前见过的 CNN 没什么太大区别，里面的卷积核的 w 是我们训练要得到的东西；L2 正则化项也是我们接触过的，主要是防止过拟合；没见过的就是 Triplet Loss 损失函数。

Triplet 的含义是"三个一组"的意思，这里指的就是这样一个关系：Anchor（锚向量）、Negative（负向量）、Positive（正向量）。根据损失函数一般定义的习惯我们都能猜出来，就是定义锚向量距离正向量的距离越远则损失越大，距离负向量的距离越近则损失越大。然后通过 Loss 对各个 w 求偏导数来决定挪多少并一次一次地挪，从而找到满足损失尽可能小的 w……此处可以省略 2000 字了。

我们就假定整个图片 x 到 embedding 向量的映射关系为 $x \rightarrow f(x)$，那么损失函数就可以写作：

$$Loss = \sum_{i}^{N} \left[\| f(x_i^a) - f(x_i^p) \|_2^2 - \| f(x_i^a) - f(x_i^n) \|_2^2 + \alpha \right]$$

其中 x_i^a 就是指一张锚样本图片，某个确定的人，比如威尔史密斯；x_i^p 是正向量的图片，就是其他的某张威尔史密斯的图片；x_i^n 就是非威尔史密斯的图片。公式里这种写法表示模的平方，其实就是用类似"多维勾股定理"的方式来求空间距离。这个 α 是一个强化值，用来强化正负样本向量之间的差距。

⊖ 邻近算法，或者说 K 最近邻 (kNN，k-NearestNeighbor) 分类算法是数据挖掘分类技术中最简单的方法之一。

layer	size-in	size-out	kernel	param	FLPS
conv1	220×220×3	110×110×64	7×7×3, 2	9K	115M
pool1	110×110×64	55×55×64	3×3×64, 2	0	
rnorm1	55×55×64	55×55×64		0	
conv2a	55×55×64	55×55×64	1×1×64, 1	4K	13M
conv2	55×55×64	55×55×192	3×3×64, 1	111K	335M
rnorm2	55×55×192	55×55×192		0	
pool2	55×55×192	28×28×192	3×3×192, 2	0	
conv3a	28×28×192	28×28×192	1×1×192, 1	37K	29M
conv3	28×28×192	28×28×384	3×3×192, 1	664K	521M
pool3	28×28×384	14×14×384	3×3×384, 2	0	
conv4a	14×14×384	14×14×384	1×1×384, 1	148K	29M
conv4	14×14×384	14×14×256	3×3×384, 1	885K	173M
conv5a	14×14×256	14×14×256	1×1×256, 1	66K	13M
conv5	14×14×256	14×14×256	3×3×256, 1	590K	116M
conv6a	14×14×256	14×14×256	1×1×256, 1	66K	13M
conv6	14×14×256	14×14×256	3×3×256, 1	590K	116M
pool4	14×14×256	7×7×256	3×3×256, 2	0	
concat	7×7×256	7×7×256		0	
fc1	7×7×256	1×32×128	maxout p=2	103M	103M
fc2	1×32×128	1×32×128	maxout p=2	34M	34M
fc7128	1×32×128	1×1×128		524K	0.5M
L2	1×1×128	1×1×128		0	
total				140M	1.6B

网络结构也列出来了，里面的权值就是我们训练最后要的结果。

这个项目的源代码位置我们也给出来，https://github.com/davidsandberg/facenet，是用 TensorFlow 写的，大家可以下载来自己玩。LFW 数据集的位置在 http://vis-www.cs.umass. edu/lfw/。

不过如果你想要识别一些 LFW 数据集以外的人物，比如国内的影星……那就不好使了，虽然我知道肯定有不少朋友想这样做。因为数据集里没有，如果你要做的话只能自己收集图片数据，自己来做数据的前期整理。这成本搞不好比买 8 通道的 GPU 服务器还要贵得多。不过笔者也曾见过一些朋友用了一些非公开的人脸数据库来做训练，效果也不错。如果你觉得玩得不过瘾，还可以选择其他一些人脸数据库，例如 CelebA，官网位置在 http://mmlab.ie.cuhk.edu.hk/projects/CelebA.html；或者 CASIA，官网位置在 http://www. cbsr.ia.ac.cn/english/CASIA-WebFace-Database.html。总体来说目前亚洲人脸的数据库资源还是比较缺乏的，但愿成熟的世界各种族的人脸数据库能够早日建起来吧。

总之，从这些论文和开源项目上我们多汲取一些思路上的营养，深度学习到目前为止的检测类的任务，公司之间的商用场景差距还都是拼样本质量。这一点大家一定注意，算法和模型只是工作中的一部分内容，还有相当部分的内容贡献是由样本提供的。

13.2　作诗姬

作诗姬——这个"姬"的叫法应该是从那部著名的烧脑电影《机械姬》[⊖]中延伸过来的。下图是《机械姬》这部电影的海报，虽然当时有不少看过这部电影的朋友跟我说看完后整个人都不好了，感觉世界有一天会被机器人玩坏，但我一直很乐观，我觉得这一天……估计我的有生之年看不到。好了，开个小玩笑我们来看作诗姬究竟是个什么玩意儿。

作诗机器人作为一个玩具也好，作为一个科学研究的领域课题也罢，很早就有人开始研究了。就单从数学模型角度来说，作诗姬应该属于隐马尔可夫模型的变种。

所谓隐马尔可夫模型 HMM 在前面我们用简短的篇幅介绍过，就是从时间序列的随机事件中去统计前后状态的转化概率。这种模型在 NLP 领域应用是非常广泛的，在作诗姬这种玩具中也少不了它抛头露面。

遇到这种命题，首先应该想到的是使用 RNN 模型（LSTM）来进行训练。因为 RNN 具有一种天生就最适合拟合隐马尔可夫模型的构造，所以这个大的思路应该是没有什么问题的。可是，中文有中文的特点，而且中文当中有一些令我们中国人最自豪、最优美的韵律感，同时也是我们自己在尝试写诗的过程中最不好把握的东西——平仄和韵脚。隐马尔可夫模型可以统计出来在一个字后面出现另一个字是多大概率，而且可以有一定自由度地选

⊖　Ex Machina，讲述了老板邀请员工到别墅对智能机器人进行"图灵测试"的故事，于 2015 年 1 月 21 日在英国上映。

择其中的一个字作为下一个接续字——可以选择概率最大的那个字，这种情况下一旦第一个字确定后，后面整个诗文理论上就是全部确定的；也可以按照概率从大到小排列，用概率的比例去生成一个"不均匀的骰子"，使得下一个字的产生有一定变化。

相思
Missing You
红 豆 生 南 国，(＊Z P P Z)
Red berries born in the warm southland.
春 来 发 几 枝？(P P Z Z P)
How many branches flush in the spring?
愿 君 多 采 撷，(＊P P Z Z)
Take home an armful, for my sake,
此 物 最 相 思。(＊Z Z P P)
As a symbol of our love.

用隐马尔可夫模型生成字的时候，选择概率较大的字出现的目的是为了让语句更为通畅，因为两个字有较大概率紧邻出现的话，大多是因为它们是一个词，或者在单字词盛行的古诗文中至少是词组或者常用短语。例如"红颜"、"春光"、"山河"、"相送"等。而概率小的邻接字含义很可能表示的是这两个字从来没有前后脚出现过，或者偶尔出现过那么一两次，还是一个属于前面的词尾，一个属于后面的词头的情况，那如果采用的话自然是狗屁不通。

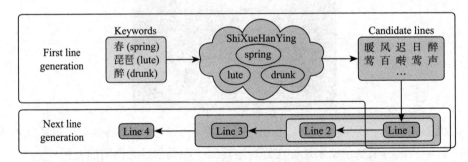

光是用隐马尔可夫模型去统计还是不够的，要生成一个有一定"含义"的诗文是需要有一定的意境和惯用词汇的。为此，有这样一本书作为辞典备用，叫做《诗学含英》⊖，京东上找不到这本书，这么偏门小众的书还是求助万能的淘宝吧。由于在五绝和七绝这样的诗律中是讲究押韵和平仄工整的，所以第二三四句实际上是根据第一句来生成的，它们的

⊖ 是清代刘文蔚根据《增广诗韵全璧》一书所附《诗学含英》创作的一本书籍。收集了《声韵启蒙》、《训蒙骈句》和《笠翁对韵》三本训练对偶技巧、声韵格律的工具书。按韵分部，包罗天文地理、花木鸟兽、人物器物等的虚实应对。从单字到双字、三字对、五字对、七字对到十一字对，节奏明快、琅琅上口，从中可得语音、修辞的训练。此书内容皆捃摭珍藉，采其工丽典雅者，每节由二字递增至五字为对句，分门别类，天文、时令、节序、地舆、楼馆、人伦、文学、游眺、饮食、器用、花草、竹木、飞禽、走兽……莫不一一网罗，诚为诗词学者必备之工具书，对律诗对仗更具参考价值。

生成要在规则上与第一句呼应。那么就要先重点生成第一句，再一句一句按照规则去生成其余的句子。

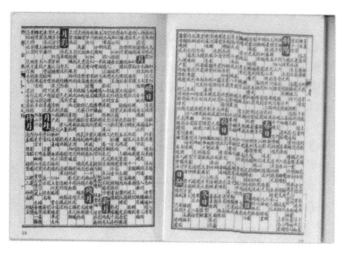

先给定一些 Keywords，也就是关键词，作为这首诗的梗概、要义、主题，再到《诗学含英》中去寻找相关语汇。这样会找到一些备选词（candidate lines），根据这些词汇生成所有可能的排列，并且挑选一个最为合适的充当第一句。就是满足下面的这个等式最大化。

$$P\left(S_{i+1} \mid S_{1:i}\right) = \prod_{j=1}^{m-1} P\left(w_{j+1} \mid w_{1:j}, S_{1:i}\right)$$

看上去又挺吓人的，其实又是连乘形式，是一系列概率的连乘形式；最大化的意思就是这些挑出来的备选词在我们统计的隐马尔可夫模型里究竟是怎么排列最顺溜，也就是一句话组成的最大似然度的白话解释。

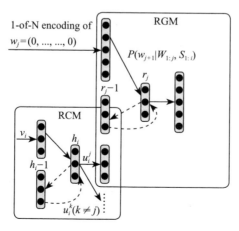

下面要出场的是这么个听着很高科技其实内容很普通的东西，一个叫 CSM（convolutional sentence model，卷积句子模型），一个叫 RCM（recurrent context model，递归内容模

型），还有一个叫 RGM（recurrent generation model，循环生成模型）。

$$v_i = CASM(s_i)$$

$$u_i^j = RCM(v_{1:i}, j)$$

$$P\big(w_{j+1} \mid w_{1:j}, S_{1:i}\big) = RGM\big(w_{1:j+1}, u_i^{1:j}\big)$$

CSM 把一个句子输入 S_i 变成一个向量 v_i，RCM 将输入的 i 个句子向量 v_1 到 v_i，并为 RGM 模型输出一些内容作为 RGM 的输入。而 RGM 用来评估整个 $P(w_{j+1}|w_{1:j}, S_{1:i})$ 表达式的概率大小。

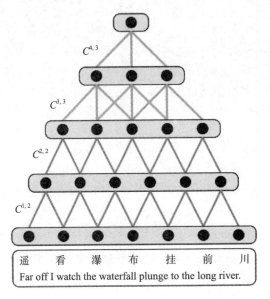

先说 CSM，当一个句子生成后，就需要使用一个一个的矩阵经过多层的"乘积"方式来进行合并，最后输出为一个代表其特征的向量 v_i。如图所示，如果是七言绝句，那么就需要 $C^{1,2}$、$C^{2,2}$、$C^{3,3}$、$C^{4,3}$ 来做向量的"合并"操作。如果是五言绝句的情况下，那就只需要 $C^{1,2}$、$C^{2,2}$、$C^{3,3}$ 三个矩阵就够了。

RCM 处理逻辑也很简单：

$$h_0 = 0$$

$$h_i = \sigma\left(M \cdot \begin{bmatrix} v_i \\ h_{i-1} \end{bmatrix} \right)$$

$$u_i^j = \sigma(U_j \cdot h_i), \ 1 \leqslant j \leqslant m-1$$

第一个输入的 h_0 初始化为 0 就 OK 了，剩下的每一个都是用一个 M 矩阵与输入的 v_i 以及前一次产生的拟合值 h_{i-1} 做个矩阵内积，然后通过 Sigmoid 函数处理。U_j 是个用来对 h_i 做 decode 的矩阵。这个部分用来做上下文相关的特征提取。

RGM 就是用来评估 $P(w_{j+1}|w_{1:j}, S_{1:i})$ 这个概率的，用的是很中规中矩的 SOFTMAX。

$$P(w_{j+1} = k \mid w_{1:j}, u_i^j) = \frac{\exp(y_{j+1}, k)}{\sum_{i=1}^{|V|} \exp(y_{j+1}, k)}$$

由于内容片段都是从《诗学含英》中挑选出来的，又经过了若干次调整理顺的过程，这样生成的内容就会相对比较通顺。这里还是有一些不好克服的问题，比如平仄和韵律。平仄就不用说了，把平仄规则做进去的话，就需要建立相应的限制条件，在生成的语句中进行过滤，只留下那些符合的，当然后果就是可能那些尚且通顺的句子被滤掉了，却留下了一些不大通顺的例子；而韵律方面也是做了一个 Trick——就是只让二、四两句押韵，在生成的过程中会生成不止一个第二句，不止一个第四句，让它们充当候选集，然后过滤掉那些不押韵的，而只输出押韵的。

白鹭窥鱼立， Egrets stood, peeping fishes. 青山照水开。 Water was still, reflecting mountains. 夜来风不动， The wind went down by nightgfall. 明月见楼台。 as the moon came up by the tower.	满怀风月一枝春， Budding branches are full of romance. 未见梅花亦可人。 Plum blossoms are invisible but adorable. 不为东风无此客， With the east wind comes Spring. 世间何处是前身。 Where on earth do I come from?

这篇论文的位置在：http://aclweb.org/anthology/D/D14/D14-1074.pdf，也有对应的代码，位置在：https://github.com/XingxingZhang/rnnpg。比较遗憾的是这套代码不是 TensorFlow 的，代码里有 C++，有 Java，有 Python，混搭得很齐全，你会觉得前面谈了这么多 RNN 相关的理论概念，然后突然在这里用了一个"假网络"。嗯，好吧，如果大家觉得它做得还比较 Low 的话（事实上我也觉得它做得确实比较 Low），那么就试着自己把它改成一个 TensorFlow 版本的玩玩吧。大家请注意，这个工程是需要下载一个叫做 MISC.tar.bz2 的文件的，这里有所有的平仄和韵脚的相关文字，用来做过滤用的。

网上现在也有一些其他的产品可以生成类似的结果，比如稻香居作诗机，虽然笔者不确定它百分之百是使用 RNN 抑或其变种来制作的。当然，作诗机本来也可以不用 RNN 来做，就用基于统计的隐马尔可夫模型加"查字典"过滤的方式一样能够生成。

自由作诗结果：

命题成功。

《将军》

慈亲故老已沧州，九十春年还白头。
醉舞缠腰黄眼赤，桐阴易瘦不封侯。

结果：存在8%的词汇无法生成正确的关联。您可以返回再试几次。

自由作诗结果：

命题成功。

《佳偶》

既雨来何定，柴门生远愁。
归逢花下见，少海漾仙洲。

结果：存在0%的词汇无法生成正确的关联。您可以返回再试几次。 ⊖

⊖ 内容来自于稻香居作诗机 http://www.poeming.com/。

如果你在想给妹子写个有她名字的藏头诗而搜肠刮肚难以思考的时候，估计它……嗯，也帮不上什么忙，你需要重新写一个有藏头功能的作诗姬。反正算法的本质在基本理解之后，自由发挥的空间就有了。

我想可能你也发现了，这些诗文虽然听起来文绉绉的，而且用词比较雅致。但是叙事的连贯性、意境这些东西跟人作的诗还是远没法比。所以，这些东西当做"玩具"应该还是比较称职的，真的指望它帮你搞定妹子……嗯，后果自负吧。

13.3 梵高附体

在本书的最后放一个我认为最有趣的例子吧，那就是用 CNN 来做图片风格变幻。

相信不少读者朋友都用过一款叫做 Prisma 的软件，这款软件在当时也是掀起了一股争相使用的热潮。

这个 App 的用法很简单，可以用一张原始的照片叠加一个绘画界大师的照片风格，使得原来的照片宛如大师所画一样。选哪位大师的作品，就能对应附加哪副名画的风格。应该说在当时还是确实引发了小小的轰动的。

首先可以明确地告诉大家，在网上查阅论文你可以发现，做类似的事情其实不止一种方法，也绝不仅仅有一篇论文来做方法分析。笔者认为最为经典的应该是李飞飞[⊖]老师的这篇论文《Perceptual Losses for Real-Time Style Transfer and Super-Resolution》，笔者的团队自己在尝试做 Prisma 模拟实现的时候也是参考这篇论文的主要内容，地址在 https://arxiv.org/pdf/1603.08155.pdf，大家可以参阅一下。本书我们介绍另外一种更容易理解的方法。

13.3.1 网络结构

先说论文根据，这篇论文地址在 https://arxiv.org/pdf/1508.06576v2.pdf，题目叫做《A Neural Algorithm of Artistic Style》，也是一篇很经典的关于使用深度学习的方法进行图片风格变换的算法论述。

A

B

⊖ 李飞飞，女，美国斯坦福大学计算机科学系副教授，深度学习与人工智能界的著名专家。

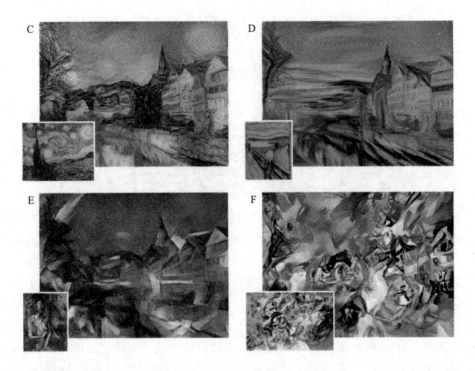

在这篇论文中有一个这样的贴图，给我们展示了用 5 种不同的绘画风格分别应用于一张普通的风景照所产生的不同效果。

A 是一张拍摄下来的普通照片，后面这些就是各位艺术大师的名画作品及其风格叠加在该图片上的效果了。B 是约瑟夫·玛罗德·威廉·透纳的《运输船遇难》，C 图是梵高的《星夜》[⊖]，还有 D 是蒙克的《呐喊》，E 是毕加索的《Femme nue assise》[⊜]，F 是瓦西里·康丁斯基的《作品 7》。说实话，第一次见到这篇论文的时候还真是吓了我一跳，因为还真是有点神韵在里面——多少给我一些感觉："嗯，大师如果在世，画出这幅作品应该也就这样。"

从样子上来看，整个变化的过程是保留了一定的照片内容，以及一定的风格图的风格，并且把两者结合到一起。所以在处理的过程中其实就是要让生成的图片在内容上像照片，而风格上像大师的杰作。

这幅流程图给我们展示了两张图进行"混搭"的过程，简单叙述一下就是这样一个情况。让负责提供内容（content）的照片和负责提供风格（style）的两张图同时通过一个卷积网络。在这个工程里用的是 VGG-19——前面我们接触过它的"小兄弟" VGG-16，VGG-19除了层数比它多，没有太多值得一提的差别。

⊖ The Starry Night，也译作《星空》。

⊜ 翻译成《坐着的裸女》。

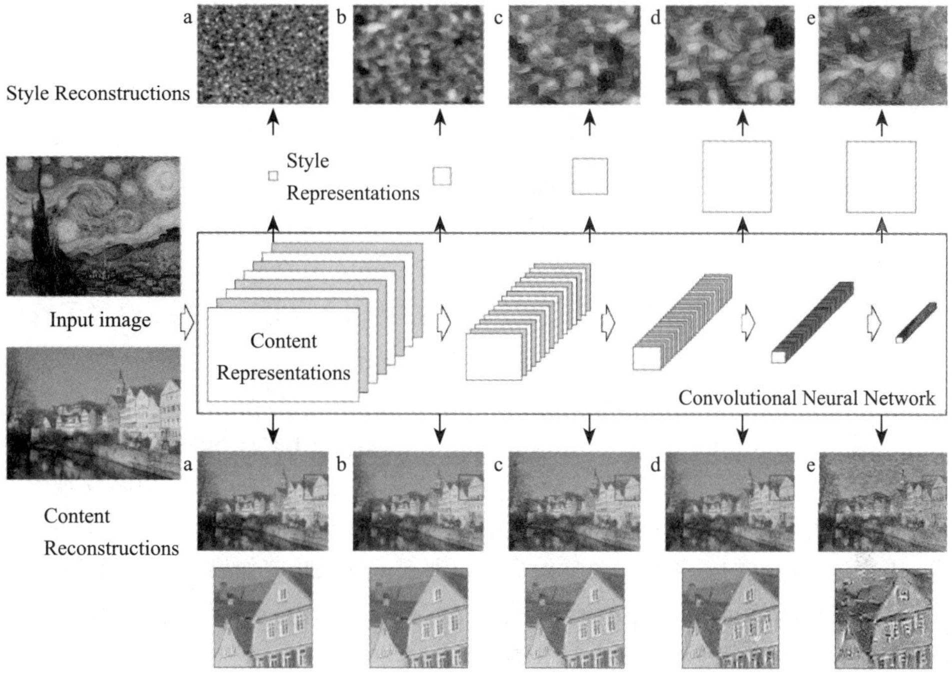
a
b
c
d
e
Style Reconstructions
Style
Representations
Input image
Content
Representations
Convolutional Neural Network
a
b
c
d
e
Content
Reconstructions

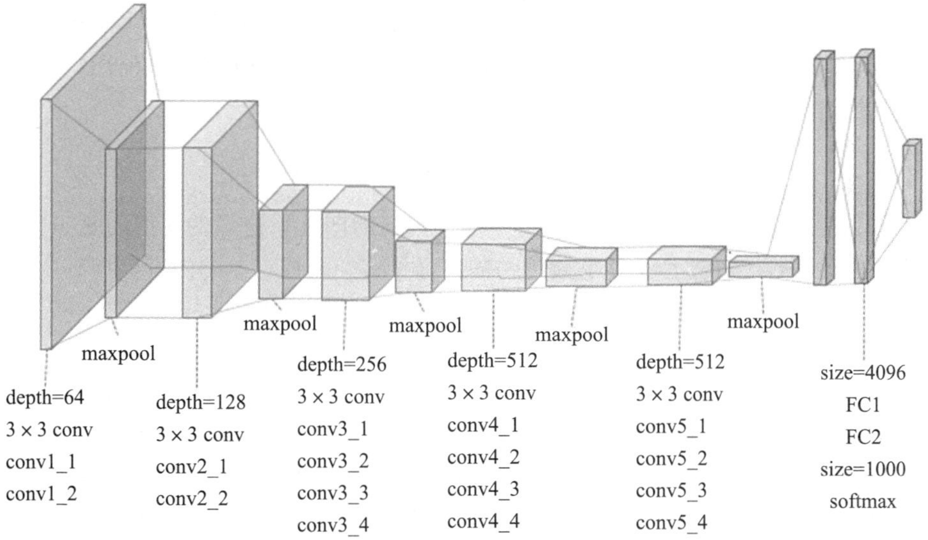
maxpool
maxpool
maxpool
maxpool
maxpool
depth=64
3 × 3 conv
conv1_1
conv1_2
depth=128
3 × 3 conv
conv2_1
conv2_2
depth=256
3 × 3 conv
conv3_1
conv3_2
conv3_3
conv3_4
depth=512
3 × 3 conv
conv4_1
conv4_2
conv4_3
conv4_4
depth=512
3 × 3 conv
conv5_1
conv5_2
conv5_3
conv5_4
size=4096
FC1
FC2
size=1000
softmax

在通过这个网络的过程中由于通过卷积层，所以会一层一层产生更小尺寸的 Feature 描述信息，也就是我们平时说的降采样。从这个图上看，一共是 19 个卷积核，5 个池化层。整个工作分成两个部分，一个是内容重建（content reconstruction），一个是风格重建（style reconstruction）。

内容重建从 conv1_1、conv2_1、conv3_1、conv4_1、conv5_1 的生成结果中来提取。

而风格重建的内容则是来源于不同卷积层所组成的子集，这些子集分别为：

- ❑ con1_1；
- ❑ conv1_1 和 conv2_1；
- ❑ conv1_1、conv2_1 和 conv3_1；
- ❑ conv1_1、conv2_1、conv3_1 和 conv4_1；
- ❑ conv1_1、conv2_1、conv3_1、conv4_1 和 conv5_1。

在实际工作中，内容重建的信息最终只采纳了 conv4_1 的生成结果，也就是让图片直接被 conv4_1 卷了一遍作为输出结果；而风格重建的信息则是由最终在经过了 conv1_1、conv2_1、conv3_1、conv4_1 和 conv5_1 后的生成结果来描述。

请注意，这里的 VGG-19 不是随便初始化的，是有讲究的。在论文里提到，这个 VGG-19 是被预训练（pre-trained）过的，在《ImageNet Large Scale Visual Recognition Challenge》这篇论文中提到的就是用 VGG-19 去做图片分类。我们可以粗略地理解，在这种预训练下，整个 VGG-19 网络的卷积核会对一个图片的轮廓线条的刺激以及颜色刺激更为敏感。因为这篇论文的任务是对图片做分类，那么也就意味着如果要使得图片通过 VGG-19 后产生好的分类效果，那么它内部不同层上的卷积核应该会被训练成能够提取轮廓和颜色这些关键信息的，也就是对这些内容敏感。

在前面看了这么多的神经网络后我们得到一个经验，那就是神经网络的训练几乎都是按照凸优化的方式来进行的。在训练的过程中，我们通过不断更新网络中不同位置的 w 值来让损失函数向极小值点移动——这就是套路。那么这个网络中怎么设计这个损失函数呢？先上一个结论。

$$L_{total}\left(\vec{p}, \vec{a}, \vec{x}\right) = \alpha L_{content}\left(\vec{p}, \vec{x}\right) + \beta L_{style}\left(\vec{a}, \vec{x}\right)$$

这里的 $\vec{p}$ 指的是 photograph，就是照片——提供内容的图片；这里的 $\vec{a}$ 指的是 artwork，也就是提供风格的图片，而这个 $\vec{x}$ 就是最终的输出物，一个既拥有 $\vec{p}$ 的内容又拥有 $\vec{a}$ 风格的图片，这三个图片都在头顶上加了个箭头用向量的形式表示，因为图片输入到网络中都是以向量的方式来表示的。

总体的损失 $L_{total}(\vec{p}, \vec{a}, \vec{x})$ 由两个部分贡献：一个是 $\alpha L_{content}(\vec{p}, \vec{x})$——内容方面的差异，或者叫内容损失；一个是 $\beta L_{style}(\vec{a}, \vec{x})$——风格方面的差异，或者叫风格损失。前面的系数 α 和 β 分别是两个权重系数，也就表示对两个方面差异的重视程度。哪一个设置得更大，则要求哪一个方面的差距越小，或者说是越多地保留照片的内容，还是越多地保留大师的风格。那么下面就来阐释一下 $L_{content}(\vec{p}, \vec{x})$ 和 $L_{style}(\vec{a}, \vec{x})$ 分别是如何计算的。

13.3.2　内容损失

首先，一个网络层有 N_l 个不同的卷积核，那么就对应有 N_l 个不同的 Feature Map。每个 Feature Map 的尺寸分别为 M_l，M_l 表示出来就是一个 Feature Map 的长 × 宽了。这里的

N 就是指 Number，M 就是指 Map，小写的 l 角标指的是 Layer 的序号。内容并不复杂，只是以字母出现确实容易把人绕晕。

每一层所产生的内容（Feature），我们用 F^l 来表示，每一层的 F^l 尺寸是不一样的，简单说就是跟该层的卷积核的数量 N^l 与每个卷积核所产生的 Feature Map 尺寸 M_l 的乘积相等。我们用 F_{ij}^l 来表示这个卷积核后面跟随的激励函数，l 还指层序号，i 表示第几个卷积核，j 表示在第几个位置。所以这样 F_{ij}^l 就表示具体在某层某个具体位置产生的"像素级别"的激励值了。

在网络初始化之后，就代入 $\vec{p}$ 和 $\vec{x}$，此时 $\vec{x}$ 应该就是一张"白纸"，学术一点的方法应该叫白噪声图片（white noise）。这时候，我们定义另一个内容 P^l。P^l 和 F^l 的描述几乎是一样的，但是不一样的是它们各自产生的来源不同，F^l 是由 $\vec{x}$ 产生的，而 P^l 是由 $\vec{p}$ 产生的。

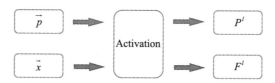

然后在各层上面产生的内容损失定义为：

$$L_{content}\left(\vec{p}, \vec{x}, l\right) = \frac{1}{2} \sum_{i,j} \left(F_{ij}^l - P_{ij}^l\right)^2$$

也就是指每个"像素级别"激励出来的 Feature 差异做了一个平方损失，如果要做所有层的加和，那把各个层的损失加到一起就可以了，这个公式中只给了某一个层的。

注意下面这个地方是这个模型与原来"判定型"模型差别最大的地方。原来的"判定型"模型是定义整个网络最终输出的判定标签与期望标签之间的差异——无论是交叉熵还是其他数值型模型，然后通过求出 $\frac{\partial Loss}{\partial w}$ 来通过梯度下降的方式找到满足差距最小的 w，这个学习就是学习一个 w 矩阵。而在这个模型中，w 初始化之后 $\vec{p}$ 和 $\vec{x}$ 都会在这种固定的 w 下，在不同的层上产生不同的激励结果，最终的目的是为了不断更新 $\vec{x}$ 来使得 $\vec{x}$ 产生的激励值和 $\vec{p}$ 产生的激励值尽可能接近，也就是学习图片的内容。表示出来就是这样：

$$\frac{\partial L_{content}}{\partial F_{ij}^l} = \begin{cases} \left(F^l - P^l\right)_{ij}, & F_{ij}^l > 0 \\ 0, & F_{ij}^l < 0 \end{cases}$$

如果激励有差距，那么差距就是两个激励值的差，如果没有差距，那就不用做更新了。这个函数 $L_{content}\left(\vec{p}, \vec{x}, l\right)$ 被描述成了由确定的 $\vec{p}$ 和确定的 F^l，以及待定的 $\vec{x}$ 所组成的表达式，或者干脆写成 $L_{content}\left(\vec{x}\right)$，下面就是迭代更新 $\vec{x}$ 让它变得在内容上和 $\vec{p}$ 越来越像。如果你不加干涉，就这样学习的话，应该会学出一个和输入照片 $\vec{p}$ 内容很像的 $\vec{x}$，或者说学出一个 $\vec{x}$ 使得 $\vec{p}$ 和 $\vec{x}$ 对 VGG-19 网络的刺激很相近。

这个过程只是看上去好像很繁琐，但是并不复杂，对不对？好，我们继续。

13.3.3　风格损失

说完了内容损失，再说一下风格损失，这个部分比起内容损失略显复杂，但是也不算难。

这里引入一个概念叫做格拉姆矩阵[⊖]，这东西看上去非常像笛卡尔乘积。如果有一个格拉姆矩阵被定义为一系列向量 $x_1,\cdots,x_n$ 的空间内积的话，可以记作 $G_{ij}=\langle x_i,x_j\rangle$，或者展开写作：

$$G(x_1,...,x_n)=\begin{pmatrix}\langle x_1,x_1\rangle & \langle x_1,x_2\rangle & \dots & \langle x_1,x_n\rangle \\ \langle x_2,x_1\rangle & \langle x_2,x_2\rangle & \dots & \langle x_2,x_n\rangle \\ \dots & & & \\ \langle x_n,x_1\rangle & \langle x_n,x_1\rangle & \dots & \langle x_n,x_n\rangle\end{pmatrix}$$

接下来我们就用格拉姆行列式来定义一下风格的描述：

$$G_{ij}^l=\sum_k F_{ik}^l F_{jk}^l$$

风格是一种非常难以名状的东西，直到现在很多美术老师在讲解艺术的时候还经常使用"意境"、"流派"、"风骨"等这些抽象的连人类理解起来都困难的词汇去描述艺术品。当然，这也是艺术品最特殊的地方，但是如果你想从数据科学的角度去给它更多的解读空间，那必须进行一种合理的量化，在这里我们看到了一种量化过程，而且不排除会有其他的量化方式也能很好地完成这项任务。

其中的 k 是指一个层中的多个卷积核形成的 Feature Map，第一层是 1 个，第五层是 5 个，这个在刚才的 VGG-19 结构讲解的部分已经见过了。

那么一个层中的风格描述 G_{ij}^l 实际就是叠加了若干个 $F_i^l F_j^l$。这个 F_i^l 和 F_j^l 就是刚才说的由卷积核生成的 Feature Map，只不过是向量化的（vectorised），变成一个类似一维数组的形状。那么 G_{ij}^l 是一个矩阵描述，就是 Feature Map 中的每两个点两两相乘所形成的矩阵。做完 k 次加和后就是这一层所有的卷积核各自提取的特征所形成的矩阵的纯线性叠加结果。

怎么理解这样一个风格特征提取的过程呢？所谓风格主要是指在画面上表现出来的"着色"、"笔触"、"线条"等特性。这些特性不是依靠一个点来描述的，而是一系列的连续点或者点和点之间的关系才能描述得比较好，所以使用两两相乘的方式实际描述了任意两个点之间的关系。如果其中有任何一个是 0 的话，那么结果仍旧是 0，两者都不为 0 的时候产生一个乘积来描述。可以粗略理解为两个点之间如果同时对卷积核产生刺激使其激活，激活值越大的则表示这两点的信息对描述物体的形状或轮廓、内容越有效。

⊖　Gram Matrix，线性代数中的概念。

$$E_l = \frac{1}{4N_l^2 M_l^2} \sum_{i,j} \left(G_{ij}^l - A_{ij}^l \right)^2$$

对于某一层 l 来说，它的风格损失函数应该是这样一个东西。其中 A_{ij}^l 是由 $\vec{a}$ 产生的风格描述，G_{ij}^l 是由 $\vec{x}$ 产生的风格描述。每个点的值做差的平方，再加和来描述损失。前面的 $\frac{1}{4N_l^2 M_l^2}$ 是为了归一化而配出的权重。如果没有这个部分的话，后面这个部分产生的差会非常大。因为从"量纲"的角度来说 G_{ij}^l 和 A_{ij}^l 是带有平方项的，外面再平方对于最原始的 F_i^l 来说就是 4 次方项了，所以前面除去这个 4 次方的系数比较合适。

$$L_{style}\left(\vec{a}, \vec{x} \right) = \sum_{l=0}^{L} w_l E_l$$

在这个风格的损失函数的表达式中，$L_{style}\left(\vec{a}, \vec{x} \right)$ 中的网络损失用每一层的风格损失分别配以一个 w_l 权重来指定，在这个工程中直接写作：

$$\frac{\partial E_l}{\partial F_{ij}^l} = \begin{cases} \frac{1}{N_l^2 M_l^2} \left(\left(F^l \right)^T \left(G^l - A^l \right) \right), & F_{ij}^l > 0 \\ 0, & F_{ij}^l < 0 \end{cases}$$

这个时候使用的方式和前面内容损失的部分是几乎一样的，$L_{style}\left(\vec{a}, \vec{x} \right)$ 实际上只是 $L_{style}\left(\vec{x} \right)$，更新 $\vec{x}$ 来改变 F_{ij}^l 的值。

13.3.4　系数比例

关于确定公式 $L_{total}\left(\vec{p}, \vec{a}, \vec{x} \right) = \alpha L_{content}\left(\vec{p}, \vec{x} \right) + \beta L_{style}\left(\vec{a}, \vec{x} \right)$ 中 α 和 β 分别应该取多少合适，貌似没有什么好的科学性的办法，只能是根据各卷积层的输出，通过肉眼比较来确定这两个值怎么取。

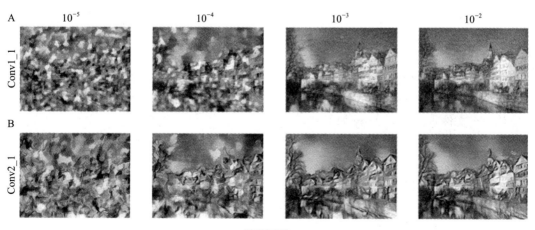

（见彩插）

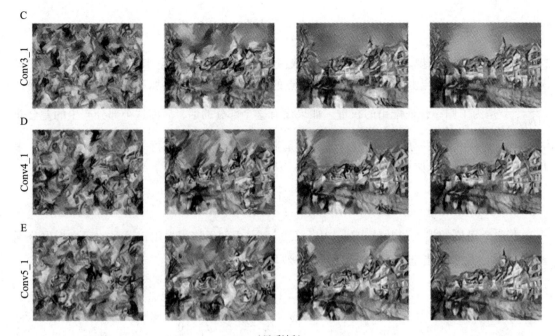

（见彩插）

α/β 如果特别小，说明更为重视风格方面的学习，生成出来的图会更多保持大师作品的风格内容；α/β 如果特别大，说明更为重视内容方面的学习，生成出来的图会更多保持照片原有的内容信息。

从图上来看，当 α/β 在 10^{-5} 的时候几乎看不出任何的照片本身所携带的信息，看到的是大师那出神入化的、狂草式油画斑点。随着这个比值增大，当这个值增大到 10^{-2} 的时候，此时生成的图片在内容方面保留了足够多的信息，让我们基本能够辨识出原来图中房屋、河流、天空等的轮廓，同时又兼有大师着色的特点。那么这个值就被认为是一个比较合适的值——全凭肉眼感觉。

13.3.5　代码分析

GitHub 上的代码在 https://github.com/anishathalye/neural-style，文件目录在 neural-style。核心是三个文件，即 neural_style.py、stylize.py、vgg.py。本书详细讲解前 2 个。

第一个文件 neural_style.py 如下。

```
1 # Copyright (c) 2015-2016 Anish Athalye. Released under GPLv3.
  ......
11 from argparse import ArgumentParser
12
13 # default arguments
14 CONTENT_WEIGHT = 5e0
15 STYLE_WEIGHT = 1e2
```

```
16 TV_WEIGHT = 1e2
17 LEARNING_RATE = 1e1
18 STYLE_SCALE = 1.0
19 ITERATIONS = 1000
20 VGG_PATH = 'imagenet-vgg-verydeep-19.mat'
21
......
76
77
78 def main():
79 parser = build_parser()
80 options = parser.parse_args()
81
82 if not os.path.isfile(options.network):
83 parser.error("Network %s does not exist. (Did you forget to download it?)"
                  % options.network)
84
85 content_image = imread(options.content)
86 style_images = [imread(style) for style in options.styles]
87
88 width = options.width
89 if width is not None:
90 new_shape = (int(math.floor(float(content_image.shape[0]) /
91 content_image.shape[1] * width)), width)
92 content_image = scipy.misc.imresize(content_image, new_shape)
93 target_shape = content_image.shape
94 for i in range(len(style_images)):
95 style_scale = STYLE_SCALE
96 if options.style_scales is not None:
97 style_scale = options.style_scales[i]
98 style_images[i] = scipy.misc.imresize(style_images[i], style_scale *
99 target_shape[1] / style_images[i].shape[1])
100
101 style_blend_weights = options.style_blend_weights
102 if style_blend_weights is None:
103 # default is equal weights
104 style_blend_weights = [1.0/len(style_images) for _ in style_images]
105 else:
106 total_blend_weight = sum(style_blend_weights)
107 style_blend_weights = [weight/total_blend_weight
108 for weight in style_blend_weights]
109
110 initial = options.initial
111 if initial is not None:
112 initial = scipy.misc.imresize(imread(initial), content_image.shape[:2])
113
114 if options.checkpoint_output and "%s" not in options.checkpoint_output:
115 parser.error("To save intermediate images, the checkpoint output "
116 "parameter must contain `%s` (e.g. `foo%s.jpg`)")
117
```

```
118 for iteration, image in stylize(
119 network=options.network,
120 initial=initial,
121 content=content_image,
122 styles=style_images,
123 iterations=options.iterations,
124 content_weight=options.content_weight,
125 style_weight=options.style_weight,
126 style_blend_weights=style_blend_weights,
127 tv_weight=options.tv_weight,
128 learning_rate=options.learning_rate,
129 print_iterations=options.print_iterations,
130 checkpoint_iterations=options.checkpoint_iterations
131 ):
132 output_file = None
133 if iteration is not None:
134 if options.checkpoint_output:
135 output_file = options.checkpoint_output % iteration
136 else:
137 output_file = options.output
138 if output_file:
139 imsave(output_file, image)
140
141
142 def imread(path):
143 img = scipy.misc.imread(path).astype(np.float)
144 if len(img.shape) == 2:
145 # grayscale
146 img = np.dstack((img,img,img))
147 return img
148
149
150 def imsave(path, img):
151 img = np.clip(img, 0, 255).astype(np.uint8)
152 scipy.misc.imsave(path, img)
153
154
155 if __name__ == '__main__':
156 main()
```

156 行，程序开始执行。

79 ～ 80 行，解析命令行参数。

86 行，读 content 图片。

87 行，读 style 图片，可以有多个。

88 ～ 93 行，看是否需要缩放 content 图片。

94 ～ 99 行，看是否需要缩放 style 图片。

101 ～ 107 行，初始化 style_blend_weights，设置每张 style 图片权重。

108 ～ 110 行，提不提供初始化图片。

118 ～ 139 行，训练循环，保存训练文件。

142 ～ 147 行，读图片。

150 ～ 152 行，保存图片。

14 ～ 19 行，定义网络训练参数。

20 行，预先训练好的 vgg 网络。

第二个文件 stylize.py 如下。

```
1 # Copyright (c) 2015-2016 Anish Athalye. Released under GPLv3.
......
10 CONTENT_LAYER = 'relu4_2'
11 STYLE_LAYERS = ('relu1_1', 'relu2_1', 'relu3_1', 'relu4_1', 'relu5_1')
12
13
14 try:
15 reduce
16 except NameError:
17 from functools import reduce
18
19
20 def stylize(network, initial, content, styles, iterations,
21 content_weight, style_weight, style_blend_weights, tv_weight,
22 learning_rate, print_iterations=None, checkpoint_iterations=None):
......
32 shape = (1,) + content.shape
33 style_shapes = [(1,) + style.shape for style in styles]
34 content_features = {}
35 style_features = [{} for _ in styles]
36
37 # compute content features in feedforward mode
38 g = tf.Graph()
39 with g.as_default(), g.device('/cpu:0'), tf.Session() as sess:
40 image = tf.placeholder('float', shape=shape)
41 net, mean_pixel = vgg.net(network, image)
42 content_pre = np.array([vgg.preprocess(content, mean_pixel)])
43 content_features[CONTENT_LAYER] = net[CONTENT_LAYER].eval(
44 feed_dict={image: content_pre})
45
46 # compute style features in feedforward mode
47 for i in range(len(styles)):
48 g = tf.Graph()
49 with g.as_default(), g.device('/cpu:0'), tf.Session() as sess:
50 image = tf.placeholder('float', shape=style_shapes[i])
51 net, _ = vgg.net(network, image)
52 style_pre = np.array([vgg.preprocess(styles[i], mean_pixel)])
53 for layer in STYLE_LAYERS:
54 features = net[layer].eval(feed_dict={image: style_pre})
55 features = np.reshape(features, (-1, features.shape[3]))
```

```
56 gram = np.matmul(features.T, features) / features.size
57 style_features[i][layer] - gram
58
59 # make stylized image using backpropogation
60 with tf.Graph().as_default():
61 if initial is None:
62 noise = np.random.normal(size=shape, scale=np.std(content) * 0.1)
63 initial = tf.random_normal(shape) * 0.256
64 else:
65 initial = np.array([vgg.preprocess(initial, mean_pixel)])
66 initial = initial.astype('float32')
67 image = tf.Variable(initial)
68 net, _ = vgg.net(network, image)
69
70 # content loss
71 content_loss = content_weight * (2 * tf.nn.l2_loss(
72 net[CONTENT_LAYER] - content_features[CONTENT_LAYER]) /
73 content_features[CONTENT_LAYER].size)
74 # style loss
75 style_loss = 0
76 for i in range(len(styles)):
77 style_losses = []
78 for style_layer in STYLE_LAYERS:
79 layer = net[style_layer]
80 _, height, width, number = map(lambda i: i.value, layer.get_shape())
81 size = height * width * number
82 feats = tf.reshape(layer, (-1, number))
83 gram = tf.matmul(tf.transpose(feats), feats) / size
84 style_gram = style_features[i][style_layer]
85 style_losses.append(2 * tf.nn.l2_loss(gram - style_gram) / style_gram.size)
86 style_loss += style_weight * style_blend_weights[i] * reduce(tf.add, style_
                  losses)
87 # total variation denoising
88 tv_y_size = _tensor_size(image[:,1:,:,:])
89 tv_x_size = _tensor_size(image[:,:,1:,:])
90 tv_loss = tv_weight * 2 * (
91 (tf.nn.l2_loss(image[:,1:,:,:] - image[:,:shape[1]-1,:,:]) /
92 tv_y_size) +
93 (tf.nn.l2_loss(image[:,:,1:,:] - image[:,:,:shape[2]-1,:]) /
94 tv_x_size))
95 # overall loss
96 loss = content_loss + style_loss + tv_loss
97
98 # optimizer setup
99 train_step = tf.train.AdamOptimizer(learning_rate).minimize(loss)
100
101 def print_progress(i, last=False):
102 stderr.write('Iteration %d/%d\n' % (i + 1, iterations))
```

```
103 if last or (print_iterations and i % print_iterations == 0):
104 stderr.write(' content loss: %g\n' % content_loss.eval())
105 stderr.write(' style loss: %g\n' % style_loss.eval())
106 stderr.write(' tv loss: %g\n' % tv_loss.eval())
107 stderr.write(' total loss: %g\n' % loss.eval())
108
109 # optimization
110 best_loss = float('inf')
111 best = None
112 with tf.Session() as sess:
113 sess.run(tf.global_variables_initializer())
114 for i in range(iterations):
115 last_step = (i == iterations - 1)
116 print_progress(i, last=last_step)
117 train_step.run()
118
119 if (checkpoint_iterations and i % checkpoint_iterations == 0) or last_step:
120 this_loss = loss.eval()
121 if this_loss < best_loss:
122 best_loss = this_loss
123 best = image.eval()
124 yield (
125 (None if last_step else i),
126 vgg.unprocess(best.reshape(shape[1:]), mean_pixel)
127 )
128
129
130 def _tensor_size(tensor):
131 from operator import mul
132 return reduce(mul, (d.value for d in tensor.get_shape()), 1)
```

10 ～ 11 行，定义 content 和 style 需要从哪些层恢复。

38 ～ 44 行，通过前向传播计算 content features。

47 ～ 57 行，通过前向传播计算 style features。

60 ～ 107 行，通过方向更新来生成风格图片。

61 ～ 67 行，随机生成一张初始化图片与 content 图片的 shape 一样。或者使用你指定的初始化图片，给这你指定的初始化图片做一下均值，转换下类型。

68 行，把初始化图片过 vgg 网络。

71 ～ 73 行，计算 content loss，论文中的方程如下：

$$L_{total}\left(\vec{p}, \vec{a}, \vec{x}\right) = \alpha L_{content}\left(\vec{p}, \vec{x}\right) + \beta L_{content}\left(\vec{a}, \vec{x}\right)$$

$$L_{content}\left(\vec{p}, \vec{a}, l\right) = \frac{1}{2}\sum_{i,j}\left(F_{ij}^{l} - P_{ij}^{l}\right)^{2}$$

这里 net[CONTENT_LAYER] 就是 F。

content_features[CONTENT_LAYER] 就是 P。

除以 content_features[CONTENT_LAYER].size 相当于做了归一化，因为每层的 feature map 大小会不相同。

tf.nn.l2_los 就是平方后加和。

content_weight 就是 totol_loss 里的阿尔法。

75 ～ 86 行，计算 style loss，和上面计算 style loss，对照论文里的方程，一步一步求解：

$$G_{ij}^l = \sum_k F_{ik}^l F_{jk}^l$$

$$E_l = \frac{1}{4N_l^2 M_l^2} \sum_{i,j} \left(G_{ij}^l - A_{ij}^l\right)^2$$

$$L_{style}\left(\vec{a}, \vec{x}\right) = \sum_{l=0}^{L} w_l E_l$$

88 ～ 94 行这里的 tv_loss 在论文中没有提到，就是 Total Variation，在图片去噪中有应用。把图片相邻像素相减，如果值很大表明噪声大，模型学习得不够好。

96 行，最后的总 loss 是 content_loss + style_loss + tv_loss，比论文中多了一个 tv_loss。

$$L_{total}\left(\vec{p}, \vec{a}, \vec{x}\right) = \alpha L_{content}\left(\vec{p}, \vec{x}\right) + \beta L_{content}\left(\vec{a}, \vec{x}\right)$$

99 行，计算梯度。

101 ～ 107 行，打印训练信息。

112 ～ 128 行，开始训练。

运行方式：

Pre-trained VGG network 可以自行下载，大约 500 多 MB，放在 neural_style 根目录。

```
wget http://www.vlfeat.org/matconvnet/models/beta16/imagenet-vgg-verydeep-19.mat
```

在 python2.7/python3.6 下都可以执行，其中 --content 后面的图片就是你准备要改变风格的图片，--styles 后面的图片是你准备的大师风格图。

```
python neural_style.py --content examples/1-content.jpg --styles examples/1-style.jpg --output output.jpg
```

不过，友情提示，当大师"附体"之后风格不见得和你想象得一样，请慎重。笔者就曾经试着用过一些别的大师风格，结果效果异常惊悚——比如一位叫草间弥生⊖的日本艺术家的作品，唔，就这个麻点满身的草帽。

⊖ 草间弥生（Yayoi Kusama），日本艺术家。草间弥生的创作被评论家归类到相当多的艺术派别，包含了女权主义、极简主义、超现实主义、原生艺术、普普艺术和抽象表现主义等。

当时用这个去处理同事的照片，险些绝交。为了保证本书顺利出版，我还是决定不发处理完的结果，大家有兴趣自己玩吧。总之，在深度学习的很多分支领域，很多小项目虽然不具备非常明确的变现途径，但是却仍旧让我们觉得它很好玩。嗯，玩吧，在玩的过程中体验深度学习不就是一件非常有趣的事情吗？

13.4　小结

到此，本书的主体部分就结束了。然而对于深度学习的研究过程其实才刚刚开了一个小头，还有很多的内容、很多的方法我们还没有来得及去尝试。

当前的深度学习的研究领域有很多，有的是应用层的——目的是为了改进模型在应用中表现的细微差距；有的是工程层的——研究以现有的硬件条件和理论基础如何能够以更快捷、更安全、更低能耗的方式完成大规模并行计算或其他问题的；有的是理论层的——这一层是尝试研究一些更深层面的学习能力或者实现方法，例如是否能够通过直接求解解析解的方式来替代梯度下降法做实现等，当然这个层面的理论突破是最难的。不过这个层面的理论一旦有一点突破的话，可能真的就会迎来人工智能的奇点，因为相当于计算能力直接提升五六个数量级或更多。

总而言之，路还非常遥远。大家在这条路上可能会相依为伴到退休，所以不要担心失业的问题，你需要担心的只是在越来越多的人投身深度学习和人工智能领域的研究中怎么样领先半个身位而已。嗯，努力吧，还有什么工作比这种没有天花板的工作更有意思的呢？

*Appendix A* 附录 A

VMware Workstation 的安装

1. VMware 简介

VMware 是由美国著名的虚拟化产品提供商 WMware 提供的虚拟化软件产品。它基于图形化管理，使用非常简单，对虚拟机指令的执行效率也非常高。

VMware 提供了多个版本以应用于不同的场景，其中我们用到的是它的 VMware Workstation，这个版本主要是用于个人电脑的虚拟机使用。

安装 VMware Workstation 之后我们可以在不破坏当前 Windows 环境的情况下，使用资源隔离的办法再安装一个类似沙箱环境的 Windows 或 Linux 系统。

2. 安装准备工作

（1）硬件配置需求

在安装软件之前用户需要准备足够的磁盘空间和运行时所占用的内存，为了保证大数据软件流畅运行，请至少保证如下硬件配置：

❏ CPU：Intel Core i3
❏ 内存：4.00 GB
❏ 硬盘空间：50GB

（2）VMware 下载

大家可以从 VMware 软件的官方网站下载最新版本的 VMware。最新版本为 VMware Workstation 12，下载地址如下：http://www.vmware.com/products/workstation/workstation-evaluation。

如果读者使用的是 Windows 操作系统，可以点击"Download Now"按钮进行下载，网页内容如下图所示：

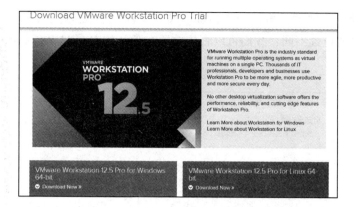

VMware Workstation 为商业软件，用户可以免费试用 30 天。

（3）安装过程

下载完成后，进入安装环节，首先双击安装文件，会进入安装向导界面，如下图所示。

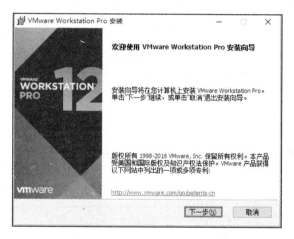

点击"下一步"按钮，进入 VMware 最终用户许可协议界面，勾选"我接受许可协议中的条款"，点击"下一步"按钮，如下图所示。

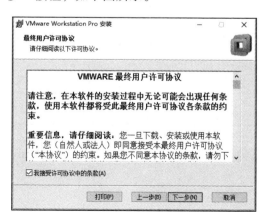

可以选择默认安装的位置，由于最终安装实验所用的虚拟机的位置可以和虚拟机软件 VMware 放置的位置不同，我们可以直接放置在默认的 C 磁盘上，点击下一步，如下图所示。

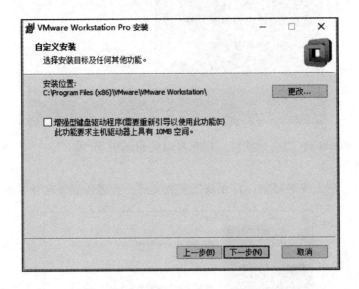

点击"下一步"按钮，在本实验中建议不勾选"启动时检查产品更新"和"帮助完善 VMware Workstation Pro"。

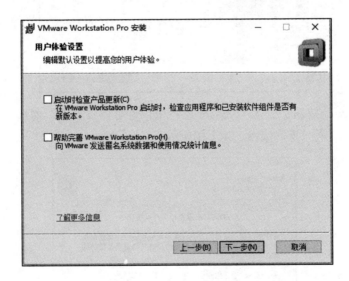

为了使用方便，可以勾选在"桌面"创建 WMware Workstation Pro 的快捷方式，如下图所示。

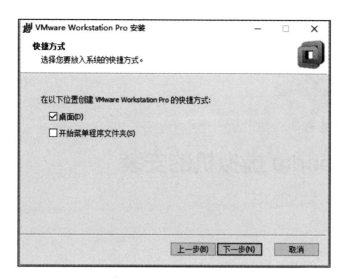

最后点击"安装"按钮，之后等待进度即可，如下图所示。

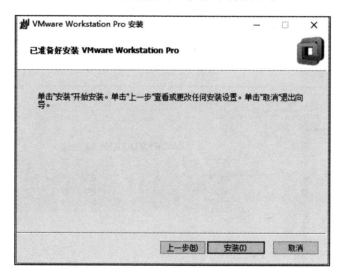

Appendix B 附录 B

Ubuntu 虚拟机的安装

打开已经安装好的 VMware Workstation 虚拟机软件，在初始界面点击"创建新的虚拟机"，如下图所示。

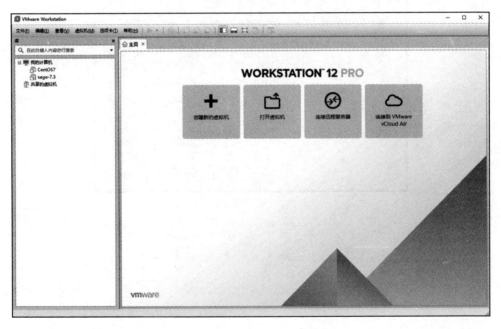

在本书所使用的实验环境中可以直接选择"典型（推荐）"，然后点击"下一步"按钮，如下图所示。

可以选择"安装程序光盘映像文件(iso)"，在下面的文件框中将内容指定为刚刚我们下载的Ubuntu16的DVD镜像文件所存放的地址，如下图所示。

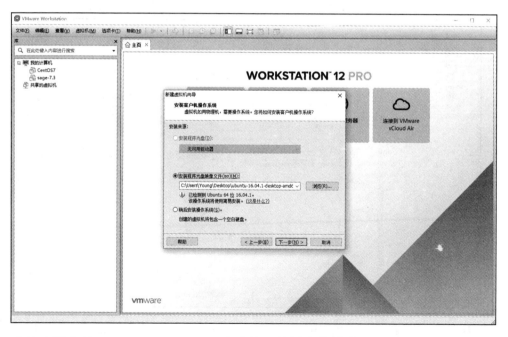

在这个版本的VMware Workstation中支持了简易安装模式，为了实验方便，我在这里把Linux虚拟机的名称、用户名、密码，全部指定成为"data"，如下图所示。

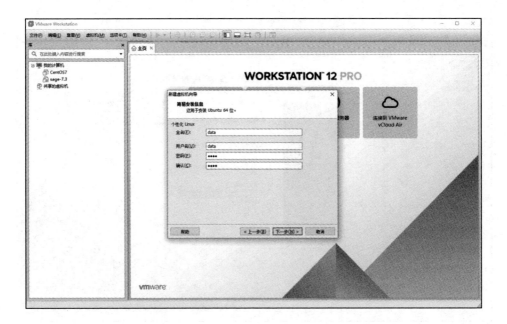

指定虚拟机名称（这是在 VMware 管理中使用的名称，不是其主机名）和安装位置，如下图所示。

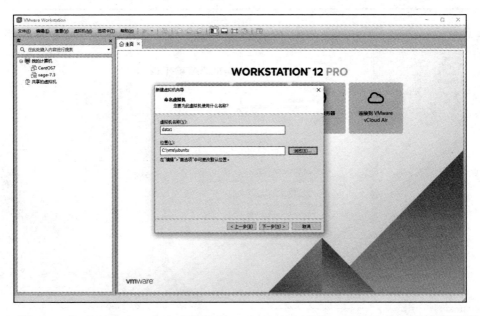

给虚拟机一个磁盘大小，我这边给的是 100GB（见下图），虚拟机会用按需分配的方式进行动态扩展，所以不用在一开始就担心自己的磁盘不够，100GB 这样设置一般不会报错，如下图所示。

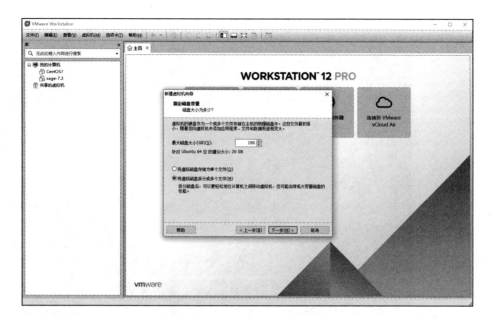

最后点击"完成"按钮，开始引导虚拟机启动。为了加快安装速度和实验的速度，建议在硬件资源充足的情况下赋予其更多的硬件资源，我在这里给了 4 个 CPU 内核和 8GB 的内存。通常建议不要把超过 50% 以上的内存和 CPU 资源划分给虚拟机，如下图所示。

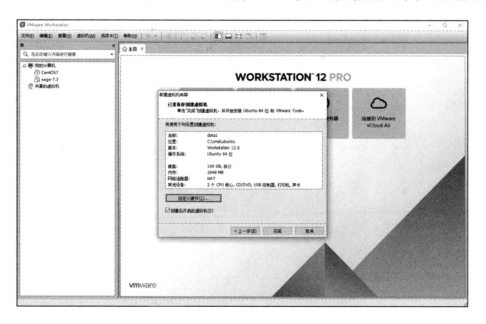

在简易安装模式下 Linux 会自动进行引导。之后就等待 Linux 自动一步一步进行安装，不用人为干预。

输入密码 data，如下图所示。

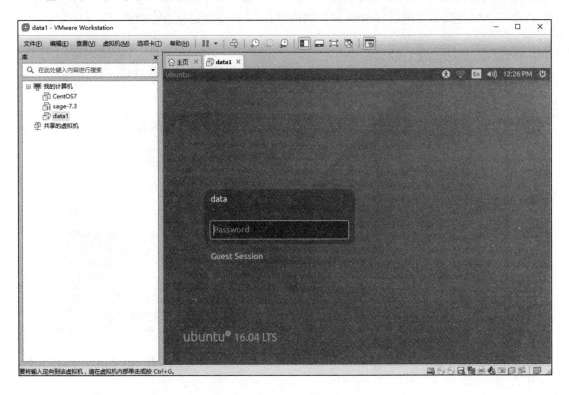

到此步为止已经引导进入 Ubuntu 桌面了，如下图所示。

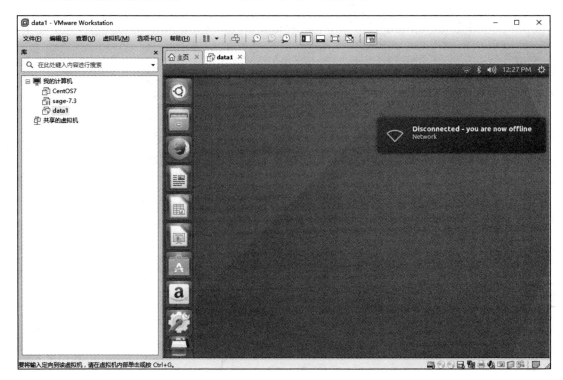

Appendix C 附录 C

Python 语言简介

Python 是一种面向对象的解释型计算机程序设计语言，由 Guido van Rossum 于 1989 年发明，第一个公开发行版发行于 1991 年。

Python 是纯粹的自由软件，它的源代码和解释器 CPython 遵循 GPL（GNU General Public License）协议。

Python 和 C 语言不一样，它是一种脚本语言。C 语言在写完源代码后是需要编译成二进制代码才能够执行的；Python 则不用，它在生产环境中出现仍旧是源代码的 .py 文件形式，在执行的瞬间才由 Python 解释器将源代码转换为字节码，然后再由 Python 解释器来执行这些字节码。

这种形式的好处是不用考虑平台系统的问题，可以和 Java 语言一样"一次编写到处执行"。缺点也是显而易见的，就是每次进行字节码转换和字节码执行没有直接执行二进制的效率高。好在对于执行效率苛刻的场合毕竟较少，另外随着计算机硬件能力的提升，执行效率的矛盾也变得不明显了。

和其他计算机语言一样，Python 语言也有自己的一套语法基础。有顺序、分支、循环、调用的程序组织结构，以及数字、字符串、列表、元组、集合等多种数据类型。我们在这里介绍一些在实验中涉及的知识。

1. 安装 python

安装 python 的方法不止一种，Ubuntu16.04 上默认安装的是 2.7.12 版本，可以执行如下命令查看：

```
data@ubuntu:~$ python -V
Python 2.7.12
```

如果要安装 3.6.0 版本的话，可以这样做：

```
data@ubuntu:~$ wget https://www.python.org/ftp/python/3.6.0/Python-3.6.0.tar.xz
data@ubuntu:~$ xz -d Python-3.6.0.tar.xz
data@ubuntu:~$ tar -xvf  Python-3.6.0.tar
data@ubuntu:~$ cd Python-3.6.0
data@ubuntu:~$./configure
data@ubuntu:~$ make
data@ubuntu:~$ sudo make install
```

最后用命令验证一下：

```
data@ubuntu:~/Python-3.6.0$ python3.6 -V
Python 3.6.0
```

2. Hello World

Python 的 Hello World 与别的计算机语言没什么区别，而且更加简洁，可以直接在交互式编程环境中写：

```
print ("Hello, Python!");
```

3. 行与缩进

Python 脚本文件和普通的文本文件没有太大区别，一般我们喜欢写成 .py 作为后缀的方式。

```
#!/usr/bin/python
# -*- coding: UTF-8 -*-
# 文件名: test.py

if True:
    print "True"
else:
print "False"
```

其中 # 为注释标记，如果在一行中使用 #，那么 # 后的内容是不会被解释执行的。

下面的 if 和 else 是分支型语句，当 if 后的内容为 True（真实），则执行 if 所辖的部分，否则执行 else 所辖的部分。

 注意　Python 语言中是不用 begin/end 或 {} 来表示执行段落的起止的，这里的 if 和 else 需要左侧对齐，用缩进来表示段落所辖范围界限。

---

4. 变量类型

Python 语言中标准的数据类型有这样几种：Numbers（数字）、String（字符串）、List（列表）、Tuple（元组）、Dictionary（字典）。

下面这段代码演示了，整型数字、浮点型数字以及字符串类型的赋值和打印操作。

```
#!/usr/bin/python
# -*- coding: UTF-8 -*-

counter = 100 # 赋值整数型变量
miles = 1000.0 # 浮点型
name = "John" # 字符串

print counter
print miles
print name
```

下面这段代码演示的是列表类型的操作，列表很像 Java 语言中的数组，只不过列表允许不同类型的数据放在同一个列表中，而数组不可以——它只能要求所有的元素类型一致。

```
#!/usr/bin/python
# -*- coding: UTF-8 -*-

list = [ 'abcd', 786 , 2.23, 'john', 70.2 ]
tinylist = [123, 'john']

print list # 输出完整列表
print list[0] # 输出列表的第一个元素
print list[1:3] # 输出第二个至第三个的元素
print list[2:] # 输出从第三个开始至列表末尾的所有元素
print tinylist * 2 # 输出列表两次
print list + tinylist # 打印组合的列表
```

下面这段代码演示的是元组类型的操作。操作方法和列表很像，但是 Python 语法不允许对元组中的元素进行二次赋值。它相当于是只读类型的列表。

```
#!/usr/bin/python
# -*- coding: UTF-8 -*-

tuple = ( 'abcd', 786 , 2.23, 'john', 70.2 )
tinytuple = (123, 'john')

print tuple # 输出完整元组
print tuple[0] # 输出元组的第一个元素
print tuple[1:3] # 输出第二个至第三个的元素
print tuple[2:] # 输出从第三个开始至列表末尾的所有元素
print tinytuple * 2 # 输出元组两次
print tuple + tinytuple # 打印组合的元组
```

下面这段代码演示的是字典类型的操作。字典类型有些像 Java 中的 HashMap，是通过主键 Key 来访问对应的 Value 值，而不是靠下标来访问。

```
#!/usr/bin/python
# -*- coding: UTF-8 -*-

dict = {}
```

```
dict['one'] = "This is one"
dict[2] = "This is two"

tinydict = {'name': 'john','code':6734, 'dept': 'sales'}

print dict['one'] # 输出键为 'one' 的值
print dict[2] # 输出键为 2 的值
print tinydict # 输出完整的字典
print tinydict.keys() # 输出所有键
print tinydict.values() # 输出所有值
```

5. 循环语句

这段代码演示的是 while 循环，while 循环后面的条件表示在满足条件的时候执行 while 所辖的程序段。

```
#!/usr/bin/python

count = 0
while (count < 9):
    print 'The count is:', count
    count = count + 1

print "Good bye!"
```

在上面这段程序中，表示 count<9 的情况下，执行其下面的两行语句，不包括下面这行：

```
print "Good bye!"
```

下面这段程序略显繁琐，不过内容仍然很简单。这是循环的另一种写法——for 循环，for 循环也是一种循环，后面写出的是一个循环范围。这里是一个二重循环，也就是两个循环发生了嵌套——在一个循环的执行中有另一个循环。外层循环是让 num 在 10 和 20 之间做循环，内层循环是 i 在 2 和 num 之间做循环。

```
#!/usr/bin/python
# -*- coding: UTF-8 -*-

for num in range(10,20):         # 迭代 10 到 20 之间的数字
    for i in range(2,num):       # 根据因子迭代
        if num%i == 0:           # 确定第一个因子
            j=num/i              # 计算第二个因子
            print '%d 等于 %d * %d' % (num,i,j)
            break                # 跳出当前循环
    else:                        # 循环的 else 部分
        print num, '是一个质数'
```

6. 函数

函数是一种最小单位的代码段封装。关键字是 def，def 后面的 printme 是函数名，str

是参数名称。这个函数的内容就是直接打印传入的变量值。

下面最后两句是对函数的调用。

```
#!/usr/bin/python
# -*- coding: UTF-8 -*-

# 定义函数
def printme( str ):
    "打印任何传入的字符串"
    print str;
    return;

# 调用函数
printme("我要调用用户自定义函数!");
printme("再次调用同一函数");
```

7. 模块

模块是一种大单位的代码段集合，例如有一个模块 support.py，它的文件中有多个函数定义，其中一个叫做 print_func 函数。在我不对 support.py 这个模块进行引用的时候是不能调用 print_func 函数的。上面这段代码中，import support 是导入 support.py 模块，下面的 support.print_func("Zara") 是调用 support 中的 print 函数，并传入变量 "Zara" 作为参数。

```
#!/usr/bin/python
# -*- coding: UTF-8 -*-

# 导入模块
import support

# 现在可以调用模块里包含的函数了
support.print_func("Zara")
```

这是导入模块的另一种写法，区别是它能够导入一个模块的一部分而非全部模块代码。示例中是指从 fib 这个模块中只导入 Fibonacci 这个函数。

```
from fib import Fibonacci
```

8. 小结

以上就是 Python 语言中所涉及的最基本的语法，基本是扣着本书所用的语法所写。

而强大的 Python 所支持的其他内容，大家如果有兴趣可以再找一些专业介绍 Python 的资料来学习，本书对 Python 基本语法的介绍到此为止。

在本书中我们所列举的示例代码中，所涉及的库有这样一些：

（1）numpy

NumPy 系统是 python 的一种开源的数值计算扩展库。它提供了许多高级的数值编程工具，如矩阵数据类型、矢量处理，以及精密的运算库，专为进行严格的数字处理而产生。

多为很多大型金融公司使用，以及核心的科学计算组织如 Lawrence Livermore，NASA 用它处理一些本来使用 C++，Fortran 或 Matlab 等所做的任务。

（2）matplotlib

一个专业的绘图工具库，官方网址在 http://matplotlib.org/。

它调用简单，使用非常方便，在配合 python 进行数据挖掘和报表制作的过程中是一种利器。

（3）scipy

SciPy 是一款方便、易于使用、专为科学和工程设计的 python 工具包。

它提供的内容很丰富，文件输入输出、特殊函数、线性代数运算、快速傅里叶变换、统计与随机、微分和积分、图像处理等诸多封装内容。

官方网址在：http://www.scipy.org/，有兴趣大家可以去了解更多的内容。

（4）Scikit-learn

Scikit-learn 是最著名的 Python 机器学习库之一。

安装 Theano

Theano 是一款基于 Python 的深度学习框架，性能良好，目前最新版本是 0.8.2，官方网址是 http://www.deeplearning.net/software/theano/。

Theano 支持目前主流的各种神经网络结构，全连接前馈网络、卷积网络、循环神经网络等。

安装 Theano 首先要满足其基本包依赖，如果是 Python2 则需要安装 2.6 以上的版本，如果是 Python3 则需要安装 3.3 以上的版本。

还需要安装 NumPy 1.7.1，SciPy 0.11 及以上版本。

可以直接使用 root 用户权限下载。

```
wget https://github.com/Theano/Theano/archive/master.zip
```

解压缩：

```
unzip master.zip
```

安装：

```
cd Theano-master
pip install Theano -user
```

安装 Keras

Keras 是一个用 Python 实现的可以应用于 TensorFlow 或 Theano 的神经网络库，有良好的人机接口，使用方便。官方网站位于 https://keras.io/。

Keras 需要 Python 2.7~3.5 版本的支持。在安装之前需要事先安装好 TensorFlow 或 Theano。

使用 root 用户权限下载。

```
wget https://github.com/fchollet/keras/archive/master.zip
```

解压缩。

```
unzip master.zip
```

安装。

```
cd keras-master
python setup.py install
pip install keras
```

Appendix F 附录 F

安装 CUDA

1. 显卡驱动

输入命令：

```
lspci | grep NVIDIA
```

下面就会列出当前主机的显卡型号以及个数：

```
zhongminsheng@ubuntu:/data5/tensorflow_prj/tensorflow/tensorflow/models/rnn/ptb$ lspci | grep NVIDIA
02:00.0 3D controller: NVIDIA Corporation GK110BGL [Tesla K40m] (rev a1)
03:00.0 3D controller: NVIDIA Corporation GK110BGL [Tesla K40m] (rev a1)
83:00.0 3D controller: NVIDIA Corporation GK110BGL [Tesla K40m] (rev a1)
84:00.0 3D controller: NVIDIA Corporation GK110BGL [Tesla K40m] (rev a1)
```

我们这上面有 4 块 Tesla K40m 的显卡。

输入 uname –a，查验当前主机系统是否为 64 位。

```
uname -a
```

```
84:00.0 3D controller: NVIDIA Corporation GK110BGL [Tesla K40m] (rev a1)
zhongminsheng@ubuntu:/data5/tensorflow_prj/tensorflow/tensorflow/models/rnn/ptb$ uname -a
Linux ubuntu 3.2.0-93-generic #133-Ubuntu SMP Fri Oct 23 13:32:16 UTC 2015 x86_64 x86_64 x86_64 GNU/Linux
```

确认后前往英伟达官方网站下载本机型号的驱动：

http://www.nvidia.com/Download/index.aspx?lang=en-us。

按照条件搜索相关显卡驱动：

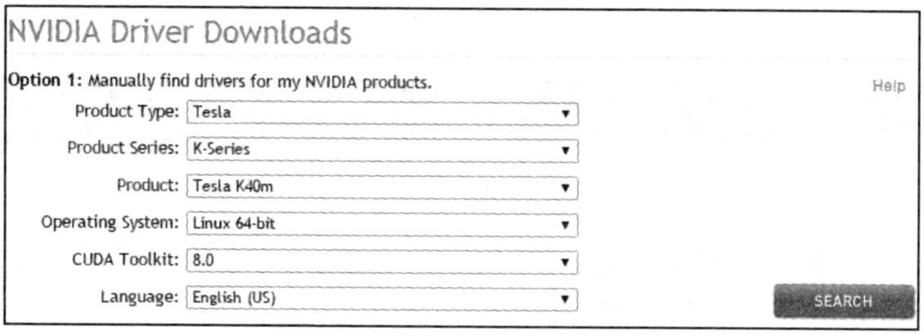

下载文件 NVIDIA-Linux-x86_64-367.55.run，执行该文件：

```
sudo sh NVIDIA-Linux-x86_64-367.55.run
```

安装成功后运行 nvidia-smi 测试。

```
nvidia-smi
```

成功的话会出现显卡驱动信息：

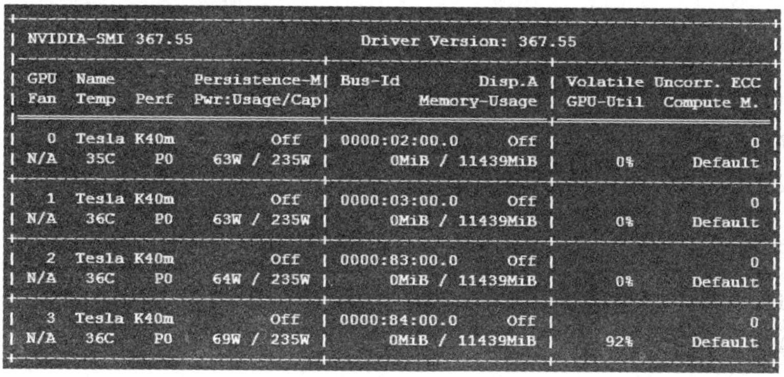

2. 安装 CUDA

前往 https://developer.nvidia.com/cuda-75-downloads-archive 下载 CUDA 安装包。
根据系统版本好找到适合的 run 文件：

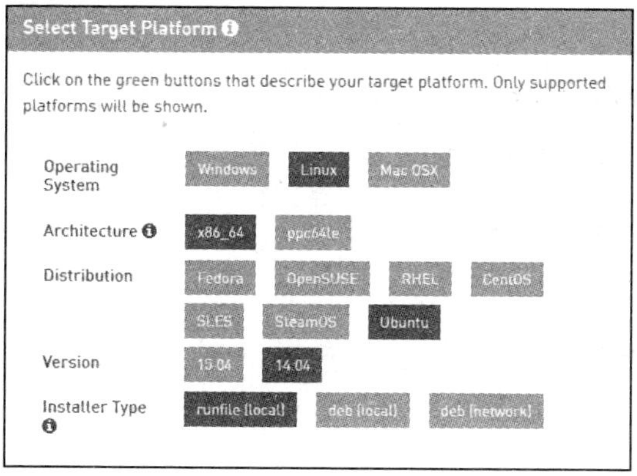

下载 run 包：

Download Target Installer for Linux Ubuntu 14.04 x86_64

cuda_7.5.18_linux.run (md5sum: 4b3bcecf0dfc35928a0898793cf3e4c6)

Download (1.1 GB)

Installation Instructions:
1. Run `sudo sh cuda_7.5.18_linux.run`
2. Follow the command-line prompts

The GPU Deployment Kit is available as a separate download here.

For further information, see the Installation Guide for Linux and the CUDA

下载完后运行命令：

```
sudo sh cuda_7.5.18_linux.run
```

根据提示完成安装，注意之前因为已经安装了驱动，它提示要安装驱动的时候可以跳过驱动的部分。

安装完成之后重启：

```
sudo reboot
```

重启后，需要添加环境变量。使用 vim 打开如下文档：

```
sudo vim /etc/profile
```

在文件末尾添加：

```
export PATH=/usr/local/cuda/bin:$PATH
```

保存完成后，执行如下命令使环境变量立即生效：

```
source /etc/profile
```

然后还需要添加 lib 的路径：

```
sudo vim /etc/ld.so.conf.d/cuda.conf
```

在文件中写入如下内容然后保存：

```
/usr/local/cuda/lib64
```

之后执行如下命令使之生效：

```
sudo ldconfig
```

3. CUDNN 的配置

到官方网站下载 cudnn，有用户名的话直接登录，没有用户名的话需要注册登录，https://developer.nvidia.com/cudnn。

点击下载，如下图所示：

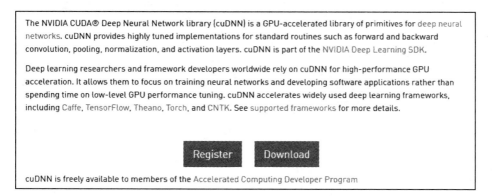

任意选择其中的项目，如下图所示：

版本需要选择 CUDA7.5（注意，如果你所运行的工程需要其他特定版本的 CUDA，请事先确认并下载对应的版本），如下图所示。

NVIDIA cuDNN is a GPU-accelerated library of primitives for deep neural networks.

☑ **I Agree To the Terms of the cuDNN Software License Agreement**
Please check your framework documentation to determine the recommended version of cuDNN.
If you are using cuDNN with a Pascal (GTX 1080, GTX 1070), version 5 or later is required.

Download cuDNN v5.1 (August 10, 2016), for CUDA 8.0

Download cuDNN v5.1 (August 10, 2016), for CUDA 7.5

cuDNN User Guide

cuDNN Install Guide

cuDNN v5.1 Library for Linux

cuDNN v5.1 Library for Power8

cuDNN v5.1 Library for Windows 7

cuDNN v5.1 Library for Windows 10

cuDNN v5.1 Library for OSX

cuDNN v5.1 Release Notes

cuDNN v5.1 Runtime Library for Ubuntu14.04 (Deb)

cuDNN v5.1 Developer Library for Ubuntu14.04 (Deb)

cuDNN v5.1 Code Samples and User Guide Linux (Deb)

cuDNN v5.1 Runtime Library for Power8 (Deb)

cuDNN v5.1 Developer Library for Power8 (Deb)

cuDNN v5.1 Code Samples and User Guide Power8 (Deb)

Download cuDNN v5 (May 27, 2016), for CUDA 8.0

下载后解压缩，转到该目录下，执行：

```
sudo cp lib* /usr/local/cuda/lib64/
sudo cp cudnn.h /usr/local/cuda/include/
```

更新软链接：

```
cd /usr/local/cuda/lib64/
sudo rm -rf libcudnn.so libcudnn.so.5
sudo ln -s libcudnn.so.5.1.3 libcudnn.so.5
sudo ln -s libcudnn.so.5 libcudnn.so
```

参 考 文 献

[1] 高扬，卫峥，尹会生 . 白话大数据与机器学习 [M]. 北京：机械工业出版社，2016.

[2] 同济大学数学系 . 高等数学 [M]. 7 版 . 北京：高等教育出版社，2014.

[3] 刘克，曹平 . 马尔可夫决策过程理论与应用 [M]. 北京：科学出版社，2015.

[4] 史忠植 . 人工智能 [M]. 北京：机械工业出版社，2016.

[5] Simon Haykin. 神经网络与机器学习 [M]. 申富饶，等译 . 北京：机械工业出版社，2011.

[6] 龚书铎 . 白话精编二十四史 [M]. 成都：巴蜀书社，2016.

[7] Ian J. Goodfellow，Jean Pouget-Abadie，Mehdi Mirza，etc. Generative Adversarial Networks[EB/OL].
（2014-06-10）[2016-12-26]. https://arxiv.org/abs/1406.2661.

[8] Mehdi Mirza，Simon Osindero. Conditional Generative Adversarial Nets[EB/OL].（2016-11-06）[2016-
12-26]. https://arxiv.org/abs/1411.1784.

[9] Samuel R. Bowman，Luke Vilnis，Oriol Vinyals，etc. Generating Sentences from a Continuous
Space[EB/OL].（2016-03-12）[2016-12-26]. http://www.oalib.com/paper/4053915#.WVW7iv5xubs.

[10] Raymond Yeh，Chen Chen，Teck Yian Lim，etc. Semantic Image Inpainting with Perceptual and
Contextual Losses [EB/OL].（2016-11-14）[2017-01-25]. https://arxiv.org/abs/1607.07539.

[11] Xingxing Zhang, Mirella Lapata. Chinese Poetry Generation with Recurrent Neural Networks[EB/OL].
（2016-12-07）[2017-03-17]. https://arxiv.org/abs/1610.09889.

[12] Florian Schroff, Dmitry Kalenichenko, James Philbin. FaceNet: A Unified Embedding for Face
Recognition and Clustering[EB/OL].（2015-06-17）[2017-03-17]. https://arxiv.org/abs/1503.03832.

[13] Kaiming He，Xiangyu Zhang，Shaoqing Ren，etc. Deep Residual Learning for Image Recognition[EB/
OL].（2015-12-10）[2017-03-17]. https://arxiv.org/abs/1512.03385.

[14] Volodymyr Mnih, Koray Kavukcuoglu, David Silver,etc.Playing Atari with Deep Reinforcement
Learning[EB/OL].（2013-12-19)[2017-03-20]. https://arxiv.org/abs/1312.5602.

[15] Alec Radford, Luke Metz, Soumith Chintala. Unsupervised Representation Learning with Deep Convolutional Generative Adversarial Networks[EB/OL]. (2016-07-07) [2017-03-20]. https://arxiv.org/abs/1511.06434.

[16] Emily Denton, Soumith Chintala, Arthur Szlam, etc. Deep Generative Image Models using a Laplacian Pyramid of Adversarial Networks[EB/OL]. (2015-06-18) [2017-03-01]. https://arxiv.org/abs/1506.05751.

[17] Justin Johnson, Alexandre Alahi, Li Fei-Fei. Perceptual Losses for Real-Time Style Transfer and Super-Resolution[EB/OL]. (2016-03-01) [2017-03-28]. https://arxiv.org/abs/1603.08155.

[18] Gatys, Alexander S. Ecker, Matthias Bethge. A Neural Algorithm of Artistic Style [EB/OL]. (2015-09-02) [2017-3-01]. https://arxiv.org/abs/1508.06576.

[19] Olga Russakovsky, Jia Deng, Hao Su, etc. ImageNet Large Scale Visual Recognition Challenge[EB/OL]. (2015-01-30) [2017-03-01]. https://arxiv.org/abs/1409.0575.